主从分裂理论与输配协同能量管理

Master-Slave-Splitting Theory and Transmission-Distribution Coordinated Energy Management

孙宏斌　李正烁　张伯明　著

科学出版社

北京

内 容 简 介

本书共分为 2 篇 10 章。第一篇为基础篇，主要讲述面向非线性方程组的主从分裂法和面向优化问题的广义主从分裂法的数学性质。第二篇侧重于应用，将主从分裂法和广义主从分裂法应用于输配协同能量管理中的主要功能，如潮流计算、状态估计、静态安全分析、静态电压稳定评估、经济调度和最优潮流等。此外，在本书附录中证明了一个有趣的结论，这一结论可以简化很多含储能优化调度问题的模型和算法设计。

本书适合从事电力系统分析、参数设计及稳定控制等方面研究的科技工作者阅读，也可供高等院校电力系统相关专业教师、研究生、本科生参考阅读。

图书在版编目(CIP)数据

主从分裂理论与输配协同能量管理 = Master-Slave-Splitting Theory and Transmission-Distribution Coordinated Energy Management / 孙宏斌，李正烁，张伯明著. —北京：科学出版社，2020.5
ISBN 978-7-03-063831-1

Ⅰ. ①主⋯ Ⅱ. ①孙⋯ ②李⋯ ③张⋯ Ⅲ. ①输配电计算-电能计量-工业管理 Ⅳ. ①TM744

中国版本图书馆CIP数据核字(2019)第295266号

责任编辑：范运年　王楠楠 / 责任校对：邹慧卿
责任印制：师艳茹 / 封面设计：铭轩堂

科学出版社 出版
北京东黄城根北街 16 号
邮政编码：100717
http://www.sciencep.com

河北鹏润印刷有限公司 印刷
科学出版社发行　各地新华书店经销

*

2020 年 5 月第 一 版　开本：720×1000 1/16
2020 年 5 月第一次印刷　印张：16
字数：320 000
定价：138.00 元
(如有印装质量问题，我社负责调换)

前　言

　　输配协同能量管理是当前电力工程学科的一个热点和前沿方向。输电网和配电网的运行分别由能量管理系统与配电管理系统进行管理，采用的是一种输配割裂管理模式。近年来，随着世界范围内的能源转型，分布式可再生能源、电动汽车、分布式储能和需求响应等分布式资源得到了快速发展，传统的"被动"配电网向"主动"配电网转变，输配之间的相互影响变得越来越显著，这给传统的输配割裂管理模式带来了重大挑战。缺乏输配协同导致功率平衡困难、配电过电压和线路拥塞等问题，已成为分布式可再生能源快速发展的一个瓶颈，甚至还危及输配全局电力系统的安全，并引发了停电事故的扩大。因此，发展输配协同能量管理技术，已成为国内外电力企业的迫切需求。

　　20世纪90年代，我在导师张伯明教授的指导下，在国内外没有先例的情况下，提出并研究输配协同能量管理问题，迄今已近30年。当时我正在攻读博士研究生学位，研究全局无功优化问题。在研究中，我逐渐意识到传统的输配割裂管理模式对全局无功优化而言并不足够，无法保证全局电网的安全性和经济性。为此，我从状态估计和潮流分析两个基本问题入手，开始了输配协同能量管理问题的研究历程。为了获得具有普适性的方法，我根据电力系统主从式的物理特征，提出了一类非线性方程组求解的主从分裂法，成功地获得了输配协同状态估计和潮流分析问题的分布式求解算法。然而，彼时电力市场化改革正吸引着大多数电力学者，而且当时的配电系统几乎没有分布式电源接入，控制装置也很少，配电系统通常作为输电系统边界母线上的等值负荷来处理，协同的重要性并未凸显，当时的这一工作也并未引起学术界的足够重视，这一阶段研究的驱动力主要是纯粹的学术兴趣。

　　近年来，随着分布式可再生能源的快速发展，输配割裂运行引发的工程问题开始显现。2011年开始，我带着博士研究生李正烁（本书的第二作者），发起了对输配协同能量管理问题的第二波研究。我们首先从电动汽车充放电对输配全局系统的影响入手，进而开始着手研究输配全局静态安全分析方法。这一阶段工作的动机与第一阶段不同，已并非单纯地出于学术兴趣，而是要解决类似于2011年美国南加利福尼亚州和亚利桑那州部分地区大停电事故中所暴露出的输配割裂静态安全分析算法的不足等实际问题。可是，安全分析毕竟只是预警工具，如果想真正实现输配协同的电网运行管理，这些工作还远不足够。实际上，如果想构造出具有和现有输配割裂能量管理模式同等地位的电力系统调控模式，我们就需要从基本理论和应用算法设计等多个层面出发,构建出一整套的输配协同能量管理方法,使之不仅能覆盖到当前输配割裂能量管理的各种应用,而且能够适应发输电和配电控制中心在地理上的分布式架构,从而具有真正的实际应用价值。这一任务与挑战的关键在于探索一种具有普适性的输配协同的建模和分布式算法,从而构造出一种理论上严格的输配协同机制。为此,我们在主从分裂理论基础上,进一步提出了广义主从分裂理论,将原先求解一类非线性代数方程组的主从分裂法推广到一般性的优化问题,从而构造出理论上严格的输配协同机制。

  本书的撰写工作始于 2017 年年中,我们尝试对之前的输配协同能量管理研究工作进行系统的总结,经过一年多的努力,最终得以成稿。本书共分为 2 篇 10 章。第一篇为基础篇,主要讲述面向非线性方程组的主从分裂法和面向优化问题的广义主从分裂法的数学性质。第二篇侧重于应用,将主从分裂法和广义主从分裂法应用于输配协同能量管理中的主要功能,如潮流计算、状态估计、静态安全分析、静态电压稳定评估、经济调度和最优潮流等。此外,在本书附录中证明了一个有趣的结论:对于含储能的经济调度问题,刻画储能不能同时充放电的互补约束可以从模型中直接松弛掉,所得的松弛解在大多数情况下就是严格的最优解。这一结论可以简化很多含储能优化调度问题的模型和算法设计。

  虽然本书的模型建立在确定型数学优化问题上,但是借助电力系统滚动调度模式,本书所提的方法可以用于考虑新能源或者负荷不确定性的场景。此外,本书中所提出的广义主从分裂理论实际上是面向一般性的多系统协同问题,特别适合于主从式物理系统的协同问题,因而也有望应用于电-热-气-交通等多能流系统的协同问题,因此在能源互联网的时代背景下也具有启发性意义。

  本书的完成离不开课题组团队成员吴文传教授、郭庆来副教授、王彬博士和郭烨助理教授等二十年来的辛勤和汗水,在此表示衷心的感谢!此外,还要感谢周喆、许桐、胡天宇、薛屹洵、于婧、邓莉荣等博士研究生在本书撰写过程中所作出的重要贡献。此外,本书还得到国家"八五"科技攻关项目(85-720-10-38)、国家杰出青年科学基金(51025725)和国家重点基础研究发展计划项目(2013CB228200)的资助。

孙宏斌
2019 年 11 月 20 日
于清华园

目 录

前言

第1章 绪论 ····· 1
1.1 能量管理系统简介 ····· 1
1.1.1 能量管理系统概述 ····· 1
1.1.2 EMS 技术发展 ····· 1
1.1.3 EMS 结构与功能组成 ····· 2
1.2 输配割裂带来的能量管理问题 ····· 3
1.3 输配协同能量管理的概念 ····· 5
1.4 分布式算法研究综述 ····· 6
1.4.1 代数方程组的分布式算法 ····· 6
1.4.2 优化问题的分布式算法 ····· 8
1.5 本书框架 ····· 18
参考文献 ····· 21

Ⅰ. 基础篇：主从分裂理论

第2章 求解代数方程组的主从分裂法 ····· 27
2.1 概述 ····· 27
2.2 不动点原理 ····· 28
2.2.1 基本概念 ····· 28
2.2.2 不动点原理及其应用 ····· 28
2.3 求解代数方程组的映射分裂理论 ····· 29
2.3.1 求解线性方程组的矩阵分裂法 ····· 29
2.3.2 解非线性方程组的映射分裂法 ····· 30
2.4 求解线性代数方程组的主从分裂法 ····· 34
2.5 求解非线性代数方程组的主从分裂法 ····· 39
2.5.1 一类非线性代数方程组的主从分裂迭代法 ····· 39
2.5.2 多个相互独立从系统的情形 ····· 42
2.5.3 主从分裂法分布式计算时的通信数据量分析 ····· 43
2.5.4 主从分裂法实用迭代格式的构造 ····· 44
2.6 小结 ····· 46

参考文献 ·· 46

第 3 章 求解优化问题的广义主从分裂法 ··· 48
3.1 概述 ··· 48
3.2 算法原理 ··· 48
3.2.1 主从系统优化模型 ··· 48
3.2.2 主从可分性 ··· 49
3.2.3 最优性条件和异质分解 ··· 51
3.2.4 迭代格式 ··· 55
3.3 数学性质 ··· 56
3.3.1 最优性 ··· 56
3.3.2 收敛性 ··· 57
3.4 收敛性改进策略 ··· 59
3.4.1 基于子系统响应函数的改进异质分解 ······································· 60
3.4.2 基于主系统响应函数的改进异质分解 ······································· 64
3.4.3 引入边界状态量偏差项的罚项的改进算法 ······························· 67
3.5 不可行子问题的处理方法 ··· 69
3.5.1 基于松弛变量的 big-M 方法 ·· 69
3.5.2 边界状态和边界注入附加约束保证子问题可行性 ··················· 70
3.6 和其他典型数学分解算法的比较 ··· 71
3.6.1 和对偶分解类方法比较 ··· 71
3.6.2 和最优性条件分解算法的比较 ··· 71
3.7 小结 ··· 72
参考文献 ·· 73

II. 应用篇：分布式输配协同能量管理

第 4 章 输配协同通用模型和主从可分性 ··· 77
4.1 概述 ··· 77
4.2 输配全局电力系统的主从结构 ··· 77
4.3 输配协同通用模型 ··· 79
4.4 关于分布式输配协同模式的讨论 ··· 84
4.5 小结 ··· 88
参考文献 ·· 89

第 5 章 分布式输配协同全局潮流 ··· 90
5.1 概述 ··· 90
5.2 数学模型 ··· 90

5.3 主从分裂方法 ·· 91
   5.3.1 全局潮流方程组的主从分裂形式 ·· 91
   5.3.2 主从分裂迭代的基本格式与讨论 ·· 93
   5.3.3 主从分裂实用算法的构造 ·· 96
5.4 主从分裂法的理论分析 ··· 100
   5.4.1 一般情形 ··· 100
   5.4.2 辐射状配电系统的情形 ··· 102
   5.4.3 配电系统含环运行情形和改进算法 ·· 106
   5.4.4 改进算法的收敛性分析 ··· 108
5.5 算例分析 ·· 111
   5.5.1 配网重置后全局潮流计算和传统潮流计算的对比 ·················· 111
   5.5.2 分布式发电系统的 GPF Jacobi 和基于 IDPF Jacobi 的潮流
       计算方法的对比 ··· 112
   5.5.3 GPF 的全局收敛性 ·· 113
5.6 本章小结 ·· 114
参考文献 ··· 114

第 6 章 分布式输配协同状态估计 ·· 115
6.1 概述 ·· 115
6.2 全局状态估计的数学模型 ··· 115
6.3 全局状态估计的主从分裂法 ··· 116
   6.3.1 主从节点集和量测集的划分 ··· 116
   6.3.2 全局状态估计问题的主从分裂形式 ··· 117
   6.3.3 全局状态估计主从分裂迭代的基本格式与讨论 ···················· 120
   6.3.4 配电状态估计问题的进一步分解 ··· 122
   6.3.5 对分布式计算的支持 ··· 123
   6.3.6 实用算法的构造 ·· 124
6.4 进一步的讨论 ·· 124
   6.4.1 配电状态估计子问题 ··· 124
   6.4.2 三相不平衡问题 ·· 125
   6.4.3 分布式异步计算问题 ··· 125
6.5 算例分析 ·· 125
   6.5.1 算法实现 ··· 125
   6.5.2 算例分析 ··· 126
6.6 本章小结 ·· 128
参考文献 ··· 128

第7章 计及配电潮流响应的输电系统预想事故分析 — 130

- 7.1 概述 — 130
- 7.2 物理概念分析 — 130
  - 7.2.1 配电系统辐射状运行 — 131
  - 7.2.2 配电系统含强环运行 — 132
  - 7.2.3 实际停电事故分析 — 133
- 7.3 基于主从分裂理论的预想事故分析方法 — 134
  - 7.3.1 预想事故下的全局潮流模型 — 134
  - 7.3.2 分布式评估算法 — 136
  - 7.3.3 进一步讨论 — 137
- 7.4 快速分析技术 — 138
  - 7.4.1 考虑配电潮流响应的输电系统预想事故筛选 — 138
  - 7.4.2 基于直流潮流的快速分析方法 — 140
  - 7.4.3 基于配电等值的近似评估方法 — 142
- 7.5 算例分析 — 143
  - 7.5.1 6A 系统仿真结果 — 143
  - 7.5.2 30D1 系统仿真结果 — 146
  - 7.5.3 118D1 系统仿真结果 — 148
- 7.6 本章小结 — 149
- 参考文献 — 150

第8章 分布式输配协同电压稳定评估 — 152

- 8.1 概述 — 152
- 8.2 输配协同电压稳定评估必要性分析 — 152
  - 8.2.1 理论分析 — 153
  - 8.2.2 仿真验证 — 154
- 8.3 分布式电源低压脱网对全局电力系统电压稳定性影响分析 — 156
- 8.4 考虑分布式电源低压脱网的分布式评估方法 — 160
  - 8.4.1 参数化潮流方程 — 160
  - 8.4.2 分布式算法 — 163
  - 8.4.3 进一步讨论 — 166
- 8.5 算例分析 — 168
  - 8.5.1 仿真设定 — 168
  - 8.5.2 分布式电源低渗透率场景下的仿真结果 — 169
  - 8.5.3 分布式电源高渗透率场景下的仿真结果 — 172
- 8.6 本章小结 — 174
- 参考文献 — 174

第9章 分布式输配协同经济调度 ··· 176

- 9.1 概述 ··· 176
- 9.2 输配协同经济调度必要性分析 ··· 176
- 9.3 TDCED 模型 ··· 177
- 9.4 基于 G-MSS 的 HGD 分解算法 ··· 181
  - 9.4.1 子问题形式 ··· 181
  - 9.4.2 算法步骤 ··· 184
  - 9.4.3 最优性和收敛性 ··· 185
- 9.5 计及节点电价响应特性的 N-HGD ··· 186
  - 9.5.1 改进后的子问题 ··· 186
  - 9.5.2 节点电价灵敏度算法 ··· 188
  - 9.5.3 算法步骤 ··· 191
  - 9.5.4 最优性分析 ··· 191
  - 9.5.5 收敛性改善原因分析 ··· 191
- 9.6 关于 TDCED 的进一步讨论 ··· 196
  - 9.6.1 考虑 N–1 安全约束的 SCTDCED ··· 196
  - 9.6.2 工业现场的实用性分析 ··· 198
- 9.7 算例分析 ··· 198
  - 9.7.1 TDCED 和输配独立经济调度(IED)结果比较 ··· 199
  - 9.7.2 TDCED 缓解输电拥塞的效果 ··· 202
  - 9.7.3 TDCED 中的节点电价评估 ··· 203
  - 9.7.4 几种典型算法的计算效果比较 ··· 203
- 9.8 本章小结 ··· 206
- 参考文献 ··· 207

第10章 分布式输配协同最优潮流 ··· 208

- 10.1 概述 ··· 208
- 10.2 数学模型 ··· 208
- 10.3 基于 G-MSS 理论的分解算法 ··· 213
  - 10.3.1 TDOPF 模型的最优性条件 ··· 213
  - 10.3.2 HGD 分解形式 ··· 215
  - 10.3.3 算法步骤 ··· 216
  - 10.3.4 算法进一步讨论 ··· 217
  - 10.3.5 算例分析 ··· 221
- 10.4 本章小结 ··· 228
- 参考文献 ··· 229

附录 A　配电状态估计子问题算法 ··· 230
　A.1　系统化的量测变换方法及其分析理论 ··· 230
　A.2　参考电压和状态变量的选取 ··· 232
　A.3　量测变换 ··· 232
　A.4　量测函数 ··· 233
　A.5　算法表达 ··· 234
　A.6　一些讨论 ··· 235
　A.7　配电状态估计的算例分析 ··· 236
　参考文献 ··· 237

附录 B　含互补约束网络优化问题的精确松弛方法及在含储能经济调度问题中的应用 ··· 239
　B.1　含互补可调设备的网络优化模型和可严格松弛条件证明 ··· 239
　　B.1.1　互补可调设备的广义调度模型 ··· 239
　　B.1.2　含互补可调设备的广义网络优化模型 ··· 240
　　B.1.3　精确松弛方法 ··· 241
　B.2　含储能经济调度的应用 ··· 243
　　B.2.1　松弛条件可成立性分析 ··· 244
　　B.2.2　松弛条件实用化判定方法 ··· 245
　参考文献 ··· 245

第1章 绪 论

1.1 能量管理系统简介

1.1.1 能量管理系统概述

能量管理系统(energy management system，EMS)是在电网能量控制中心应用的在线分析和控制的计算机辅助决策系统，是电网运行的神经中枢和调度指挥司令部，是保障电网安全运行的第三道防线。EMS主要面向发电系统和输电系统，即大区级电网和省级电网的调度中心，而面向配电系统和用电系统的综合自动化系统称为配电管理系统(distribution energy management system，DMS)。在这两者之间还有地区电网和县级电网(35~220kV输电网)，可以根据其电源和负荷情况选择EMS和DMS的某些功能。

狭义的EMS专指发电控制和发电计划。一般意义上的EMS还应包括数据收集、能量管理和网络分析三大功能。随着分布式能源逐渐并网，近年来EMS和DMS也逐渐纳入了负荷控制环节。EMS是电网运行的"神经中枢和大脑"，通过信息流调控能量流，保障电网运行的安全、经济、优质和环保，是电网运行"智慧"的核心。

1.1.2 EMS技术发展

EMS的发展伴随着计算机技术的进步与电力系统复杂性的日益提升[1]。

20世纪30年代电力系统虽然已建立了调度中心，但调度员面对的是系统模拟盘，仅能依靠电话与发电厂或变电站联系，无法及时且全面地了解电网的各类动态变化，在事故状态下仅能依靠经验来调控电网，系统运行可靠性较差。

20世纪40年代，数据采集与监控(supervisory control and data acquisition，SCADA)系统出现并应用在电力系统中。SCADA系统能够将电网上各厂站数据集中显示到模拟盘上，使得调度员对电力系统全局运行状态一目了然。对于开关的变化和数值越限问题，它也能及时报告给调度员，从而大大地增强了调度员对全系统的了解与感知，是电力系统调度控制方面的重大进步。随后，电力系统出现了自动发电控制(automatic generation control，AGC)系统。AGC包括负荷频率控制和经济调度控制，进一步增强了调度员对电力系统的控制能力。

电力系统的早期在线分析主要是解决网损修正问题，但20世纪60年代中期几次大的系统瓦解事故进一步提升了人们对安全分析的重视。同时，负荷预测、发电计划和预想故障分析为调度员提供了辅助决策工具，增强了他们对电力系统进行分析和判断的能力。

20世纪60～70年代，电力系统的控制技术经历了由模拟到数字的重大转变。电力系统的运行状态数据全部由远程终端经通信通道传送到调度中心，并由调度中心实现计算机调度控制和管理。此时的电网电压等级不高，电网规模相对较小，区域电网相对独立。运行监控和分析决策相互独立，也并没有实时网络分析，依然属于经验型调度。

20世纪70年代开始，传统EMS出现并迅速发展，电力系统进入分析型调度阶段。1970年Schweppe教授提出了电力系统实时状态估计。1978年调度员培训系统(dispatcher training system，DTS)出现。

20世纪80年代以来计算机技术的每一项进展都快速反映在EMS上，数据库使EMS应用软件成为"有源之水"，人机会话技术使调度员应用EMS越来越方便，通信技术使EMS的构成越来越灵活。80年代中期借鉴EMS技术，由SCADA、网络分析和负荷控制三大项目汇集成DMS，随后DMS又扩展了地图/设备管理和投诉电话等功能。

EMS技术进步的根本动力来自于电力系统实际需要，例如，20世纪60～70年代，美国大面积停电有力地推动了安全分析理论的发展和EMS的形成；80年代，几次大面积电压崩溃事故引起了研究人员对电压稳定性理论的研究；90年代电力市场的出现，带动了EMS一系列重大变化。同时，近代计算技术和应用软件的迅速发展，也给EMS技术的诞生和成熟带来了可能性。计算技术的进展表现在硬件和软件两方面。电力系统计算与控制的计算机由千次每秒级发展到亿次每秒级，速度提高了5个数量级；内存容量提高了8～9个数量级；由双机系统发展到多机系统，数量提高一个级别。随着硬件的变化，软件的复杂性和工作量也呈数量级增长。公用软件的进展主要表现在数据库、人机会话和通信技术几个方面。数据库技术发展使数据能为更多应用软件服务，读取和交换数据越来越方便。人机会话由打字机改为显示器，而且由黑白走向彩色，由字符型上升为全图型，响应速度加快，画面编译能力增强。90年代发展起来的窗口(windows)、平滑移动(span)、放大缩小(zoom)和三维图形(3D graphics)技术等大大提高了调度员使用EMS的方便性，缩短了调度员与电力系统之间的距离。

1.1.3 EMS结构与功能组成

EMS主要由七个部分组成：计算机、操作系统、支持系统、数据收集、能量管理(发电控制和发电计划)、网络分析及调度员培训模拟系统。

计算机、操作系统、支持系统构建了EMS的支撑平台。数据收集、能量管理、网络分析组成了 EMS 的应用软件。数据收集是能量管理和网络分析的基础与基本功能；能量管理是 EMS 的主要功能；网络分析是 EMS 的高级应用软件功能。调度员培训模拟系统则可以分为两种类型：一种是离线运行的独立系统，另一种是作为在线运行的 EMS 的组成部分。

EMS 主要有以下七个功能：SCADA、AGC、经济调度(economic dispatch，ED)控制、电力系统状态估计(state estimator，SE)、安全分析(security analysis，SA)、调度员模拟培训系统(dispatcher training system，DTS)、自动电压控制(automatic voltage control，AVC)系统。

1.2 输配割裂带来的能量管理问题

实际电力系统的发输电部分(通常定义为 220kV 及以上电压等级部分)和配电部分(我国定义为 110kV 及以下电压等级部分)[2]在物理上紧密耦合。为获得最佳调控方案，理论上应该调控包含发输配所有设备的全局系统。但是，由单一调控中心进行全局调控面临管理和计算上的困难，例如，问题规模庞大，模型建立和维护面临困难；发输电系统和配电系统参数的数值差异较大，容易出现数值计算稳定性问题；可控设备和监控设备过多，对单一调控中心造成极大的调控和管理负担[3, 4]。

在传统电力系统中，由于配电部分可控性较弱，配电系统对发输电系统的影响通常十分有限，因此人们习惯于由多个调控中心分别独立管控发输电部分和配电部分。其中，发输电系统由发输电调控中心(transmission control center，TCC)通过 EMS 进行调控[5]，配电系统由配电调控中心(distribution control center，DCC)通过 DMS 进行调控[6, 7]。时至今日，EMS 和 DMS 的理论研究均已取得极大进展[8, 9]，并且 EMS 软件已经在工业应用上高度成熟，具备了对发输电系统进行在线状态估计、潮流分析、预想事故分析、经济调度、最优潮流、频率和电压控制等各种高级功能[10, 11]，而 DMS 软件近年来也逐渐投入工业现场，在自动化程度较高的地区可以进行在线状态估计、潮流计算和无功电压优化[12]。但需要注意的是，在现有电网能量管理模式中，TCC 和 DCC 几乎没有任何协同，因而这是一种输配割裂的能量管理模式。

近年来迅速发展的分布式发电、电动汽车、分布式储能、负荷响应和配电自动化技术增加了配电系统的可控性，使得配电系统的运行方式更加灵活多变，由传统的"被动"配电系统转变为"主动"配电系统[13]，这对现有输配割裂的能量管理带来重大挑战，甚至将危害电力系统的安全运行。例如，对发生在 2011 年的美国亚利桑那—南加利福尼亚州重大停电事故，由美国联邦能源管理委员会(Federal Energy Regulatory Commission，FERC)和北美电力可靠性公司(North

American Electric Reliability Council，NERC)联合撰写、发布的调查报告[14]指出，该事故扩大的原因之一就在于现有 EMS 软件的预想事故分析程序没有考虑发输电系统事故中配电潮流的变化，没有考虑配电潮流变化对发输电系统运行状态的影响，从而产生了错误预警。又如，在分布式电源渗透率较高的美国加利福尼亚州(光伏发电量在 2013 年底已达 5000MW)，日出或日落时分光伏功率的骤变性将对全局电力系统的功率平衡造成极大挑战。据加利福尼亚州电网调度部门预测，在 2020 年，系统净负荷曲线在 17～20 点的功率变化可达 6000MW，对全局系统的功率平衡和调度决策影响巨大，发输电系统制定机组组合计划或者经济调度计划时必须考虑配电系统中的分布式电源所带来的影响[15,16]。

目前国际知名研究机构和电力公司已经认识到了输配割裂的能量管理模式存在缺陷。例如，在 2014 年 9 月，经过对中国、美国、法国、加拿大、比利时等九个国家在内的电力行业的调研后，国际智能电网行动网络(International Smart Grid Action Network，ISGAN)发布报告指出：在分布式电源广泛接入、主动配电网愈发灵活多变的背景下，现有输配割裂的能量管理模式存在功率平衡、过电压、拥塞、输配系统边界节点功率失配等问题，调度员只有通过输配协同的管理模式才能解决这些问题[17]。欧洲互联电网组织(European Network of Transmission System Operators，ENTSO)最近发布的系列报告分析了欧洲电网中 TCC 和 DCC 所面临的挑战，指出了 TCC 和 DCC 在调度运行、系统规划、市场出清等方面进行协同的必要性和各自应承担的职责权限[18,19]。报告指出，TCC 需负责全系统的功率平衡，评估系统的稳定裕度，DCC 需负责监管本地的运行约束；通过 TCC 和 DCC 协同，可以增加全系统的经济效率，解决拥塞问题、频率问题和全系统的安全性问题，既使用户以最小的代价享受最好的电力服务，又使分布式电源的并网更加容易。IEEE Power and Energy Society 也发表了类似的技术报告，而国际大电网组织(International Council on Large Electric System，CIGRE)也正在筹建专门应对输配协同问题的工作组。

总之，人们已经逐渐认识到，随着主动配电系统的发展，依靠现有输配割裂的能量管理模式将难以满足未来电力系统的运行需求，为保证未来电力系统运行的安全高效，有必要采用 TCC 和 DCC 相协同的调控模式(本书称为输配协同的调度模式)，研究输配协同的能量管理技术。

但是，目前国内外关于输配协同的研究报道还非常罕见。ISGAN 和 ENTSO 等组织发布的报告虽然明确了进行输配协同的必要性，但没有提出输配协同的具体理论和有效算法，也没有给出定量分析。在能量管理技术中比较重要的预想事故分析、电压稳定评估、经济调度和最优潮流等研究领域，和输配协同有关的学术研究仍处于起步阶段。显然，缺乏协同的理论基础、缺乏协同的有效算法、缺乏定量的结果对比，输配协同恐将沦为空中楼阁、镜花水月。在这一情况下，深入研究输配协同的数学理论和有效算法，给出 TCC 和 DCC 之间的交互机制与协同策略便愈发紧迫。

综上所述，研究输配协同能量管理技术的基础数学理论，并在输配协同预想事故分析、电压稳定评估、经济调度和最优潮流研究等领域探索高效算法和协同机制，定量地分析、论证输配协同的效益，具有重大意义。

1.3 输配协同能量管理的概念

面向发输电系统的 EMS 和面向配电系统的 DMS 已被人们普遍接受并付诸实际应用。但迄今为止，EMS 和 DMS 的研究与运行管理往往是各自独立的，甚至安装在同一个电力调度大楼内的 EMS 和 DMS 之间也无信息联系。因此，从发输配全局电力系统的高度来看，EMS 和 DMS 为自动化孤岛。在当前这种 EMS 和 DMS 研究并举的新形势下，进一步对包括发输配电在内的全局电力系统进行统一的控制决策和信息共享，实现 EMS 和 DMS 的有机结合，充分发挥全局控制的潜力和效益，将是电力系统调度控制的一个重要趋势。

显然，相互孤立的 EMS 和 DMS 简单组合并不是 GEMS（全局能量管理系统，global energy management system），而是需要在全局高度上，通过计算机广域网（wide area network，WAN）通信，高速地交换信息，在 EMS 和 DMS 之间建立深层次的有机联系，实现对包括发输配电在内的全局电力系统进行协调的控制决策，才能集成为 GEMS。

GEMS 作为一个新概念，主要有以下几个方面的重要特征[20]。

(1) 面向全局电力系统的实时监控和管理自动化。

(2) 由一个负责发输电系统的 EMS 和分别负责各配电子系统的多个 DMS 共同组成，分别安装在各自的控制中心，在地理上呈分布式。

(3) 是一个大规模的、有机的集成系统，以全局电力系统的分析计算、控制决策和信息共享为主要特征。在分析计算中可以得到全局一致的计算结果，在优化控制决策中保证全局运行的安全优质和经济性，实现发输电和配电的控制资源互补。

(4) EMS 和各 DMS 通过计算机广域网进行数据通信，DMS 与 DMS 之间一般不直接通信，双向通信通道一般安排在 EMS 和各 DMS 之间。此外，具体的通信内容体现了分布式计算的重要特征。

(5) 主从式的全局电力系统决定了 GEMS 中同样有主从之分。在全局电力系统中，发输电系统是主系统，配电系统是从系统。在 GEMS 中，EMS 是主系统，而 DMS 是从系统。在系统集成时应充分考虑这一特征。

(6) GEMS 必须是开放的。EMS 和各 DMS 均应该是开放式系统，以确保 GEMS 在系统集成、扩展、升级、移植等方面的可行和方便。计算机操作系统、数据库管理系统、图形与人机交互系统、网络通信系统等支撑软件的设计和开发均应严格按照国际开放式标准来进行。此外，还应实现应用软件模型和接口的标准化。

1.4 分布式算法研究综述

如前所述，输配协同应建立在分布式架构之上，计算上的核心问题是如何解决大规模代数方程组(对应于潮流和安全评估问题)与优化问题(对应于最优潮流和经济调度问题)的分布式求解。本节将分别综述代数方程组和优化问题的常见分布式算法。

1.4.1 代数方程组的分布式算法

潮流计算问题在数学形式上为一组代数方程组的求解。代数方程组按照是否含非线性项可以分为线性方程组及非线性方程组。其中，非线性方程组主要通过迭代法，即将非线性方程组通过线性化(牛顿法、拟牛顿法等)或者极小化(下降法、共轭方向法)转化为线性方程组进行求解[21]。因此，目前代数方程组的分布式算法研究主要集中在线性方程组上，本书根据其并行计算思想，将这些算法分为Jacobi迭代法、共轭梯度法、多分裂迭代法等几种。

1.4.1.1 Jacobi 迭代法

迭代法的基本思想是对 n 元线性方程组 $Ax=b$，$A \in \mathbb{R}^n, b \in \mathbb{R}^n$。将其变形为等价方程组价 $x = Bx + f$，其中 $B \in \mathbb{R}^{n \times n}, f \in \mathbb{R}^n, x \in \mathbb{R}^n$。$B$ 称为迭代矩阵。从某一取定的初始向量 $x^{(0)}$ 出发，按照一个适当的迭代公式，逐次计算出向量 $x^{(k+1)} = Bx^{(k)} + f(k=0,1,\cdots,n)$，使得向量序列 $\{x^{(k)}\}$ 收敛于方程组的精确解。设 n 元线性方程组为

$$\begin{cases} a_{11}x_1 + a_{12}x_2 + \cdots + a_{1n}x_n = b_1 \\ a_{21}x_1 + a_{22}x_2 + \cdots + a_{2n}x_n = b_2 \\ \vdots \\ a_{n1}x_1 + a_{n2}x_2 + \cdots + a_{nn}x_n = b_n \end{cases} \quad (1\text{-}1)$$

设矩阵 $A = (a_{ij})_{n \times n}$ 非奇异，且 $a_{ii} \neq 0, i=1,2,\cdots,n$，式(1-1)变形为 $x_i^{k-1} = x_i^k + \dfrac{1}{a_{ii}} \left(b_i - \sum\limits_{j=1}^{n} a_{ij} x_j^{(k)} \right) (k=0,1,\cdots,n; i=1,2,\cdots,n)$，该式称为Jacobi迭代法，写成矩阵形式如下：

设 $D = \mathrm{diag}(a_{11}, a_{22}, \cdots, a_{nn})$,

$$L = \begin{bmatrix} 0 & & & & & \\ -a_{21} & 0 & & & & \\ \vdots & \ddots & \ddots & & & \\ -a_{j1} & \cdots & -a_{j,j-1} & 0 & & \\ \vdots & & & \ddots & \ddots & \\ -a_{n1} & \cdots & -a_{n,j-1} & \cdots & -a_{n,n-1} & 0 \end{bmatrix}, \quad U = \begin{bmatrix} 0 & -a_{12} & \cdots & -a_{1j} & \cdots & -a_{1n} \\ & \ddots & \ddots & \vdots & & \vdots \\ & & 0 & -a_{j-1,j} & \cdots & -a_{j-1,n} \\ & & & \ddots & \ddots & \vdots \\ & & & & 0 & -a_{n-1,n} \\ & & & & & 0 \end{bmatrix}$$

则 $A = D - L - U \Rightarrow Dx = (L+U)x + b \Rightarrow x = D^{-1}(L+U)x + D^{-1}b$。

令 $B_J = D^{(-1)}(L+U), f = D^{-1}b$,则有 $x = B_J x + f$。

其迭代格式为

$$x^{(k+1)} = B_J x^{(k)} + f, \quad k = 0, 1, \cdots, n \tag{1-2}$$

这就是 Jacobi 迭代法的矩阵形式。

Jacobi 迭代法因各个分量的修正相互独立而具有十分明显的内在并行计算特性。

1.4.1.2 共轭梯度法

共轭梯度法的基本思想是将共轭性与最速下降方法相结合,利用已知点处的梯度构造一组共轭方向,并沿这组方向进行搜索,求出目标函数的极小点。根据共轭方向的基本性质,这种方法具有二次终止性。共轭梯度法不仅是解决大型线性方程组最有用的方法之一,也是解大型非线性最优化最有效的算法之一[22],其步骤如下。

(1) 给定迭代精度 $0 \leqslant \varepsilon \leqslant 1$ 和初始点 x_0,计算 $g_0 = \nabla f(x_0)$。令 $x \approx x_k$。

(2) 若 $\|g_k\| \leqslant \varepsilon$,停止计算,输出 $x^* \approx x_k$。

(3) 计算搜索方向 d_k 为

$$d_k = \begin{cases} -g_k, & k = 0 \\ -g_k + \beta_{k-1} d_{k-1}, & k \geqslant 1 \end{cases}$$

式中,当 $k \geqslant 1$ 时,$\beta_{k-1} = \dfrac{g_k^T g_k}{g_{k-1}^T g_{k-1}}$,确定 β_{k-1}。

(4) 利用精确(或非精确)线搜索方法确定搜索步长 α_k。

(5) 令 $x_{k+1} = x_k + \alpha_k d_k$,并计算 $g_{k+1} = \nabla f(x_{k+1})$。

(6) 令 $k = k+1$,转步骤(1)。

共轭梯度法作为一种实用的迭代法可以充分利用矩阵的稀疏性,不需预先估计其他参数就可以计算，另外每次迭代所需的计算，主要是向量之间的运算，便于并行化。

1.4.1.3 多分裂迭代法

多分裂迭代法主要基于多分裂思想，其介绍如下。

求解大型线性方程组 $Ax=b$，令 M_l、N_l、E_l 都是 $n \times n$ 矩阵，$l=1,2,\cdots,\alpha$，若满足：

(1) $A = M_l - N_l$，M_l^{-1} 存在。

(2) $\sum_{l=1}^{\alpha} E_l = I$，$E_l$ 是非负对角矩阵。

则称三元组 $(M_l、N_l、E_l)(l=1,2,\cdots,\alpha)$ 为 A 的一个多分裂。

多分裂迭代法的基本格式为

$$x^{(k+1)} = Hx^{(k)} + Gb, \quad k=0,1,\cdots,n \tag{1-3}$$

和 Jacobi 迭代法一样，多分裂迭代算法具有天然的并行性。

1.4.2 优化问题的分布式算法

无论经济调度还是最优潮流问题，在形式上它们都是优化问题。本书将两个及以上区域的经济调度或最优潮流问题统称为多区域优化问题。这方面研究主要集中于如何在多个调控中心之间分布式地求解多区域优化问题，本书将它们统称"多区域分布式优化研究"，其中大多数研究面向发输电系统多个区域的分布式优化方法(本书称为"分解算法")。本书依据这些算法分解思想的异同，将它们归为对偶分解类算法、最优性条件分解类算法、原始分解类算法、等值分解类算法等几种，并以两区域优化问题为例介绍各种方法的基本原理。

1.4.2.1 多区域优化问题建模形式

根据区域耦合方式不同，多区域优化问题可以分为重叠区域耦合和联络线耦合两种形式。

1. 重叠区域耦合形式

对于重叠区域耦合的区域 A 和 B，多区域优化问题的数学模型通常可以表示为

$$\min_{\substack{(x,y) \in A \\ (y,z) \in B}} \{c_a(x) + c_b(z)\} \tag{1-4}$$

式中，$c_a(x)$、$c_b(z)$ 分别为 A、B 区域的优化目标；x 和 z 分别是归属于区域 A 和 B 的局部变量(local variables)；y 是重叠区域变量，它耦合了区域 A 和 B，因此在数学上通常被称为耦合变量(complicating variables)。在区域 A 和 B 中分别定义本地变量 y_a 和 y_b，于是可将式(1-4)中的模型转化为如下形式：

$$\min_{\substack{(x,y_a)\in A \\ (y_b,z)\in B}} \{c_a(x)+c_b(z): y_a - y_b = 0\} \qquad (1\text{-}5)$$

式中，约束 $y_a - y_b = 0$ 耦合了区域 A 和 B 的本地优化模型，因此在数学上通常被称为耦合约束(complicating/coupling constraints)。

对形如式(1-5)中的问题，通常采用对偶分解类算法进行求解。

2. 联络线耦合形式

具有联络线耦合形式的区域 A 和 B 可由图 1-1 表示。

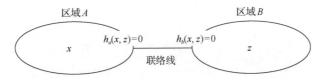

图 1-1 区域 A 和 B 通过联络线耦合的互联形式

这种情况下的多区域优化问题的数学模型通常可表示如下：

$$\min_{\substack{x\in A \\ z\in B}} \{c_a(x)+c_b(z): h_a(x,z)=0, h_b(x,z)=0\} \qquad (1\text{-}6)$$

式中，x 和 z 是区域 A 和 B 的局部变量；$h_a(\cdot)$ 和 $h_b(\cdot)$ 是耦合约束，分别表示联络线两侧端点的功率方程。

对形如式(1-6)中的问题，可以采用最优性条件分解类算法进行求解。

虽然式(1-5)和式(1-6)所对应的多区域耦合形式不同，但是数学模型却可以进行等价转化，具体方法可参考文献[23]和[24]。因此，式(1-6)中的模型原则上也可以用对偶分解类算法求解。

1.4.2.2 对偶分解类算法

对偶分解类算法的基本思路为：对形如式(1-5)中的优化问题，通过构造部分拉格朗日(partial Lagrangian)函数或者增广拉格朗日(augmented Lagrangian, AL)函数 $L(x,z,y_a,y_b,\lambda)$（其中 λ 为耦合约束乘子）将耦合约束松弛到问题的目标函数中，从而进行分解。这一方法首先将式(1-5)中的优化问题转化为如下形式：

$$\sup_{\lambda} \phi(\lambda), \text{ 其中对偶函数 } \phi(\lambda) = \inf_{x,z,y_a,y_b} L(x,z,y_a,y_b,\lambda) \tag{1-7}$$

显然,优化问题 $\phi(\lambda) = \inf_{x,z,y_a,y_b} L(x,z,y_a,y_b,\lambda)$ 的约束按区域解耦。若在给定乘子 λ 的情况下 $L(x,z,y_a,y_b,\lambda)$ 亦可按区域解耦,那么就可在每个区域内分布式地求解对偶函数 $\phi(\lambda)$ 在给定 λ 下的值。之后,再由第三方(亦可由区域 A 或区域 B 的调控中心担任)更新 λ,直到得到或者逼近对偶函数的上确界 $\sup_{\lambda}\phi(\lambda)$,从而完成对式(1-5)中问题的分布式求解。因为 $\phi(\lambda)$ 通常为不可微的凹函数,仅存在次梯度,所以常采用次梯度方法、割平面方法或者打捆法更新 λ[25]。

由于对偶分解类算法通过将耦合约束松弛到拉格朗日函数中实现分解,因此这一类方法可视为拉格朗日松弛(Lagrangian relaxation,LR)法及其诸多派生算法的集合,包括以下几种。

1. 基本的拉格朗日松弛法[26-28]

LR 法是在给定乘子 λ 的情况下对如下的部分拉格朗日函数

$$L(x,z,y_a,y_b,\lambda) = c_a(x) + c_b(z) + \lambda^{\mathrm{T}}(y_a - y_b) \tag{1-8}$$

进行分解。

具体来说,在第 $k+1$ 次迭代时,若已知 λ^k,区域 A 和 B 各自分布式地求解如下问题:

$$\min_{(x,y_a)\in A} c_a(x) + (\lambda^k)^{\mathrm{T}} y_a \tag{1-9}$$

$$\min_{(z,y_b)\in B} c_b(z) - (\lambda^k)^{\mathrm{T}} y_b \tag{1-10}$$

获得 y_a^{k+1}、y_b^{k+1} 和 $\phi(\lambda^k)$,根据次梯度 $\xi^{k+1} = y_a^{k+1} - y_b^{k+1}$ 更新 λ^{k+1}(将这一步骤记为 $\lambda^{k+1} = \Theta(\lambda^k, \xi^{k+1})$),如果 λ^{k+1} 和 λ^k 足够接近,则停止迭代,否则进行新一轮的计算。

LR 法形式简单、思路直观,但是由于式(1-8)中的部分拉格朗日函数未必是凸函数,所以算法有时会遇到收敛性问题。

2. 预测矫正邻近乘子算法[29,30]

预测矫正邻近乘子算法(predictor-corrector proximal multiplier method,PCPMM)的基本思想是在 LR 法第 k 次迭代的式(1-9)和式(1-10)中加入邻近点罚项 $\frac{\beta}{2}\|y_a - y_a^k\|^2$ 和 $\frac{\beta}{2}\|y_b - y_b^k\|^2$,转而求解如下子问题:

$$\left(x^{k+1}, y_a^{k+1}\right) = \underset{(x,y_a)\in A}{\arg\min}\left\{c_a(x) + \left(\lambda^{k+1}\right)^{\mathrm{T}} y_a + \frac{\beta}{2}\left\|y_a - y_a^k\right\|^2\right\} \tag{1-11}$$

$$\left(z^{k+1}, y_b^{k+1}\right) = \underset{(z,y_b)\in B}{\arg\min}\left\{c_b(z) - \left(\lambda^{k+1}\right)^{\mathrm{T}} y_b + \frac{\beta}{2}\left\|y_b - y_b^k\right\|^2\right\} \tag{1-12}$$

式中，$\lambda^{k+1} = \Theta\left(\lambda^k, \xi^k\right)$ 称为预测乘子。待解得式(1-11)和式(1-12)后，再由 $\xi^{k+1} = y_a^{k+1} - y_b^{k+1}$ 得到矫正后的乘子 $\lambda^{k+1} = \Theta\left(\lambda^k, \xi^{k+1}\right)$。

和基本的 LR 法相比，PCPMM 的子问题加入了邻近点罚项，目标函数凸性更强，因此有可能避免 LR 法中的迭代发散问题。此外，关于乘子的预测矫正步骤通常也有助于提高 PCPMM 的收敛性。

3. 辅助问题原理算法[23, 31-37]

辅助问题原理(auxiliary problem principle，APP)算法的基本思想是对式(1-5)中问题的 AL 函数：

$$L(x, z, y_a, y_b, \lambda) = c_a(x) + c_b(z) + \lambda^{\mathrm{T}}(y_a - y_b) + \frac{\gamma}{2}\|y_a - y_b\|^2 \tag{1-13}$$

进行分解。由于式(1-13)中引入了 $\frac{\gamma}{2}\|y_a - y_b\|^2$，具有强凸性，AL 函数的数学性质通常比式(1-8)中的部分拉格朗日函数更好。

为使 AL 函数可分，可在给定乘子 λ 的情况下将罚项线性化，并借鉴 PCPMM 思想，进一步引入罚项 $\frac{\beta}{2}\|y_a - y_a^k\|^2$ 和 $\frac{\beta}{2}\|y_a - y_b^k\|^2$，从而得到如下计算形式：

$$\begin{aligned}&\left(x^{k+1}, y_a^{k+1}, z^{k+1}, y_b^{k+1}\right) \\ &= \underset{\substack{(x,y_a)\in A \\ (y_b,z)\in B}}{\arg\min}\left\{\begin{array}{l}c_a(x) + c_b(z) \\ + \left(\lambda^k\right)^{\mathrm{T}}(y_a - y_b) + \gamma\left(y_a^k - y_b^k\right)^{\mathrm{T}}(y_a - y_b) \\ + \frac{\beta}{2}\left\|y_a - y_a^k\right\|^2 + \frac{\beta}{2}\left\|y_b - y_b^k\right\|^2\end{array}\right\}\end{aligned} \tag{1-14}$$

$$\lambda^{k+1} = \Theta\left(\lambda^k, \xi^{k+1}\right) \tag{1-15}$$

显然，式(1-14)中的问题可按区域解耦，区域 A 和 B 的子问题形式分别为

$$\min_{(x,y_a)\in A} c_a(x) + \left(\lambda^k\right)^{\mathrm{T}} y_a + \gamma\left(y_a^k - y_b^k\right)^{\mathrm{T}} y_a + \frac{\beta}{2}\left\|y_a - y_a^k\right\|^2 \tag{1-16}$$

$$\min_{(z,y_b)\in B} c_b(z) - \left(\lambda^k\right)^{\mathrm{T}} y_b - \gamma\left(y_a^k - y_b^k\right)^{\mathrm{T}} y_b + \frac{\beta}{2}\left\|y_b - y_b^k\right\|^2 \tag{1-17}$$

和基本的 LR 法相比，APP 算法子问题的目标函数中增加了两项：$\gamma\left(y_a^k - y_b^k\right)^T y_a$ 和 $\dfrac{\beta}{2}\left\|y_a - y_a^k\right\|^2$，其中第一项是为了增强式(1-5)中优化目标的凸性，第二项是为了抑制线性化 AL 函数后可能出现的振荡问题。若这两项中的罚因子选取得当，那么就有可能既利用了 AL 函数的凸性又避免了线性化 AL 函数后带来的收敛问题，从而取得比 LR 法更高的计算效率。但是目前理论上尚无罚因子最优选取准则，若参数选取不当，计算效率会受到比较大的影响，这一问题通常被称为参数调节问题。目前来看，通常需要由实验确定具有较好计算效果的参数[36]。

4. 交替方向乘子算法[24, 38, 39]

交替方向乘子(alternating direction method of multipliers，ADMM)算法仍然是对式(1-13)中的 AL 函数进行分解。和 APP 算法相比，两者子问题的构造方式有别。在 ADMM 算法中，首先在式(1-13)中令 $y_b = y_b^k$ 获得区域 A 的子问题和解：

$$\left(x^{k+1}, y_a^{k+1}\right) = \underset{(x, y_a) \in A}{\arg\min} \left\{ c_a(x) + \left(\lambda^k\right)^T y_a + \dfrac{\gamma}{2}\left\|y_a - y_b^k\right\|^2 \right\} \quad (1\text{-}18)$$

然后，在式(1-13)中令 $y_a = y_a^{k+1}$，得到区域 B 的子问题和解：

$$\left(z^{k+1}, y_b^{k+1}\right) = \underset{(z, y_b) \in B}{\arg\min} \left\{ c_b(z) - \left(\lambda^k\right)^T y_b + \dfrac{\gamma}{2}\left\|y_b - y_a^{k+1}\right\|^2 \right\} \quad (1\text{-}19)$$

之后，再由 $\xi^{k+1} = y_a^{k+1} - y_b^{k+1}$ 更新乘子 $\lambda^{k+1} = \Theta\left(\lambda^k, \xi^{k+1}\right)$。

显然，类似于 APP 算法，由于 AL 函数中引入了罚因子，ADMM 算法也面临着参数调节问题。ADMM 算法的参数调节原则可参考文献[40]。

5. 分析目标级联算法[41, 42]

最初的分析目标级联(analytical target cascading，ATC)算法是通过交替方向算法求解如下问题：

$$\min_{\substack{(x, y_a) \in A \\ (y_b, z) \in B}} \left\{ c_a(x) + c_b(z) + \pi(y_a - y_b) \right\} \quad (1\text{-}20)$$

式中，π 为罚因子。文献[28]提出用 AL 函数改造式(1-20)中的目标函数，将其变成如下形式：

$$\min_{\substack{(x, y_a) \in A \\ (y_b, z) \in B}} \left\{ c_a(x) + c_b(z) + \lambda^T(y_a - y_b) + w\left\|y_a - y_b\right\|^2 \right\} \quad (1\text{-}21)$$

之后采用 ADMM 算法中的分解思路，求解形如式(1-18)和式(1-19)的优化问题(注意罚因子 $\frac{\gamma}{2}$ 变为 w)。

和 ADMM 算法相比,改造后的 ATC 算法的子问题形式相近,但是迭代格式不同。它基于两层迭代格式,如图 1-2 所示。ATC 算法的内循环通过迭代使得 $\left|y_a^{k+1}-y_a^k\right|$ 和 $\left|y_b^{k+1}-y_b^k\right|$ 均足够小,之后再跳到外层循环修正乘子和罚因子。文献[27]指出改造后的 ATC 算法的收敛性和所得结果的最优性通常优于 ADMM 算法。

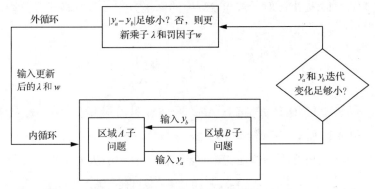

图 1-2 ATC 算法流程

总之,在对偶分解类算法中,基于部分拉格朗日函数的分解方法有时会遇到收敛问题,而基于 AL 函数的分解方法(如 APP 算法、ADMM 算法和 ATC 算法等)虽然收敛性有所改善,但面临着参数调节问题。

1.4.2.3 最优性条件分解类算法

最优性条件分解类(optimality condition decomposition,OCD)算法主要用来求解形如式(1-6)中的问题。它的基本思想在于将式(1-6)中的优化问题的最优性条件方程 $K(x,z,\lambda_a,\lambda_b)=0$ 按区域分解为 $K_a\left(x,z^{\mathrm{sp}},\lambda_a,\lambda_b^{\mathrm{sp}}\right)=0$ 和 $K_b\left(x^{\mathrm{sp}},z,\lambda_a^{\mathrm{sp}},\lambda_b\right)=0$ (上标 sp 表示给定值,λ_a 和 λ_b 为约束 $h_a(x,z)=0$ 和 $h_b(x,z)=0$ 的乘子),然后求解各个子区域的最优性条件方程或者等价的优化子问题,更新给定值,直到收敛。

根据最优性条件分解形式的不同或者子区域 KKT(Karush-Kuhn-Tucker)条件求解思路的不同,它又可分为如下几类算法。

1. 近似牛顿方向方法

Conejo 等在 21 世纪初首次提出了近似牛顿方向(approximate Newton direction,AND)[43-46]形式的 OCD 算法。算法的基本思想为将式(1-6)中的问题改写为

$$\min_{\substack{x\in A\\z\in B}} \left\{\begin{array}{l} c_a(x)+c_b(z)+\lambda_a^{\mathrm{T}} h_a(x,z)+\lambda_b^{\mathrm{T}} h_b(x,z) \\ \text{s.t.} \quad h_a(x,z)=0, h_b(x,z)=0 \end{array}\right\} \qquad (1\text{-}22)$$

式(1-22)中的优化问题的最优性条件的修正方程为

$$\begin{bmatrix} K_{aa} & K_{ab} \\ K_{ba} & K_{bb} \end{bmatrix} \begin{bmatrix} \Delta d_a \\ \Delta d_b \end{bmatrix} = \begin{bmatrix} \Delta e_a \\ \Delta e_b \end{bmatrix} \tag{1-23}$$

式中，$\Delta d_a = [\Delta x \quad \Delta \lambda_a]^T$，$\Delta d_b = [\Delta z \quad \Delta \lambda_b]^T$ 分别表示和各区域相关的修正方向；Δe_a 和 Δe_b 为各区域的失配量。

文献[43]和[44]提出，对于式(1-23)中的修正方程，若忽略非对角块，则可写出可按区域分解的形式：

$$\begin{bmatrix} K_a & \\ & K_b \end{bmatrix} \begin{bmatrix} \Delta d_a \\ \Delta d_b \end{bmatrix} = \begin{bmatrix} \Delta e_a \\ \Delta e_b \end{bmatrix} \tag{1-24}$$

显然，区域 A 只需求解 $K_a \Delta d_a = \Delta e_a$，区域 B 只需求解 $K_b \Delta d_b = \Delta e_b$。解得 Δx、Δz、$\Delta \lambda_a$ 和 $\Delta \lambda_b$ 后，令 $x^{k+1} = x^k + \Delta x$、$z^{k+1} = z^k + \Delta z$、$\lambda_a^{k+1} = \lambda_a^k + \Delta \lambda_a$ 和 $\lambda_b^{k+1} = \lambda_b^k + \Delta \lambda_b$，进行下一轮迭代，直到式(1-24)中的失配量小于收敛阈值。

若记 $K_\mathrm{I} = \begin{bmatrix} K_a & \\ & K_b \end{bmatrix}$，$K_\mathrm{II} = \begin{bmatrix} K_{aa} & K_{ab} \\ K_{ba} & K_{bb} \end{bmatrix}$，文献[43]和[44]证明了若 K_I 和 K_II 充分接近，那么 AND 算法可收敛到式(1-6)中问题的驻点，且具有一阶的收敛速度。如果 K_I 和 K_II 并不接近，则需要第三方的协调层进行预处理，如用 K_II 作为预处理矩阵，左乘式(1-23)两侧，之后采用 GMRES 算法[47]求解修正后的迭代步长。文献[46]提出当 K_I 和 K_II 并不接近时，可由协调层基于广义最小残差法算法(generalized minimal residual algorithm，GMRES)集中求解式(1-23)。

2. 分解协调内点法[48-50]

和 AND 方法不同，分解协调内点法是对具有重叠区域耦合形式问题的修正方程的分布式求解。本书以文献[48]为例对此方法加以介绍。式(1-5)中优化问题的最优性条件的修正方程可以写成如下的箭型结构：

$$\begin{bmatrix} M_A & 0 & E_A^T \\ 0 & M_B & E_B^T \\ E_A & E_B & 0 \end{bmatrix} \begin{bmatrix} \Delta \rho_A \\ \Delta \rho_B \\ \Delta \lambda \end{bmatrix} = - \begin{bmatrix} B_A \\ B_B \\ d \end{bmatrix} \tag{1-25}$$

式中，ρ_A 和 ρ_B 分别包含了区域 A 和 B 的局部变量与乘子。在式(1-25)中消去 $\Delta \rho_A$ 和 $\Delta \rho_B$ 后可得

$$(E_A M_A^{-1} E_A^T + E_B M_B^{-1} E_B^T) \Delta \lambda = d - E_A M_A^{-1} B_A - E_B M_B^{-1} B_B \tag{1-26}$$

由式(1-26)解得 $\Delta\lambda$ 后代入式(1-25)，可得按区域分解的修正方程：

$$M_i \Delta \rho_i = -B_i - E_i^\mathrm{T} \Delta\lambda, \quad i = A, B \qquad (1\text{-}27)$$

因此整个算法的迭代格式为：首先各区域调控中心分布式地计算 $E_i M_i^{-1} E_i^\mathrm{T}$ 和 $E_i M_i^{-1} B_i$，将之发送给协调层；之后在协调层求解式(1-26)，并发送 $\Delta\lambda$ 给各个子区域调控中心，然后分别求解式(1-27)，从而完成对式(1-25)中修正方程的分布式求解。如此进行迭代，直到修正方程的失配量小于收敛阈值。

文献[50]研究了针对式(1-4)中优化问题的分解协调内点法。由于分解思路类似，这里不再赘述。

值得注意的是，由于该分解算法利用了修正方程的箭型结构，该算法通常用来求解具有重叠区域耦合形式的问题。此外，该算法本质上是对最优性条件修正方程的分布式求解，因此总迭代次数和收敛性等价于一般的内点算法。

3. Biskas 算法[51, 57]

对式(1-22)中的优化问题，Biskas 等提出如下的分解形式：在第 $k+1$ 次迭代时，区域 A 和 B 分别求解如下形式的子问题：

$$\min_{x \in A} \left\{ c_a(x) + (\lambda_b^k)^\mathrm{T} h_b(x, z^k) : h_a(x, z^k) = 0 \right\} \qquad (1\text{-}28)$$

$$\min_{z \in B} \left\{ c_b(z) + (\lambda_a^k)^\mathrm{T} h_a(x^k, z) : h_b(x^k, z) = 0 \right\} \qquad (1\text{-}29)$$

式中，x^k、λ_a^k 和 z^k、λ_b^k 分别为第 k 次迭代的结果。解得子问题后，区域 A 和 B 的调控中心交互更新后的 $(x^{k+1}, \lambda_a^{k+1})$ 和 $(z^{k+1}, \lambda_b^{k+1})$，再进行下一次迭代，直到相邻两次迭代中交互变量的变化充分小。

容易验证，式(1-28)和式(1-29)中优化问题的最优性条件的修正方程恰好对应于式(1-24)中的形式。因此，如果 Biskas 算法收敛，那么收敛解满足式(1-6)的最优性条件。和 Conejo 等提出的 AND 方法相比，Biskas 算法中各个区域调控中心需要求解的是优化问题而非修正方程，因此只需要在现有程序基础上进行少许修改就可以完成，这使得该算法实现起来往往更方便。但是，Biskas 算法无法进行预处理，对于某些系统可能出现收敛问题[56]。对此，文献[56]在每步迭代中子问题最优性条件非退化的假设下，通过引入动态乘子提高了 Biskas 算法的收敛性，避免了振荡发散。

4. 边界分区算法[58, 59]

文献[58]与[59]提出将区域 A 和 B 的联络线及两端节点专门视为一个边界分

区，由协调层负责。分区划分和所对应的子问题形式如图 1-3 所示。求解子问题 P_{S1} 和 P_{S2} 后，区域 A 和 B 的调控中心分别将所得的边界节点电压及功率传递给协调层，由后者通过求解子问题 P_B 判断系统是否收敛。如果没有收敛，则由协调层向区域 A 和 B 的调控中心发送边界变量和乘子，重新计算。

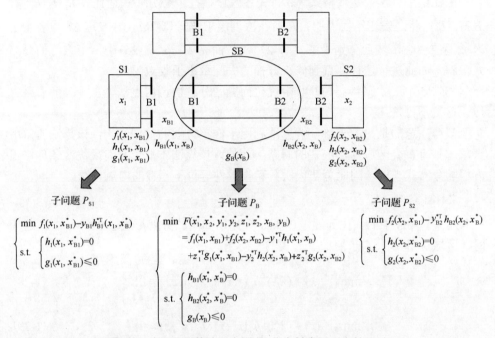

图 1-3 边界分区算法示意图(部分素材来源于文献[58])

综上可知，和对偶分解类方法相比，OCD 算法的优点在于避免了参数调节问题。此外，OCD 算法的本质是对最优性条件的分布式求解，因此在最优解附近至少具有一阶的收敛速度。

1.4.2.4 原始分解类算法[60, 61]

以文献[60]为例说明这一算法的特点。在式(1-5)优化问题中引入松弛变量 d，将之转化为

$$\min_{\substack{(x,y_a)\in A \\ (y_b,z)\in B}} \{c_a(x)+c_b(z): y_a=d, y_b=d\} \tag{1-30}$$

对其采用罚函数松弛，可转化为如下问题：

$$\min_{\substack{(x,y_a)\in A \\ (y_b,z)\in B}} \{c_a(x)+c_b(z)+\gamma\|y_a-d\|^2+\gamma\|y_b-d\|^2\} \tag{1-31}$$

显然，给定松弛变量 d，式(1-31)中的优化问题按区域可分，分解后区域 A 和 B 的子优化问题分别为

$$\min_{(x,y_a)\in A} F_a^*(d) = \left\{c_a(x) + \gamma\|y_a - d\|^2\right\} \quad (1\text{-}32)$$

$$\min_{(z,y_b)\in A} F_b^*(d) = \left\{c_b(z) + \gamma\|y_b - d\|^2\right\} \quad (1\text{-}33)$$

解得子问题最优解后，再通过式(1-34)修正松弛变量 d：

$$\min_d F_a^*(d) + F_b^*(d) \quad (1\text{-}34)$$

类似于对偶分解类算法中的乘子最大化问题(如式(1-7)所示)，式(1-34)中的问题通常也难以直接求解，可以采用次梯度或者 BFGS 型的拟牛顿法迭代修正。

值得注意，当原始分解算法用于联络线耦合型多区域经济调度问题时，松弛变量 d 在物理上对应于区域联络线计划，物理意义清楚。文献[61]采用这一分解算法求解了大型电网的联络线优化问题，并通过引入动态乘子进一步提高了算法的收敛性。

1.4.2.5 等值分解类算法

这一类算法的基本思想是遍历每个子区域，将和它耦合的区域模型通过某种等值方式加入该区域优化模型中，求解考虑等值后的子区域优化问题；待解得所有子区域优化问题后，比较边界节点的潮流结果，如果失配量较小，则认为计算收敛。依据具体等值方法的不同，可分为如下几类。

1. 基于系统响应函数的等值算法

文献[62]针对具有重叠区域的优化问题提出基于系统响应函数的等值算法：每次计算中区域 A 调控中心向区域 B 调控中心发送边界节点电压，区域 B 调控中心求解本系统的优化问题，并根据连续两次的优化结果生成边界的等值响应阻抗(代表了优化后的边界节点注入电流和边界节点电压的灵敏度)发送给区域 A 调控中心，后者将等值响应阻抗纳入模型，求解此时的本区域优化问题，更新边界节点电压，再进行下一轮计算。虽然文献[62]通过数值实验证明了所提算法在测试系统上都是收敛的，但是没有在理论上进一步论证算法在普遍情况下的收敛性和迭代解的最优性。

2. 基于网络等值的算法[63-65]

文献[63]针对多区域无功优化问题，将其他区域通过常规 Ward 等值得到网络等值模型，加入所关注的子系统优化模型中。文献[64]改进了文献[63]的方法，将

平衡节点以外的边界节点定义为 PV 节点，从而得到更好的无功响应特性。

在文献[65]中，鉴于 Ward 等值对无功响应特性的模拟并非完全准确，研究者尝试采用 REI 等值来获得外部系统的网络等值。仿真表明，虽然结果最优性有所改善，但是为此在迭代中需要经常调整 REI 网络参数，计算过程略显麻烦。

总之，基于网络等值的算法具有物理意义清晰、容易理解的优点，但是也具有由网络等值带来的误差，因此这类算法结果和真实的最优值之间经常会有所差异，此外也较难从数学上分析这类算法的收敛性。

3. 基于边际信息的等值算法

文献[66]提出可采用基于边际信息等值算法求解多区域线性经济调度模型。边际信息等值指的是各个区域调控中心顺序向其他调控中心传递自身优化问题最优解处起作用的约束和边界成本，其他区域接收到这些信息后将约束累加到自身模型中，将目标函数加入自身问题的目标函数中，重新计算子问题。文献[66]证明了该算法的最优性。但是这种算法需要各个子问题必须串行通信和串行求解，这一要求在工业现场可能会受到限制。此外，随着迭代次数增多，各个区域子问题的约束也会逐渐增加，最恶劣情况下每个子问题的规模都将接近原先集中优化问题的规模。

1.5 本书框架

根据前述国内外研究现状可知，目前输配协同研究不足之处在于以下两方面。

(1)在基础理论层面，缺乏适应输配协同特点并对输配协同能量管理中各主要稳态功能均具有普适性的分解协同理论和高效的分布式算法。

(2)在能量管理技术层面上：

①在发输电系统预想事故分析中没有考虑配电系统潮流变化和所带来的影响；

②输配系统的相互作用对静态电压稳定性的影响重视不足，分布式电源低压脱网对全局系统电压稳定影响的研究尚不充分；

③对输配协同经济调度和输配协同最优潮流问题需要开发更加有针对性的高效算法，并定量地给出输配协同的效果分析。

针对以上研究不足，本书试图对输配协同的能量管理技术展开相应的研究。鉴于输配全局系统的调控需求和单一调控中心有限的管理与计算能力之间的矛盾，以及现有工业现场长久以来分别由 TCC 和 DCC 对发输电系统及配电系统分别调控的现实，本书采用 TCC 和 DCC 相协同的研究思路，将输配全局问题分解为发输电子问题和配电子问题，分别交由 TCC 和 DCC 分布式求解，并通过两者有限次的信息交互，求得输配协同问题的最优解或局部最优解。

本书在理论研究中面临如下挑战。

(1) 对能量管理中的潮流计算、状态估计、预想事故分析、静态电压稳定评估、经济调度和最优潮流等重要问题，是否存在普适性的输配协同模型和普适性的协同理论？如何建立这样的模型和理论？它们的数学性质如何？

(2) 如何针对不同能量管理问题的特点，对上述理论中的算法进行有针对性的改进，以提高收敛性、减少计算时间？

此外，考虑到工业现场的约束，本书认为分布式的输配协同方法还需要尽可能地满足如下几个条件。

(1) 分解后的子问题应尽可能与现有 EMS 和 DMS 中相关应用的问题形式相近，即与现有 EMS 和 DMS 软件具有较好的兼容性。

(2) TCC 和 DCC 之间的交互变量应满足现有 TCC、DCC 的模型及数据隐私性。

(3) 交互变量应尽可能具有清晰的物理意义，便于调度人员理解。

(4) 分解算法的计算效率要高，即结果要尽可能地接近集中式协同模型的最优性，TCC 和 DCC 之间的迭代次数和通信量要尽可能少。

因此，输配协同的研究面临诸多理论上和工业现场的挑战与约束。

总体来说，本书采用 TCC 和 DCC 相协同的研究思路，将输配全局问题分解为发输电子问题和配电子问题，分别交由 TCC 和 DCC 分布式求解，通过两者有限次的信息交互，求得输配协同问题的最优解或局部最优解。这一研究思路可以具体细化为如下研究内容。

(1) 研究具有普适性的广义主从分裂理论，包括求解代数方程组的主从分裂法(第 2 章)及求解优化问题的广义主从分裂法(第 3 章)；

(2) 在输配全局电力系统中应用主从分裂理论，研究分布式输配模型(第 4 章)，具体应用于输配协同能量管理技术中的实际问题，包括：

①在潮流计算方面，研究分布式输配协同全局潮流(第 5 章)。

②在状态估计方面，研究分布式输配协同状态估计(第 6 章)。

③在安全评估方面，研究计及配电潮流响应的输电系统预想事故分析(第 7 章)。

④在安全评估方面，研究考虑分布式电源低压脱网的输配协同静态电压稳定评估(第 8 章)。

⑤在优化调度方面，研究分布式电源广泛接入下的分布式输配协同经济调度(第 9 章)。

⑥在优化调度方面，研究分布式电源广泛接入下的分布式输配协同最优潮流(第 10 章)。

基于如上思路，本书框架和内容安排如图 1-4 所示。

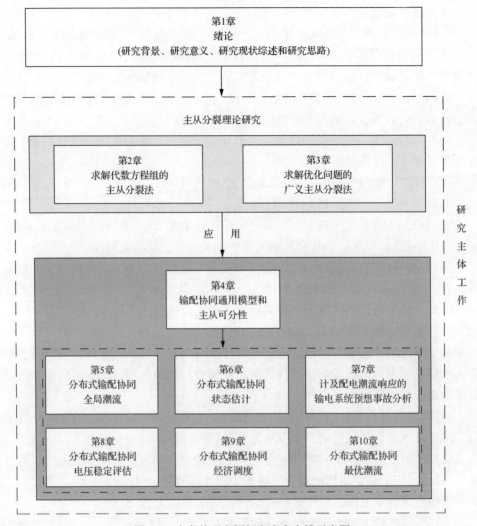

图 1-4 本书的研究框架和内容安排示意图

值得注意,本书聚焦于输配协同能量管理问题的分解理论和各种应用下的具体分解算法,为避免分散研究主题,本书所有的推导和论述均基于确定性数学模型。然而,对计及分布式电源或者其他设备出力、参数不确定性的不确定输配协同能量管理,本书研究工作仍然具有重要意义。实际上,本书大多数研究结果几乎可以直接应用于基于场景的随机优化调度模式(如以类似文献[57]中的方式)或者滚动调度模式[65]。以滚动调度模式为例,在每个滚动时间窗内,利用最新的预测信息更新系统当前状态后,不确定的输配协同问题转化为确定性输配协同问题,可以直接根据本书的结果实现分布式的输配协同能量管理。本书的部分研究成果已发表在 *IEEE Transactions on Power Systems*、*IEEE Transactions on Smart Grid* 等期刊[67-77]。

参 考 文 献

[1] 于尔铿, 周京阳. 能量管理系统（EMS）的技术发展[J]. 中国电力, 1997, 30(8): 3-5.

[2] 王守相, 王成山. 现代配电系统分析[M]. 北京: 高等教育出版社, 2007.

[3] 孙宏斌. 电力系统全局无功优化控制的研究[D]. 北京: 清华大学, 1997.

[4] 孙宏斌, 张伯明, 相年德. 发输配全局潮流计算——第一部分: 数学模型和基本算法[J]. 电网技术, 1998, 22(12): 41-44.

[5] Dy-Liacco T E. Modern control centers and computer networking[J]. IEEE Computer Applications in Power, 1994, 7(4): 17-22.

[6] Cassel W R. Distribution management systems: Functions and payback[J]. IEEE Transactions on Power Systems, 1993, 8(3): 796-801.

[7] 王明俊, 于尔铿, 刘广一. 配电系统自动化及其发展（一）——配电管理系统、配电自动化与需方用电管理[J]. 电网技术, 1996, 20(7): 59-62.

[8] 吴文传. 配电系统的回路分析及其优化理论的研究[D]. 北京: 清华大学, 2003.

[9] 巨云涛. 主动配电网实时网络分析与无功电压优化的研究[D]. 北京: 清华大学, 2013.

[10] Wood A J, Wollenberg B. 96/02779–Power generation operation and control[J]. Fuel & Energy Abstracts, 1996, 37(3): 90-93.

[11] 孙宏斌. "三维协调的新一代电网能量管理系统关键技术及示范工程"通过鉴定[J]. 电力系统自动化, 2007, 31(15): 88.

[12] 吴文传, 张伯明, 巨云涛, 等. 配电网高级应用软件及其实用化关键技术[J]. 电力系统自动化, 2015, 39(1): 213-219.

[13] D'Adamo C, Jupe S, Abbey C. Global survey on planning and operation of active distribution networks[C]. International Conference and Exhibition on Electricity Distribution, Prague, 2009: 1-4.

[14] FERC/NERC Staff Report on the September 8, 2011 Blackout[EB/OL]. [2012-04-27]. https://www.ferc.gov/legal/staff-reports/04-27-2012-ferc-nerc-report.pdf.

[15] Anderson R W, Gerber S, Reid E. Distributed energy resources integration: Summarizing the challenges and barriers.Olivine, Inc. San Ramon, CA[EB/OL]. [2014-1-14]. http://www.caiso.com/Documents/OlivineReport_DistributedEnergyResourceChallenges_Barriers.pdf.

[16] Olson A, Mahone A, Hart E, et al. Halfway there: Can California achieve a 50% renewable grid?[J]. IEEE Power and Energy Magazine, 2015, 13(4): 41-52.

[17] Zegers A, Brunner H. TSO-DSO interaction: An overview of current interaction between transmission and distribution system operators and an assessment of their cooperation in smart grids[EB/OL]. [2014-9]. http://www.iea-isgan.org/index.php?r=home&c=5/378.

[18] ENTSO (European Network of Transmission System Operators). Towards smarter grids: Developing TSO and DSO roles and interactions for the benefit of consumers[EB/OL]. [2015-11]. https://www.entsoe.eu/Documents/Publications/Position%20papers%20and%20 reports/150303_ENTSO-E_Position_Paper_TSO-DSO_interaction.pdf.

[19] ENTSO. General guidelines for reinforcing the cooperation between TSOs and DSOs [EB/OL]. [2015-11]. https://www.entsoe.eu/Documents/Publications/Position%20papers% 20and%20reports/entsoe_pp_TSO-DSO_web.pdf#search=tso%2Ddso.

[20] 孙宏斌, 张伯明. 全局电力管理系统（GEMS）的新构想[J]. 电力自动化设备, 2001, 21(5): 6-8.

[21] 张宝琳, 谷同祥, 莫则尧. 数值并行计算原理与方法[M]. 北京: 国防工业出版社, 609.

[22] 舒继武, 赵金熙, 张德富. 解大型稀疏线性方程组的一种有效并行 ICCG 法[J]. 计算机工程与应用, 609(7): 30-31.

[23] Kim B H, Baldick R. Coarse-grained distributed optimal power flow[J]. IEEE Transactions on Power Systems, 1997, 12(2): 932-939.

[24] Wang X, Song Y H. Apply Lagrangian relaxation to multi-zone congestion management[C]. IEEE PES Winter Meeting, Columbus, OH, 2001: 330-404.

[25] Ruszczyński A. Nonlinear Optimization[M]. Princeton: Princeton University Press, 2006.

[26] Aguado J A, Quintana V H. Inter-utilities power-exchange coordination: A market-oriented approach[J]. IEEE Transactions on Power Systems, 2001, 16(3): 513-519.

[27] Conejo A J, Aguado J A. Multi-area coordinated decentralized DC optimal power flow[J]. IEEE Transactions on Power Systems, 1998, 13(4): 1272-1278.

[28] Biskas P N, Bakirtzis A G. Decentralised congestion management of interconnected power systems[J]. IEEE Proceedings-Generation, Transmission and Distribution, 2002, 149(4): 432-438.

[29] Kim B H, Baldick R. A comparison of distributed optimal power flow algorithms[J]. IEEE Transactions on Power Systems, 2000, 15(2): 599-604.

[30] 李智, 杨洪耕. 一种用于分解协调无功优化的全分邻近中心算法[J]. 中国电机工程学报, 2013, 33(1).

[31] Batut J, Renaud A. Daily generation scheduling optimization with transmission constraints: A new class of algorithms[J]. IEEE Transactions on Power Systems, 1992, 7(3): 982-989.

[32] Losi A, Russo M. On the application of the auxiliary problem principle[J]. Journal of Optimization Theory & Applications, 2003, 117(2): 377-396.

[33] 程新功, 厉吉文, 曹立霞, 等. 电力系统最优潮流的分布式并行算法[J]. 电力系统自动化, 2003, 27(24): 23-27.

[34] 程新功, 厉吉文, 曹立霞, 等. 基于电网分区的多目标分布式并行无功优化研究[J]. 中国电机工程学报, 2003, 23(10): 40-43.

[35] 刘科研, 盛万兴, 李运华. 基于分布式最优潮流算法的跨区输电阻塞管理研究[J]. 中国电机工程学报, 2007, 27(19): 56-61.

[36] 刘宝英, 杨仁刚. 采用辅助问题原理的多分区并行无功优化算法[J]. 中国电机工程学报, 2009, 279(7): 47-51.

[37] Hur D, Park J K, Kim B H. Evaluation of convergence rate in the auxiliary problem principle for distributed optimal power flow[J]. IEE Proceedings-Generation, Transmission and Distribution, 2002, 149(5): 525-532.

[38] 王兴, 宋永华, 卢强. 多区域输电阻塞管理的拉格朗日松弛分解算法[J]. 电力系统自动化, 2002, 26(13): 8-13, 46.

[39] Tomaso E. Distributed optimal power flow using ADMM[J]. IEEE Transactions on Power Systems, 2014, 29(5): 2370-2380.

[40] Boyd S, Parikh N, Chu E, et al. Distributed optimization and statistical learning via the alternating direction method of multipliers[J]. Foundations & Trends in Machine Learning, 2010, 3(1): 1-122.

[41] Kargarian A, Fu Y. System of systems based security-constrained unit commitment incorporating active distribution grids[J]. IEEE Transactions on Power Systems, 2014, 29(5): 2489-2498.

[42] Tosserams S, Etman L F P, Papalambros P Y, et al. An augmented Lagrangian relaxation for analytical target cascading using the alternating direction method of multipliers[J]. Structural and Multidisciplinary Optimization, 2006, 31(3): 176-189.

[43] Conejo A J, Nogales F J, Prieto F J. A decomposition procedure based on approximate Newton directions[J]. Mathematical Programming, 2002, 93(3): 495-515.

[44] Nogales F J, Prieto F J, Conejo A J. A decomposition methodology applied to the multi-area optimal power flow problem[J]. Annals of Operations Research, 2003, 120(1-4): 99-116.

[45] Hug-Glanzmann G, Andersson G. Decentralized optimal power flow control for overlapping areas in power systems[J]. IEEE Transactions on Power Systems, 2009, 24(1): 327-336.

[46] 赵维兴, 刘明波. 基于近似牛顿方向的多区域无功优化解耦算法[J]. 中国电机工程学报, 2007, 27(25): 18-24.

[47] 蔡大用, 白峰杉. 高等数值分析[M]. 北京: 清华大学出版社, 1997.

[48] Yan W, Wen L L, Li W, et al. Decomposition-coordination interior point method and its application to multi-area optimal reactive power flow[J]. International Journal of Electrical Power & Energy Systems, 2011, 33(1): 55-60.

[49] 户秀琼, 颜伟, 赵理, 等. 互联电网联网最优潮流模型及其算法[J]. 电力系统自动化, 2013, 37(3): 47-53.

[50] 赵维兴, 刘明波, 缪楠林. 基于对角加边模型的多区域无功优化分解算法[J]. 电力系统自动化, 2008, 32(4): 25-29, 40.

[51] Biskas P N, Bakirtzis A G. Decentralised OPF of large multiarea power systems[J]. IEE Proceedings-Generation, Transmission and Distribution, 2006, 153(1): 99-100.

[52] Bakirtzis A G, Biskas P N. A decentralized solution to the DC-OPF of interconnected power systems[J]. IEEE Transactions on Power Systems, 2003, 18(3): 1007-1013.

[53] Biskas P N, Bakirtzis A G. Decentralised security constrained DC-OPF of interconnected power systems[J]. IEEE Proceedings-Generation, Transmission and Distribution, 2004, 151(6): 747-754.

[54] Biskas P N, Bakirtzis A G, Macheras N I, et al. A Decentralized implementation of DC optimal power flow on a network of computers[J]. IEEE Transactions on Power Systems, 2005, 20(1): 25-33.

[55] 刘科研, 盛万兴, 李运华. 互联电网的直流最优潮流分解算法研究[J]. 中国电机工程学报, 2006, 26(12): 21-25.

[56] Lai X W, Zhong H W, Xia Q, et al. Decentralized intraday generation scheduling for multiarea power systems via dynamic multiplier-based Lagrangian relaxation[J]. IEEE Transactions on Power Systems, 2017, (99): 1-10.

[57] Ahmadikhatir A, Conejo A J, Cherkaoui R. Multi-area energy and reserve dispatch under wind uncertainty and equipment failures[J]. IEEE Transactions on Power Systems, 2013, 28(4): 4373-4383.

[58] Huang S W, Chen Y, Shen C. Distributed OPF of larges scale interaction power systems[C]// Joint International Conference on Power System Technology & IEEE Power India Conference, New Delhi, 2008.

[59] 黄少伟. 面向智能电网的电力系统统一建模与仿真技术研究[D]. 北京: 清华大学, 2011.

[60] Min L, Abur A. A Decomposition Method for Multi-area OPF Problem[M]. IEEE PES Power System Conference. Atlanta: Conf. Expo., 2006: 1624-1689.

[61] 赖晓文, 钟海旺, 杨军峰, 等. 基于价格响应函数的超大电网分解协调优化方法[J]. 电力系统自动化, 2013, 37(21): 47, 60-65.

[62] Li Q F, Yang L Q, Lin S J. Coordination strategy for decentralized reactive power optimization based on a probing mechanism[J]. IEEE Transactions on Power Systems, 2015, 30(2): 555-562.

[63] 赵维兴, 刘明波, 孙斌. 基于诺顿等值的多区域系统无功优化分解协调算法[J]. 电网技术, 2009, 33(11): 44-48.

[64] 刘志文, 刘明波. 基于Ward等值的多区域无功优化分解协调算法[J]. 电力系统自动化, 2010, 34(14): 63-69.

[65] 刘志文, 刘明波, 林舜江. REI等值技术在多区域无功优化计算中的应用[J]. 电工技术学报, 2011, 26(11): 191-200.

[66] Zhao F, Litvinov E, Zheng T X. A marginal equivalent decomposition method and its application to multi-area optimal power flow problems[J]. IEEE Transactions on Power Systems, 2014, 29(1): 53-61.

[67] Li Z S, Guo Q L, Sun H B, et al. Further discussions on sufficient conditions for exact relaxation of complementarity constraints for storage-concerned economic dispatch[J]. IEEE Transactions on Power Systems, 2015, 31(2): 1653-1654.

[68] Li Z S, Wang J H, Guo Q L, et al. Transmission contingency screening considering impacts of distribution grids[J]. IEEE Transactions on Power Systems, 2016, 31(2): 1659-1660.

[69] Li Z S, Wang J H, Sun H B, et al. Transmission contingency analysis based on integrated transmission and distribution power flow in smart grid[J]. IEEE Transactions on Power Systems, 2015, 30(6): 3356-3367.

[70] Li Z S, Guo Q L, Sun H B, et al. Storage-like devices in load leveling: Complementarity constraints and a new and exact relaxation method[J]. Applied Energy, 2015, 151: 13-22.

[71] Li Z S, Guo Q L, Sun H B, et al. Emission-concerned wind-EV coordination on the transmission grid side with network constraints: Concept and case study[J]. IEEE Transactions on Smart Grid, 2013, 4(3): 1692-1704.

[72] Li Z S, Guo Q L, Sun H B, et al. A new LMP-sensitivity-based heterogeneous decomposition for transmission and distribution coordinated economic dispatch[J]. IEEE Transactions on Smart Grid, 2018, 9(2): 931-941.

[73] Li Z S, Guo Q L, Sun H B, et al. Coordinated economic dispatch of coupled transmission and distribution systems using heterogeneous decomposition[J]. IEEE Transactions on Power Systems, 2016, 31(6): 4817-4830.

[74] Sun H B, Guo Q L, Zhang B M, et al. Master-slave-splitting based distributed global power flow method for integrated transmission and distribution analysis[J]. IEEE Transactions on Smart Grid, 2015, 6(3): 1484-1492.

[75] Li Z S, Guo Q L, Sun H B, et al. A distributed transmission-distribution-coupled static voltage stability assessment method considering distributed generation[J]. IEEE Transactions on Power Systems, 2018, 33(3): 2621-2632.

[76] Lin C H, Wu W C, Zhang B M, et al. Decentralized reactive power optimization method for transmission and distribution networks accommodating large-scale DG integration[J]. IEEE Transactions on Sustainable Energy, 2017, 8(1): 363-373.

[77] Lin C H, Wu W C, Chen X, et al. Decentralized dynamic economic dispatch for integrated transmission and active distribution networks using multi-parametric programming[J]. IEEE Transactions on Smart Grid, 2018, 9(5): 4983-4993.

Ⅰ.基础篇：主从分裂理论

第 2 章　求解代数方程组的主从分裂法

2.1　概　　述

要对全局电力系统进行优化控制，就需要对全局电力系统进行一体化的分析。但全局电力系统一体化分析的难度较大，目前，尚无现成的计算方法能满足要求，需要提出新的理论和方法。

实际的全局电力系统是一种典型的主从式的物理系统，其中，发输电系统是主系统，而配电系统是从系统，主从系统之间有着明确的主导和依赖关系。站在系统全局的高度看，发输电系统与配电系统有明确的等级划分，它们的地位无法相提并论；站在发输电系统的角度看，各配电子系统是"负荷"的"精细结构"，是"广义负荷"；而站在配电系统的角度看，发输电系统是决定其状态的近似的"无穷大电源"的"精细结构"，是"广义电源"。因此，若能充分利用主从式系统的物理特征，将发输电系统和配电系统的状态空间分解开来，进行独立求解将降低解题的规模，更重要的意义在于使各子空间选择各自合适的算法成为可能，同时为全局电力系统的在线分布式计算创造条件。

在稳态的范畴内，各种电力网络安全分析一般均可归结为各种代数方程组(线性的或非线性的)的求解问题[1]，为了更具普遍性和指导意义，本章以抽象的代数方程组作为研究对象，提出求解代数方程组的映射分裂理论和主从分裂理论，作为全局电力系统一体化分析的理论基础，用以指导具体算法的构造和理论分析。

本章首先介绍了不动点原理，再从解线性代数方程组的矩阵分裂法出发，介绍了所提出的求解非线性代数方程组的映射分裂法，并进而将其与拥有丰富理论基础的不动点迭代法进行等价，间接地为映射分裂法建立了理论基础。

然后，本章介绍了求解一类大规模的主从式系统的代数方程组，其中包括线性和非线性代数方程组的主从分裂方法。该方法利用了主从系统间主导和依赖的关系，构造了真实体现从系统对主系统影响的迭代中间变量。在求解主系统时，将该迭代中间变量固定，当求解从系统时，将主系统的状态量固定。这种做法真实地体现了主系统和从系统之间不同的物理地位，有望保证迭代求解的收敛性。同时主系统和从系统分开求解，允许主从系统选择各自合适的算法。

接着，本章将主从分裂迭代法与映射分裂迭代法在收敛性上进行等价，进一步与不动点迭代法进行等价，间接地为这类主从分裂迭代法建立了理论基础。

另外，本章还讨论了多个独立从系统下的主从分裂迭代法的进一步分解，分析了主从分裂迭代法分布式计算时的通信数据量，并给出了一系列主从分裂法的实用迭代格式，来适应不同的应用，以期获得最佳的计算效率。

2.2 不动点原理

不动点原理是研究方程解的存在性与唯一性理论的重要工具之一。在线性泛函中，不动点原理是研究方程解的存在性与解的唯一性的理论。而在非线性泛函中是，它是许多存在唯一性定理的证明中的一个有力工具。

2.2.1 基本概念

定义 2-1[2] 设 (X,ρ) 是距离空间，如果有映射 $T: X \to X$，存在常数 $\theta: 0 < \theta < 1$，使得 $\rho(Tx,Ty) \leq \theta\rho(x,y), (\forall x, y \in X)$，则称 T 是一个压缩映射。

压缩映射在几何上的意义是点 x 和点 y 经映射后，它们像的距离变短了，且不超过 $\rho(x,y)$ 的 θ 倍 $(0<\theta<1)$。

定义 2-2[3] 对任意给定的度量空间 (X,ρ) 及映射 $T: X \to X$。如果存在 $x^* \in X$ 使得 $Tx^* = x^*$，则称 x^* 为映射 T 的不动点。

定义 2-3[4]（Cauchy 列） 给定 (X,ρ)，$\{x_n\} \subset X$，若对任取的 $\varepsilon > 0$，有自然数 N，使得对 $\forall i, j > N$，$\rho(x_i, x_j) < \varepsilon$ 都成立，则称序列 $\{x_n\}$ 是 Cauchy 列。

定义 2-4[4]（完备度量空间） 给定 (X,ρ)，若 X 中任意一 Cauchy 列都收敛，则称它是完备的。

2.2.2 不动点原理及其应用

定理 2-1（Banach 压缩映射原理[5]） 设 X 是完备度量空间，T 是由 X 到 X 的自身映射，并且对于任意的 $\forall x, y \in X$，不等式

$$\rho(Tx,Ty) \leq \theta\rho(x,y) \qquad (2\text{-}1)$$

成立，其中 θ 是满足不等式 $0 \leq \theta \leq 1$ 的常数，那么 T 在 X 中存在唯一的不动点，即存在唯一的 $\bar{x} \in X$，使得 $T\bar{x} = \bar{x}$。

证明：

分两部分来证明该定理，先证明不动点的存在性。

在 X 任取一定点 x_0，并令 $x_1 = Tx_0, x_2 = Tx_1, \cdots, x_{n+1} = Tx_n, \cdots$，现在证明 $\{x_n\}$ 是 X 中的一个基本点列。事实上

$$\rho(x_1, x_2) = \rho(Tx_0, Tx_1) \leq \theta\rho(x_0, x_1) = \theta\rho(x_0, Tx_0) \qquad (2\text{-}2)$$

$$\rho(x_2, x_3) = \rho(Tx_1, Tx_2) \leq \theta\rho(x_1, x_2) = \theta^2\rho(x_0, Tx_0) \qquad (2\text{-}3)$$

一般地，可以证明：

$$\rho(x_n, x_{n+1}) \leqslant \theta^n \rho(x_0, Tx_0), \quad n=1,2,\cdots,n \tag{2-4}$$

于是，有

$$\begin{aligned}\rho(x_n, x_{n+p}) &\leqslant \rho(x_n, x_{n+1}) + \rho(x_{n+1}, x_{n+2}) + \cdots + \rho(x_{n+p-1}, x_{n+p}) \\ &\leqslant (\theta^n + \theta^{n+1} + \cdots + \theta^{n+p-1})\rho(x_0, Tx_0) \\ &= \frac{\theta^n(1-\theta^p)}{1-\theta}\rho(x_0, Tx_0) \leqslant \frac{\theta^n}{1-\theta}\rho(x_0, Tx_0)\end{aligned} \tag{2-5}$$

根据假定，$0 \leqslant \theta < 1$，故 $\theta^n \to 0 (n \to \infty)$，于是 $\{x_n\}$ 是基本点列。由于 X 完备，$\{x_n\}$ 收敛于 X 中某一点 $\bar{x}$。且由不等式可知，X 是连续映射。

在 $x_{n+1} = Tx_n$ 中令 $n \to \infty$，得到 $\bar{x} = T\bar{x}$，因此 $\bar{x}$ 是 T 的不动点。

再证明不动点的唯一性。

另有 $\bar{y} \in X$，使 $\bar{y} = T\bar{y}$，则

$$\rho(\bar{x}, \bar{y}) = \rho(T\bar{x}, T\bar{y}) \leqslant \theta \rho(\bar{x}, \bar{y}) \tag{2-6}$$

由于 $0 \leqslant \theta < 1$，$\rho(\bar{x}, \bar{y}) = 0$，即 $\bar{x} = \bar{y}$，唯一性成立。

证毕

2.3 求解代数方程组的映射分裂理论

2.3.1 求解线性方程组的矩阵分裂法

在求解线性方程组：

$$Ax = b \tag{2-7}$$

时，常常将系数阵 A 分裂成两个矩阵 A_M 和 A_N，即

$$A = A_M - A_N \tag{2-8}$$

其中 A_M 可逆，进一步用迭代：

$$A_M x^{(k+1)} = A_N x^{(k)} + b \tag{2-9}$$

来求解式(2-7)，这称为解线性方程组的矩阵分裂法，许多迭代法都可以写成这样的形式，如 Jacobi 迭代法、Gauss-Seidel 迭代法和超松弛迭代法(successive over-relaxation，SOR）等。重要的收敛性分析理论如下。

定理 2-2 解线性方程组的矩阵分裂迭代法（式(2-9)）收敛的充要条件为[6]

$$\rho(A_M^{-1}A_N) < 1 \tag{2-10}$$

称 $A_M^{-1}A_N$ 为迭代矩阵，$\rho(\cdot)$ 为矩阵的谱半径，且 $\rho(A_M^{-1}A_N)$ 越小，收敛越快。

一般来说，A_N 越接近于零阵，收敛越快，这意味着，式(2-9)的右手项越接近于常数，收敛性越好。一个极端的例子是 A_N 为零阵，式(2-9)不需要迭代。

2.3.2 解非线性方程组的映射分裂法

为了统一映射分裂理论，本书考虑到矩阵定义了仿射映射，因此称 2.3.1 节介绍的矩阵分裂法为解线性方程组的映射分裂法，本节基于不动点迭代原理进一步提出解非线性方程组的映射分裂法。

2.3.2.1 不动点迭代原理

对非线性方程组：

$$F(x) = 0, \quad F: D \subset \mathrm{R}^n \to \mathrm{R}^n \tag{2-11}$$

构造便于迭代的不动点形式：

$$x = \Phi(x), \quad \Phi: D \subset \mathrm{R}^n \to \mathrm{R}^n \tag{2-12}$$

按递推关系式：

$$x^{(k+1)} = \Phi(x^{(k)}) \tag{2-13}$$

进行迭代求解，使得式(2-12)的不动点 x^* 即式(2-11)的解，即非线性方程组的不动点迭代法。这里 Φ 称为迭代映射，它依赖于映射 F，利用不同方式来构造映射 Φ，可以得到不同的迭代法。重要的收敛性分析理论如下[7-9]。

定理 2-3 假定迭代映射 Φ 在 $x^* \in \mathrm{int}(D)$ 处可导，x^* 为 Φ 的不动点，若在 x^* 处有

$$\rho\left(\frac{\partial \Phi}{\partial x}\right) < 1 \tag{2-14}$$

则不动点迭代法（式(2-13)）局部收敛。

一般而言，$\rho(\cdot)$ 越小，收敛越快。

2.3.2.2 映射分裂法的分析

映射 F 可分裂为两个映射 F_M 和 F_N，其中 $F_M: D \subset \mathrm{R}^n \to \mathrm{R}^n$，$F_N: D \subset \mathrm{R}^n \to \mathrm{R}^n$，于是有

$$F(x) = F_M(x) - F_N(x) \tag{2-15}$$

对式(2-11)可构造其用于迭代的映射分裂形式：

$$F_M(x) = F_N(x) \tag{2-16}$$

且用迭代

$$F_M(x^{(k+1)}) = F_N(x^{(k)}) \tag{2-17}$$

在定义域 D 上求解式(2-11)的解，本书称为非线性方程组的映射分裂法，式(2-17)还可表达为另一种形式，即

$$y^{(k)} = F_N(x^{(k)}) \tag{2-18}$$

$$F_M(x^{(k+1)}) = y^{(k)} \tag{2-19}$$

式中，引入的变量 y 称为迭代中间变量。

直接对形如式(2-17)或式(2-18)的迭代法进行理论分析是有困难的，而对不动点迭代法(式(2-13))的理论分析却十分丰富。因此，倘若将映射分裂迭代法与不动点迭代法进行等价，即可用不动点迭代理论来分析映射分裂迭代法，也就间接地为映射分裂迭代法建立了理论基础。

由逆映射定义、复合映射定义和不动点迭代原理直接可得如下等价性定理。

定理 2-4 若有两个映射 $F_M: D \subset \mathrm{R}^n \to \mathrm{R}^n$ 和 $F_N: D \subset \mathrm{R}^n \to \mathrm{R}^n$，其中 F_M 在域 D_M 上有逆映射 F_M^{-1} 存在，且值域 $F_N(D_N) \subset F_M(D_M)$，则映射分裂迭代法(迭代式见式(2-17)或式(2-18))等价于不动点迭代，迭代映射 Φ 为

$$\Phi = F_M^{-1} \circ F_N \tag{2-20}$$

式中，$\Phi: D_N \subset \mathrm{R}^n \to \mathrm{R}^n$。

由定理 2-4，对满足等价性条件的映射分裂迭代法，即可用不动点迭代理论来分析，因此，进一步可得如下定理。

定理 2-5 若映射分裂迭代法(迭代式见式(2-17)或式(2-18))与不动点迭代法等价，等价的迭代映射 Φ 由式(2-20)定义，若在迭代映射 Φ 的不动点 $x^* \in \mathrm{int}(D_N)$

处，F_M 和 F_N 均可导，F_M 的导数阵非奇异，且满足：

$$\rho\left[\left(\frac{\partial F_M}{\partial x}\right)^{-1} \cdot \frac{\partial F_N}{\partial x}\right] < 1 \quad (2\text{-}21)$$

或

$$\left\|\left(\frac{\partial F_M}{\partial x}\right)^{-1} \cdot \frac{\partial F_N}{\partial x}\right\| < 1 \quad (2\text{-}22)$$

或

$$\left\|\left(\frac{\partial F_M}{\partial x}\right)^{-1}\right\| \cdot \left\|\frac{\partial F_N}{\partial x}\right\| < 1 \quad (2\text{-}23)$$

则映射分裂迭代法局部收敛，$\|\cdot\|$ 为矩阵的算子范数，在式(2-21)～式(2-23)三个充分条件中，条件(2-21)最弱，条件(2-23)最强。

证明：

因为映射分裂迭代法(迭代式见式(2-17)或式(2-18))与不动点迭代法等价，且等价的迭代映射 Φ 定义为

$$\Phi = F_M^{-1} \circ F_N \quad (2\text{-}24)$$

式中，$\Phi: D_N \subset \mathbb{R}^n \to \mathbb{R}^n$。又因为在迭代映射 Φ 的不动点 $x^* \in \mathrm{int}(D_N)$ 处，F_M 和 F_N 均可导，而且 F_M 的导数阵非奇异，则由复合映射求逆方法和逆映射定理，可得

$$\frac{\partial \Phi}{\partial x} = \frac{\partial\left(F_M^{-1} \circ F_N\right)}{\partial x} = \frac{\partial F_M^{-1}}{\partial x} \cdot \frac{\partial F_N}{\partial x} = \left(\frac{\partial F_M}{\partial x}\right)^{-1} \cdot \frac{\partial F_N}{\partial x} \quad (2\text{-}25)$$

进一步，若满足 $\rho\left(\left(\frac{\partial F_M}{\partial x}\right)^{-1} \cdot \frac{\partial F_N}{\partial x}\right) < 1$，则由定理 2-3 可知由式(2-24)定义的不动点迭代法局部收敛，进而映射分裂迭代法局部收敛；同时，由矩阵谱半径和矩阵算子范数的定义与性质可得以下不等式(注：本书中的矩阵范数均指算子范数)：

$$\left\|\left(\frac{\partial F_M}{\partial x}\right)^{-1}\right\| \cdot \left\|\frac{\partial F_N}{\partial x}\right\| \leqslant \left\|\left(\frac{\partial F_M}{\partial x}\right)^{-1} \cdot \frac{\partial F_N}{\partial x}\right\| \leqslant \left\|\left(\frac{\partial F_M}{\partial x}\right)^{-1}\right\| \cdot \left\|\frac{\partial F_N}{\partial x}\right\| \quad (2\text{-}26)$$

因此，当 $\left\|\left(\frac{\partial F_M}{\partial x}\right)^{-1}\right\| \cdot \left\|\frac{\partial F_N}{\partial x}\right\| < 1$ 或 $\left\|\left(\frac{\partial F_M}{\partial x}\right)^{-1}\right\| \cdot \left\|\frac{\partial F_N}{\partial x}\right\| < 1$ 时，必有 $\rho\left[\left(\frac{\partial F_M}{\partial x}\right)^{-1} \cdot \frac{\partial F_N}{\partial x}\right] < 1$，也即映射分裂迭代法局部收敛，很显然，条件 $\rho\left[\left(\frac{\partial F_M}{\partial x}\right)^{-1} \cdot \frac{\partial F_N}{\partial x}\right] < 1$ 最弱，而条件 $\left\|\left(\frac{\partial F_M}{\partial x}\right)^{-1}\right\| \cdot \left\|\frac{\partial F_N}{\partial x}\right\| < 1$ 最强。

证毕

欲构造收敛性能好的具体的映射分裂算法，一种可操作的做法是：在保证式(2-18)容易求解的前提下，在解值附近，希望分裂得的映射 F_N 的 Jacobi 阵的范数越小越好(参见式(2-23))。其物理上的解释是：在解值附近，随着 x 的变化，F_N 的值变化越小(或者说 F_N 越接近于常矢量)，映射分裂法的收敛性往往越好，一个极端的例子是 F_N 为常矢量，映射分裂法(式(2-17))不需要迭代，这一特征与线性方程组的矩阵分裂法是一致的。

在利用映射分裂法解题中，由式(2-18)往往能便捷地求得 $y^{(k)}$，而求解式(2-18)往往比直接求解式(2-11)容易，一个常见的例子是将 F_M 构造成一个仿射映射，即式(2-18)是一个线性方程组。由此可见，映射分裂法解题的目的即将一个复杂的方程组的求解转化为一系列较简单的方程组的迭代求解问题，降低了解题的复杂度。显然，在解代数方程组的具体迭代算法的构造和理论分析中，映射分裂理论具有普遍的指导意义。

由于求解式(2-18)有不同的方法，映射分裂法可派生出一系列不同的实用的迭代格式，基本方法有两类。

1. 二层迭代法

二层迭代法即对式(2-18)采用迭代法求解，这样映射分裂迭代下有对式(2-18)的子迭代，故称为二层迭代法。具体来说，对方程组 $F_M(x) = y$ 采用二层迭代法来求解(设 Φ_M 为二层子迭代的迭代映射)，可以有以下三种基本格式。

(1)迭代格式1，单步交替迭代：

$$y^{(k)} = F_N(x^{(k,0)}) \tag{2-27}$$

$$x^{(k+1)} = \Phi_M(x^{(k)}, y^{(k)}) \tag{2-28}$$

(2)迭代格式2，多步交替迭代(L 步子迭代)：

$$y^{(k)} = F_N(x^{(k,0)}) \tag{2-29}$$

$$x^{(k,i)} = \Phi_M(x^{(k,i-1)}, x^{(k)}), \quad i = 1, 2, \cdots, L \tag{2-30}$$

式中，$x^{(k+1,0)} = x^{(k,L)}$。

该方法的思想是选择合适的子迭代步数 L，使得 F_N 的计算与 Φ_M 的多步子迭代相配合，也即 Φ_M 的收敛精度不需要太高，因为 F_N 的计算会通过 y 继续对 Φ_M 产生扰动。

(3) 迭代格式 3，收敛交替迭代：

$$y^{(k)} = F_N(x^{(k,0)}) \tag{2-31}$$

$$x^{(k,i)} = \Phi_M(x^{(k,i-1)}, y^{(k)}), \quad i = 1, 2, \cdots, L^{(k)} \tag{2-32}$$

式中，$x^{(k+1,0)} = x^{(k,L^{(k)})}$（$L^k$ 是第 k 步映射分裂迭代收敛时的子迭代步数）。

2. 直接法

直接法即对式(2-18)采用直接法求解。若对 $F_M(x) = y$ 采用直接法来求解，只需计算：

$$y^{(k)} = F_N(x^{(k)}) \tag{2-33}$$

$$x^{(k+1)} = F_M^{-1}(y^{(k)}) \tag{2-34}$$

例如，设 $F_M(x) = Ax + b$，A^{-1} 存在，则

$$y^{(k)} = F_N(x^{(k)}) \tag{2-35}$$

$$x^{(k+1)} = A^{-1}(y^{(k)} - b) \tag{2-36}$$

以上迭代格式总体收敛性能各不相同，其计算量也有差异，收敛性好的未必计算量小，因此应该根据实际问题选择合适的迭代方法，在保证收敛的前提下使其计算量最小。

2.4 求解线性代数方程组的主从分裂法

主系统状态为 x_M，从系统状态为 x_S，假设主系统与从系统仅通过边界状态 x_B 发生联系，这一类线性方程组有如下形式[10]：

$$\begin{bmatrix} A_{MM} & A_{MB} & 0 \\ A_{BM} & A_{BB} & A_{BS} \\ 0 & A_{SB} & A_{SS} \end{bmatrix} \begin{bmatrix} x_M \\ x_B \\ x_S \end{bmatrix} = \begin{bmatrix} b_M \\ b_B \\ b_S \end{bmatrix} \tag{2-37}$$

借助矩阵分裂思想，将 A_{BB} 分裂成两个矩阵：

$$A_{BB} = A'_{BB} - A''_{BB} \tag{2-38}$$

将式(2-38)代入式(2-37)，经整理得方程组：

$$\begin{bmatrix} A_{MM} & A_{MB} \\ A_{BM} & A'_{BB} \end{bmatrix} \begin{bmatrix} x_M \\ x_B \end{bmatrix} = \begin{bmatrix} b_M \\ b_B + y_B \end{bmatrix} \tag{2-39}$$

$$A_{SS}x_S = b_S - A_{SB}x_B \tag{2-40}$$

式(2-40)中引入的 y_B 称为主从分裂迭代中间变量，计算式为

$$y_B = A'_{SS}x_B - A_{BS}x_S \tag{2-41}$$

求解线性方程组的主从分裂法算法步骤如下。
(1) 边界状态量 x_B 赋初值：$x_B^{(0)}$，$k=0$。
(2) 给定边界状态量 $x_B^{(k)}$，求解从系统迭代方程组：

$$A_{SS}x_S^{(k+1)} = b_S - A_{SB}x_B^{(k)} \tag{2-42}$$

得从系统状态量 $x_S^{(k+1)}$，并给定 $x_B^{(k)}$ 和 $x_S^{(k+1)}$，由

$$y_B^{(k+1)} = A''_{BB}x_B^{(k)} - A_{BS}x_S^{(k+1)} \tag{2-43}$$

计算主从分裂迭代中间变量 $y_B^{(k+1)}$。
(3) 给定主从分裂迭代中间变量 $y_B^{(k+1)}$，求解主系统迭代方程组：

$$\begin{bmatrix} A_{MM} & A_{MB} \\ A_{BM} & A'_{BB} \end{bmatrix} \begin{bmatrix} x_M^{(k+1)} \\ x_B^{(k+1)} \end{bmatrix} = \begin{bmatrix} b_M \\ b_B + y_B^{(k+1)} \end{bmatrix} \tag{2-44}$$

得主系统状态 $\begin{bmatrix} x_M^{(k+1)} & x_B^{(k+1)} \end{bmatrix}^T$。

(4) 判断相邻两次迭代边界状态量差值 $\left\| x_B^{(k+1)} - x_B^{(k)} \right\|$ 是否小于给定的收敛指标 ε，若是，则主从分裂迭代收敛；否则，$k=k+1$，转步骤(2)。

为了对形如式(2-37)的主从分裂迭代法进行理论分析，首先给出如下等价性定理。

定理 2-6 若 A_{MM}、A_{SS} 和 $\begin{bmatrix} A_{MM} & A_{MB} \\ A_{BM} & A'_{BB} \end{bmatrix}$ 均可逆，则线性方程组的主从分裂迭

代法(迭代式见式(2-42)~式(2-44))在迭代收敛性上等价于定义在边界状态 x_B 上的矩阵分裂迭代法，迭代式为[11]

$$\tilde{A}'_{BB} x_B^{(k+1)} = \tilde{A}''_{BB} x_B^{(k)} + \tilde{b}_B \tag{2-45}$$

式中

$$\begin{cases} \tilde{A}'_{BB} = A'_{BB} - A_{BM} A_{MM}^{-1} A_{MB} \\ \tilde{A}''_{BB} = A''_{BB} + A_{BS} A_{SS}^{-1} A_{SB} \\ \tilde{b}_B = b_B - A_{BM} A_{MM}^{-1} b_M - A_{BS} A_{SS}^{-1} b_S \end{cases} \tag{2-46}$$

证明：

因为 A_{MM} 和 A_{SS} 可逆，所以可以将式(2-42)代入式(2-43)的右手项，消去式(2-43)中的 $x_S^{(k+1)}$。又因为 A_{MM} 和 $\begin{bmatrix} A_{MM} & A_{MB} \\ A_{BM} & A'_{BB} \end{bmatrix}$ 可逆，则由式(2-44)可消去变量 $x_M^{(k+1)}$，并将式(2-43)代入式(2-44)，即可得到边界状态量 x_B 上的迭代式(式(2-45))。由边界迭代(式(2-45))可知，在线性方程组的主从分裂迭代中，真正的迭代是在边界上进行，而主系统状态 x_M 和从系统状态 x_S 实质上是利用迭代中的边界状态 x_B 直接计算而得，其计算式可表达为

$$\begin{cases} x_S^{(k+1)} = A_{SS}^{-1} \left[b_S - A_{SB} x_B^{(k)} \right] \\ x_M^{(k+1)} = A_{MM}^{-1} \left[b_M - A_{MB} x_B^{(k+1)} \right] \end{cases} \tag{2-47}$$

因此，主从分裂法(式(2-42))在迭代收敛性上完全等价于边界迭代(式(2-45))，而式(2-45)恰好是解线性代数方程组：

$$(\tilde{A}'_{BB} - \tilde{A}''_{BB}) x_B = \tilde{b}_B \tag{2-48}$$

的矩阵分裂迭代式。

证毕

由上述等价性定理和定理2-6，直接可得如下定理。

定理 2-7 若线性方程组(式(2-37))的主从分裂迭代法(迭代式见式(2-42)~式(2-44))在迭代收敛性上等价于定义在边界状态 x_B 上的矩阵分裂迭代法，迭代式由式(2-45)给出，则主从分裂迭代法收敛的充要条件为[12]

$$\rho(\tilde{A}'_{BB}{}^{-1} \cdot \tilde{A}''_{BB}) < 1 \tag{2-49}$$

式中，$\tilde{A}'_{BB}{}^{-1} \cdot \tilde{A}''_{BB}$ 为迭代矩阵，且 $\rho(\tilde{A}'_{BB}{}^{-1} \cdot \tilde{A}''_{BB})$ 越小，收敛越快。

进一步，由矩阵谱半径和算子范数的性质，从定理 2-7 可直接导出以下定理。

定理 2-8 若线性方程组(式(2-37))的主从分裂迭代法(迭代式见式(2-42)～式(2-44))在迭代收敛性上等价于定义在边界状态 x_B 上的矩阵分裂迭代法，迭代式由式(2-45)给出，若满足：

$$\left\| \tilde{A}'_{BB}{}^{-1} \cdot \tilde{A}''_{BB} \right\| < 1 \tag{2-50}$$

或

$$\left\| \tilde{A}'_{BB}{}^{-1} \right\| \cdot \left\| \tilde{A}''_{BB} \right\| < 1 \tag{2-51}$$

则主从分裂迭代法收敛，两个充分条件中，条件(2-50)弱于条件(2-51)。

另外，由式(2-39)和式(2-40)，主从分裂迭代中间变量 y_B 可进一步表达成边界状态量 x_B 的函数：

$$y_B = \tilde{A}''_{BB} x_B - A_{BS} A_{SS}^{-1} b_S \tag{2-52}$$

因此，与矩阵分裂迭代法相同，$\tilde{A}''_{BB}$ 越接近于零阵，这时主从分裂迭代中间变量 y_B 越接近于常矢量，主从分裂迭代法一般收敛越快。

综上所述，欲构造收敛性能好的具体的主从分裂算法，一种可操作的做法是：在解值附近，希望构造出的主从分裂迭代中间变量 y_B 对边界状态量 x_B 的系数矩阵 $\tilde{A}''_{BB}$ 的范数越小越好。其物理上的解释是：在解值附近，随着 x_B 的变化 y_B 的变化越小(或者说 y_B 越接近于常矢量)，则主从分裂法的收敛性往往越好。极端情形下，主从分裂迭代中间变量 y_B 为常矢量，$\tilde{A}''_{BB}$ 为零阵，主从分裂法不需要迭代。

在实际的主从式系统中，主系统的状态往往受从系统的扰动的影响较小，若构造出的主从分裂迭代中间变量 y_B 真实体现了从系统对主系统状态的弱影响，考察式(2-45)和式(2-52)可知，可以保证 $\left\| \tilde{A}''_{BB}{}^{-1} \right\|$ 较小；同时，若构造出来的主从分裂迭代中间变量 y_B 又接近于常矢量，也即 $\left\| \tilde{A}''_{BB} \right\|$ 足够小，这时，由主从分裂法收敛的充分条件(式(2-51))可知，线性代数方程组(式(2-37))的主从分裂迭代法的收敛性是有保证的。

显然，通过主从分裂，原线性方程组(式(2-37))被分解为从系统迭代方程组(式(2-42))和主系统迭代方程组(式(2-44))，在主从分裂迭代格式中，未对主从系统的迭代方程组的具体算法提出任何要求，从而为主系统和从系统分别采用各自合适的算法创造了条件。

求解从系统的线性方程组(式(2-42))和主系统的线性方程组(式(2-44))有不

同的方法，因此与非线性方程组的主从分裂迭代法类似，可以派生出一系列不同的实用的主从分裂迭代方法。对线性方程组，除了拥有与非线性方程组类似的二层迭代法，线性方程组可采用直接法，因此还有直接迭代法，在此不再细表。

与非线性方程组的主从分裂迭代法类似，在多独立从系统的情形下，对线性代数方程组（式(2-37)），有

$$A_{SS} = \begin{bmatrix} A_{S_1 S_1} & & & 0 \\ & A_{S_2 S_2} & & \\ & & \ddots & \\ 0 & & & A_{S_k S_k} \end{bmatrix} \tag{2-53}$$

$$A_{SB} = \begin{bmatrix} A_{S_1 B} \\ A_{S_2 B} \\ \vdots \\ A_{S_k B} \end{bmatrix} \tag{2-54}$$

这时从系统方程组（式(2-40)）可解耦成 k 个独立从系统的方程组，即

$$A_{S_i S_i} x_{S_i} = b_{S_i} - A_{S_i B} x_B, \quad i = 1, 2, \cdots, k \tag{2-55}$$

式中，$x_{S_i} \in \mathbf{R}^{n_{S_i}}$ 是第 i 个独立从系统的状态矢量，n_{S_i} 为维长。从系统迭代方程组（式(2-42)）也类似地可解耦成 k 个独立从系统的迭代式。

同样，由式(2-55)，各独立从系统的求解相互独立，可灵活选择各自合适的算法。同时由于方程组的分解，计算规模大大降低了。另外，各独立从系统和主系统的计算相互分开，为分布式计算创造了必要的条件。

另外，对线性代数方程组，A''_{BB} 可进一步分裂为

$$A''_{BB} = \sum_{i=1}^{k} A''_{B_i B_i} \tag{2-56}$$

由式(2-56)和式(2-42)，可得

$$y_B = \sum_{i=1}^{k} y_{B_i} \tag{2-57}$$

式中

$$y_{B_i} = A''_{B_i B_i} x_B - A_{BS_i} x_{S_i} \tag{2-58}$$

这样，主从分裂迭代中间变量 y_B 的计算可通过计算 y_{B_i} 自然地分布在各独立从系统中进行，而各个独立从系统最多只需向主系统传送主从分裂迭代中间变量的分量 y_{B_i}，同样为分布式计算创造了有利条件。

2.5 求解非线性代数方程组的主从分裂法

本节给出求解一类大规模主从式系统的非线性代数方程组的主从分裂法，并介绍相关的理论，2.2 节介绍的映射分裂理论是本节主从分裂理论的基础[13]。

2.5.1 一类非线性代数方程组的主从分裂迭代法

在大规模的主从式系统中，主系统状态为 x_M，从系统状态为 x_S，假设主系统与从系统之间仅通过边界状态 x_B 发生联系，这一类非线性方程组在形式上有

$$\begin{cases} G_M(x_M, x_B) = 0 \\ G_B(x_M, x_B, x_S) = 0 \\ G_S(x_B, x_S) = 0 \end{cases} \quad (2\text{-}59)$$

式中，$G_M: D_{G_M} \subset \mathbf{R}^{n_M} \times \mathbf{R}^{n_B} \to \mathbf{R}^{n_M}$，$G_B: D_{G_B} \subset \mathbf{R}^{n_M} \times \mathbf{R}^{n_B} \times \mathbf{R}^{n_S} \to \mathbf{R}^{n_B}$，$G_S: D_{G_S} \subset \mathbf{R}^{n_B} \times \mathbf{R}^{n_S} \to \mathbf{R}^{n_S}$，$n_M$、$n_B$ 和 n_S 分别为状态量 x_M、x_B 和 x_S 的维数。

借助映射分裂思想，假设映射 G_B 可被分裂为

$$G_B(x_M, x_B, x_S) = G_{BM}(x_M, x_B) - G_{BS}(x_B, x_S) \quad (2\text{-}60)$$

式中，$G_{BM}: D_{G_{BM}} \subset \mathbf{R}^{n_M} \times \mathbf{R}^{n_B} \to \mathbf{R}^{n_B}$，$G_{BS}: D_{G_{BS}} \subset \mathbf{R}^{n_B} \times \mathbf{R}^{n_S} \to \mathbf{R}^{n_B}$。

进一步，式 (2-59) 被分裂为

$$\begin{cases} G_M(x_M, x_B) = 0 \\ G_{BM}(x_M, x_B) = y_B \end{cases} \quad (2\text{-}61)$$

$$G_S(x_B, x_S) = 0 \quad (2\text{-}62)$$

式 (2-61) 中引入的 y_B 称为主从分裂迭代中间变量，计算式为

$$y_B = G_{BS}(x_B, x_S) \quad (2\text{-}63)$$

求解非线性方程组的主从分裂法算法步骤如下。

(1) 边界状态量 x_B 赋初值：$x_B^{(0)}$，$k=0$。

(2)给定边界状态量 $x_B^{(k)}$，求解从系统迭代方程组

$$G_S(x_B^{(k)}, x_S^{(k+1)}) = 0 \tag{2-64}$$

得从系统状态量 $x_S^{(k+1)}$，并给定 $x_B^{(k)}$ 和 $x_S^{(k+1)}$，由

$$y_B^{(k+1)} = G_{BS}(x_B^{(k)}, x_S^{(k+1)}) \tag{2-65}$$

计算主从分裂迭代中间变量 $y_B^{(k+1)}$。

(3)给定主从分裂迭代中间变量 $y_B^{(k+1)}$，求解主系统迭代方程组

$$\begin{cases} G_M(x_M^{(k+1)}, x_B^{(k+1)}) = 0 \\ G_{BM}(x_M^{(k+1)}, x_B^{(k+1)}) = y_B^{(k+1)} \end{cases} \tag{2-66}$$

得主系统状态 $\begin{bmatrix} x_M^{(k+1)} & x_B^{(k+1)} \end{bmatrix}^T$。

(4)判断相邻两次迭代边界状态量差值 $\|x_B^{(k+1)} - x_B^{(k)}\|$ 是否小于给定的收敛指标 ε，若是，则主从分裂迭代收敛；否则，$k=k+1$，转步骤(2)。

为了对形如式(2-64)～式(2-66)的主从分裂迭代法进行理论分析，首先给出如下等价性定理，定理证明的思路与定理 2-6 的相同。

定理 2-9　假定存在域 $D_M \subset \mathbf{R}^{n_M}$、$D_B \subset \mathbf{R}^{n_B}$ 和 $D_S \subset \mathbf{R}^{n_S}$，使对任何 $x_B \in D_B$，方程组 $G_S(x_B, x_S) = 0$ 有唯一解 $x_S = H_S(x_B) \in D_S$，且方程组 $G_M(x_M, x_B) = 0$ 有唯一解 $x_M = H_M(x_B) \in D_M$，H_S 和 H_M 分别是由方程组 $G_S(x_B, x_S) = 0$ 和 $G_M(x_M, x_B) = 0$ 定义的映射，则非线性方程组(式(2-59))的主从分裂迭代法(迭代式为式(2-64)～式(2-66))在收敛性上等价于定义在边界状态 x_B 上的非线性方程组的映射分裂迭代法，迭代式为[14]

$$\tilde{G}_{BM}(x_B^{(k+1)}) = \tilde{G}_{BS}(x_B^{(k)}) \tag{2-67}$$

式中，$\tilde{G}_{BM}(\cdot) = G_{BM}(H_M(\cdot), \cdot)$，$\tilde{G}_{BM} = D_B \to \mathbf{R}^{n_B}$；$\tilde{G}_{BS}(\cdot) = G_{BS}(\cdot, H_S(\cdot))$，$\tilde{G}_{BS} = D_B \to \mathbf{R}^{n_B}$。

进一步，由上述定理和定理 2-4 直接可得定理 2-10。

定理 2-10　若非线性方程组(式(2-59))的主从分裂迭代法在收敛性上等价于定义在边界状态 x_B 上的非线性方程组的映射分裂迭代法，迭代式由式(2-67)给出，并且迭代式(2-67)等价于不动点迭代(即满足定理 2-4 的等价性条件)，则主从分裂迭代法在收敛性上等价于定义在边界状态 x_B 上的不动点迭代，迭代映射 $\tilde{\Phi}$ 为

$$\tilde{\Phi} = \tilde{G}_{BM}^{-1} \circ \tilde{G}_{BS} \tag{2-68}$$

式中，$\tilde{\Phi}: D_B \subset \mathrm{R}^{n_B} \to \mathrm{R}^{n_B}$。

由定理 2-9 和定理 2-10，对满足等价性条件的非线性方程组的主从分裂迭代法，即可用不动点迭代理论来分析，因此，由定理 2-8 进一步可得如下定理。

定理 2-11 假设非线性方程组（式(2-59)）的主从分裂迭代法（迭代式见式(2-64)～式(2-66)）在迭代收敛性上等价于定义在边界状态 x_B 上的不动点迭代，迭代映射 $\tilde{\Phi}$ 由式(2-68)给出，若在迭代映射 $\tilde{\Phi}$ 的不动点 $x^* \in \mathrm{int}(D_B)$ 处，$\tilde{G}_{BM}$ 和 $\tilde{G}_{BS}$ 均可导，$\tilde{G}_{BM}$ 的导数阵非奇异，并且满足[15]：

$$\rho\left[\left(\frac{\partial \tilde{G}_{BM}}{\partial x_B}\right)^{-1} \cdot \frac{\partial \tilde{G}_{BS}}{\partial x_B}\right] < 1 \tag{2-69}$$

或

$$\left\|\left(\frac{\partial \tilde{G}_{BM}}{\partial x_B}\right)^{-1} \cdot \frac{\partial \tilde{G}_{BS}}{\partial x_B}\right\| < 1 \tag{2-70}$$

或

$$\left\|\left(\frac{\partial \tilde{G}_{BM}}{\partial x_B}\right)^{-1}\right\| \cdot \left\|\frac{\partial \tilde{G}_{BS}}{\partial x_B}\right\| < 1 \tag{2-71}$$

则主从分裂迭代法收敛，在三个充分条件中，条件(2-69)最弱，而条件(2-71)最强。

由隐函数定理，可得上述定理中映射 $\tilde{G}_{BM}$ 和 $\tilde{G}_{BS}$ 的 Jacobi 阵的计算式如下

$$\begin{cases} \dfrac{\partial \tilde{G}_{BM}}{\partial x_B} = \dfrac{\partial G_{BM}}{\partial x_B} - \dfrac{\partial G_{BM}}{\partial x_M}\left(\dfrac{\partial G_M}{\partial x_M}\right)^{-1}\dfrac{\partial G_M}{\partial x_B} \\ \dfrac{\partial \tilde{G}_{BS}}{\partial x_B} = \dfrac{\partial G_{BS}}{\partial x_B} - \dfrac{\partial G_{BS}}{\partial x_S}\left(\dfrac{\partial G_S}{\partial x_S}\right)^{-1}\dfrac{\partial G_S}{\partial x_B} \end{cases} \tag{2-72}$$

另外，由式(2-63)和定理 2-9，主从分裂迭代中间变量 y_B 可进一步表达成边界状态量 x_B 的函数：

$$y_B = G_{BS}[x_B, H_S(x_B)] = \tilde{G}_{BS}(x_B) \tag{2-73}$$

与非线性方程组的映射分裂迭代法类似，$\left\|\dfrac{\partial \tilde{G}_{BS}}{\partial x_B}\right\|$ 越小，即主从分裂迭代中间变量 y_B 越接近于常矢量，则主从分裂迭代法一般收敛越快。

因此，欲构造收敛性能好的具体的主从分裂迭代法，一种可操作的做法是：在解值附近，构造出的主从分裂迭代中间变量 y_B 越接近于常矢量，主从分裂法的收敛性往往越好。极端情形下，主从分裂迭代中间变量 y_B 为常矢量，主从分裂法不需要迭代，这一特征与线性方程组的主从分裂法(见2.3节)是一致的。

在实际的主从式系统中，主系统的状态往往受从系统的扰动的影响较小，若构造出的主从分裂迭代中间变量 y_B 真实体现了从系统对主系统状态的弱影响，则考察式(2-67)和式(2-73)可知，可以保证 $\left\|\left(\dfrac{\partial \tilde{G}_{BM}}{\partial x_B}\right)^{-1}\right\|$ 较小；同时，若构造出来的主从分裂迭代中间变量 y_B 又接近于常矢量，也即 $\left\|\dfrac{\partial \tilde{G}_{BS}}{\partial x_B}\right\|$ 足够小，这时，由主从分裂法收敛的充分条件(式(2-71))可知，非线性方程组(式(2-59))的主从分裂迭代法(式(2-64)～式(2-66))的收敛性是有保证的。

由此可见，主从分裂法与传统的分区算法不同。在传统的分区算法中，各个被分裂的区域之间的地位是对等的，无法确定谁在其中占主导地位，因此，这种算法在某个区域求解时，一般都一致地考虑其余区域的状态量均固定，在迭代过程中各个区域间直接通过状态量传递耦合，相互影响很大，其收敛性能往往不好；而主从分裂法则是基于主系统和从系统之间的分裂而提出的，有很强的物理背景，通过构造合适的迭代中间变量(而不再是状态变量)来考虑实际的主从系统之间的真实影响，体现了主系统与从系统之间不同的物理地位，有望保证主从系统迭代求解的收敛性，确切地说，主从分裂法是针对主从式系统而提出的，强调的是一种主从分裂的思想方法，在实际的应用中，应在主从分裂理论的指导下，根据实际的物理系统的特征来构造合适的具体的主从分裂算法。

显然，通过主从分裂，原非线性方程组(式(2-59))被分解为非线性的从系统迭代方程组(式(2-64))和非线性的主系统迭代方程组(式(2-66))，在主从分裂迭代格式中，未对主从系统的迭代方程组求解的具体算法提出任何要求，从而为主系统和从系统分别采用各自合适的算法创造了条件。

2.5.2 多个相互独立从系统的情形

2.5.1节介绍的主从分裂方法同样可推广至多个相互独立从系统的情形。这时，假设各从系统之间仅通过主系统状态发生联系，独立的从系统个数为 k，示意见图2-1。

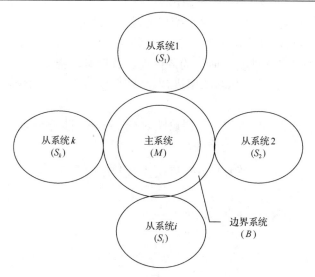

图 2-1 多独立从系统的主从式系统示意

对非线性代数方程组(式(2-59)),假设从系统方程组(式(2-62))可进一步分解成 k 个独立从系统的方程组:

$$G_{S_i}(x_B, x_{S_i}) = 0, \quad i = 1, 2, \cdots, k \tag{2-74}$$

式中,$G_{S_i}: D_{G_{S_i}} \subset \mathrm{R}^{n_B} \times \mathrm{R}^{n_{S_i}} \to \mathrm{R}^{n_{S_i}}$,其中 $x_{S_i} \in \mathrm{R}^{n_{S_i}}$ 为第 i 个独立从系统的状态矢量,n_{S_i} 为维数。

从系统迭代式(2-64)也可类似地解耦成 k 个独立从系统的迭代式。

这样,由式(2-74),各独立从系统的求解相互独立,可灵活选择各自合适的算法。同时由于方程组的分解,计算规模大大降低了。另外,各独立从系统和主系统的计算相互分开,为分布式计算创造了必要的条件。

2.5.3 主从分裂法分布式计算时的通信数据量分析

针对大规模的地域分布的主从式的物理系统,主从分裂法在实施时,主系统和各独立从系统的计算往往希望以分布式实现。在分布式计算中,通信数据量的多少是衡量分布式算法好坏的最重要的指标[16]。

对主系统而言,每步主从分裂迭代中最多需要向各独立从系统传送边界状态量 x_B,因此最严重的情形下,主系统在每步主从分裂迭代后需向 k 个独立从系统传送浮点数共计 $k \cdot n_B$ 个。对实际系统,第 i 个独立从系统与主系统往往仅通过一部分的边界状态发生联系,设为 x_{B_i},其维数为 n_{B_i},因此,每步迭代后主系统仅需向对应独立从系统传送边界状态子矢量 x_{B_i},主系统传送的浮点数共计 $\sum_{i=1}^{k} n_{B_i}$ 个。传送数据量最少的情形是当每个独立从系统仅通过一个边界状态量与主系统发生联系，这时仅需 k 个浮点数的传送，即分别向各个独立从系统传送一个浮点数。

当主从分裂法分布式实现时，为降低通信数据量，希望主从分裂迭代中间变量 y_B 的计算分布在各独立从系统中进行，这时 y_B 的计算应能较好地支持分布式计算。

对非线性方程组(式(2-59))，假设映射 G_{BS} 可进一步分裂为

$$G_{BS}(x_B, x_S) = \sum_{i=1}^{k} G_{BS_i}(x_{B_i}, x_{S_i}) \tag{2-75}$$

式中，$G_{BS_i}: D_{BS_i} \subset \mathrm{R}^{n_{B_i}} \times \mathrm{R}^{n_{S_i}} \to \mathrm{R}^{n_B}$。

同样可得

$$y_B = \sum_{i=1}^{k} y_{B_i} \tag{2-76}$$

式中

$$y_{B_i} = G_{BS_i}(x_{B_i}, x_{S_i}) \tag{2-77}$$

由式(2-59)定义的 y_B 是对应于第 i 个独立从系统的主从分裂迭代中间变量 y_B 的分量，简称为主从分裂迭代中间变量的分量。

这样，主从分裂迭代中间变量 y_B 的计算可通过 y_{B_i} 的计算而在各独立从系统中分布式进行，而各个独立从系统最多只需向主系统传送主从分裂迭代中间变量的分量 y_{B_i}。最严重的情形下，每步主从迭代中，各独立从系统分别向主系统传送 n_B 个浮点数，合计 $k \cdot n_B$ 个浮点数。对实际的主从式系统，各独立从系统往往只与主从分裂迭代中间变量 y_B 中的一部分元素有关，也即在 y_{B_i} 矢量中一般仅有少数元素为非零元，而其他元素均为零元，不需要传送。传送数据量最少的情形下，每个独立从系统分别只向主系统传送一个浮点数。

2.5.4 主从分裂法实用迭代格式的构造

求解从系统的非线性方程组(式(2-64))和主系统的非线性方程组(式(2-66))有不同的方法，因此可以派生出一系列不同的实用的主从分裂迭代方法。对非线性方程组，一般采用迭代法求解，这样在主从分裂迭代中还包含一系列求解方程组的子迭代，本书称为二层迭代法。

以单一从系统的非线性方程组为例，设 Φ_S 和 Φ_M 分别为从系统的非线性方程组(式(2-64))和主系统的非线性方程组(式(2-66))的子迭代所采用的迭代映射，

则主从分裂二层迭代法主要有以下三种实用的迭代格式。

(1) 迭代格式 1，单步交替迭代(每步主从分裂迭代即一步子迭代)：

$$x_S^{(k+1)} = \Phi_S(x_S^{(k)}, x_B^{(k)}) \tag{2-78}$$

$$y_B^{(k+1)} = G_{BS}(x_B^{(k)}, x_S^{(k+1)}) \tag{2-79}$$

$$\begin{bmatrix} x_M^{(k+1)} \\ x_B^{(k+1)} \end{bmatrix} = \Phi_M(x_M^{(k)}, x_B^{(k)}, y_B^{(k+1)}) \tag{2-80}$$

(2) 迭代格式 2，多步交替迭代(每步主从分裂迭代由若干步子迭代组成)：

$$x_S^{(k,j)} = \Phi_S(x_S^{(k,j-1)}, x_B^{(k,0)}), \quad j=1,2,\cdots,L_S \tag{2-81}$$

$$y_B^{(k+1)} = G_{BS}(x_B^{(k,0)}, x_S^{(k+1,0)}) \tag{2-82}$$

$$x_M^{(k,i)} = \Phi_M(x_M^{(k,i-1)}, x_B^{(k,i-1)}, y_B^{(k+1)}), \quad j=1,2,\cdots,L_M \tag{2-83}$$

式中，$x_S^{(k+1,0)} = x_S^{(k,L_S)}$，$x_M^{(k+1,0)} = x_M^{(k,L_M)}$，$x_B^{(k+1,0)} = x_B^{(k,L_M)}$，$L_S$ 和 L_M 分别为从系统和主系统的二层子迭代的步数。

若能根据实际系统和采用的实际算法恰当地选择 L_S 和 L_M，使得主从系统的迭代精度相互匹配，则有可能获得最佳的计算效率。

(3) 迭代格式 3，收敛交替迭代(每步主从分裂迭代由若干步子迭代组成，子迭代步的多少视主系统或从系统的二层子迭代是否收敛来决定)：

$$x_S^{(k,j)} = \Phi_S(x_S^{(k,j-1)}, x_B^{(k,0)}), \quad j=1,2,\cdots,L_S^{(k)} \tag{2-84}$$

$$y_B^{(k+1)} = G_{BS}(x_B^{(k,0)}, x_S^{(k+1,0)}) \tag{2-85}$$

$$x_M^{(k,i)} = \Phi_M(x_M^{(k,i-1)}, x_B^{(k,i-1)}, y_B^{(k+1)}), \quad j=1,2,\cdots,L_M^{(k)} \tag{2-86}$$

式中，$x_S^{(k+1,0)} = x_S^{(k,L_S^{(k)})}$，$x_M^{(k+1,0)} = x_M^{(k,L_M^{(k)})}$，$x_B^{(k+1,0)} = x_B^{(k,L_M^{(k)})}$，$L_S^{(k)}$ 和 $L_M^{(k)}$ 分别是第 k 步交替迭代中，从系统和主系统的二层子迭代收敛时的子迭代步数。

根据实际系统采用的实际算法可以恰当地选择主系统和从系统二层子迭代收敛的精度，使得主从系统的迭代精度相匹配，则有可能获得最佳的计算效率。

以上三种实用的主从分裂二层迭代法的总体收敛性各不相同，其总体计算量也各不相同，收敛性好的未必计算量小，因此应根据实际系统选择合适的迭代方法，在保证收敛性的大前提下提高计算效率。

2.6 小　　结

本章建立了完整的映射分裂理论和主从分裂理论，丰富和发展了代数方程组求解的方法与理论，具有普遍的指导意义，是发输配全局电力系统一体化分析的理论基础。

(1) 提出了求解非线性方程组的映射分裂法，它将一个复杂的非线性方程组的求解转化为一系列较简单的方程组的迭代求解问题，降低了解题复杂度，并指出了许多传统的电力系统计算方法都可归结为映射分裂法；将映射分裂法与不动点迭代法进行等价，给出了映射分裂法局部收敛的充分条件。

(2) 提出了求解一类大规模主从式系统的非线性代数方程组的主从分裂法，它利用了主从系统间主导和依赖的物理关系，通过构造真实体现从系统对主系统影响的迭代中间变量，将主系统和从系统的非线性方程组分解开，进行迭代求解，一方面保证了主从式系统迭代求解的收敛性，另一方面为在特点上差异较大的主系统和从系统分别选择各自合适的算法创造了条件；并借助映射分裂理论，同样将主从分裂法与不动点迭代法在收敛性上进行了等价，给出了主从分裂法局部收敛的充分条件。

(3) 讨论了大规模从系统方程组的进一步分解问题；探讨了主从分裂法对实际主从式系统进行分布式计算的支持；构造了一系列主从分裂法的实用的二层迭代格式。

参 考 文 献

[1] 张伯明, 陈寿孙. 高等电力网络分析[M]. 北京: 清华大学出版社, 1996.

[2] 苏家铎, 潘杰, 方毅, 等. 泛函分析与变分法[M]. 合肥: 中国科学技术大学出版社, 1993.

[3] 王声望, 郑维行. 实变函数与泛函分析概要[M]. 北京: 高等教育出版社, 2004.

[4] 熊金城. 点集拓扑讲义[M]. 北京: 高等教育出版社, 2003.

[5] 刘培德. 泛函分析基础[M]. 北京: 科学出版社, 2006.

[6] 胡家赣. 线性代数方程组的迭代解法[M]. 北京: 科学出版社, 1991.

[7] 李庆扬, 莫孜中, 祁力群. 非线性方程组的数值解法[M]. 北京: 科学出版社, 1987.

[8] 冯果忱. 非线性方程组迭代解法[M]. 上海: 上海科学技术出版社, 1989.

[9] 李庆扬, 易大义, 王能超. 现代数值分析[M]. 北京: 高等教育出版社, 1995.

[10] 孙宏斌. 电力系统全局无功优化控制的研究: [D]. 北京: 清华大学, 1996.

[11] Sun H B, Guo Q L, Zhang B M, et al. Master-slave-splitting based distributed global power flow method for integrated transmission and distribution analysis[J]. IEEE Transactions on Smart Grid, 2015, 6(3): 1484-1492.

[12] 孙宏斌, 张伯明, 相年德, 等. 发输配全局潮流计算, 第二部分: 收敛性、实用算法和算例[J]. 电网技术, 1999, 23(1): 50-53.

[13] 孙宏斌, 张伯明, 相年德. 映射分裂法及其在电力系统分析中的应用[J]. 清华大学学报(自然科学版), 1999, 39(8): 1-4.
[14] 孙宏斌, 张伯明, 相年德. 配电潮流前推回推法的收敛性研究[J]. 中国电机工程学报, 1999, 19(7): 26-29.
[15] 孙宏斌, 张伯明, 相年德. 发输配全局电力系统分析[J]. 电力系统自动化, 2000, 24(1): 17-20.
[16] 李正烁. 基于广义主从分裂理论的分布式输配协同能量管理研究[D]. 北京: 清华大学, 2016.

第3章 求解优化问题的广义主从分裂法

3.1 概 述

在稳态的范畴内，各种电力网络优化调度一般均可归结为优化问题，本章将第2章面向代数方程组的主从分裂法拓展到优化问题的求解。因为代数方程组的求解可以视为一类特殊的优化问题，所以本章所介绍的主从分裂法是第2章方法的泛化，故称为广义主从分裂(generalized master-slave splitting，G-MSS)法。由于第2章中已经较为详细地讨论了主从分裂法的特征和算法构造技巧，本章的重点在于讨论当求解对象变为优化问题时，广义主从分裂法所具有的新特性，包括算法原理、数学性质、收敛性改进方案和不可行子问题的处理方法等部分。

在算法原理部分，本章首先建立了主从系统优化模型，然后通过对最优性条件进行不对称分解(本书称为异质分解(heterogeneous decomposition，HGD))构造出主系统子问题和从系统子问题。因此，广义主从分裂法的数学本质是对集中式主从系统优化模型的最优性条件的主从分裂。

在数学性质部分，本章分析了广义主从分裂法的迭代计算方案，证明了广义主从分裂法的最优性和收敛性，给出了局部收敛条件。然后，依据局部收敛条件，提出并分析了可进一步提高广义主从分裂法收敛性的若干方案。

接着，本章研究了广义主从分裂法中主模型或从模型子问题可能遇到的不可行子问题，提出并分析了若干解决方案。

最后，本章在理论上分析了广义主从分裂法和其他分解算法的区别。

3.2 算法原理

广义主从分裂法的算法原理是对主从系统优化模型的最优性条件进行主从分裂，从而将模型分解成主、从子问题进行分布式求解。

3.2.1 主从系统优化模型

对于主从系统优化模型，它可由如下形式描述：

$$\min_{z_M, x_B, z_S} c = c_M(z_M, x_B) + c_S(x_B, z_S)$$

$$\text{s.t. (I)} \begin{cases} f_M(z_M, x_B) = 0 & \lambda_M \\ f_B(z_M, x_B, z_S) = 0 & \lambda_B \\ f_S(x_B, z_S) = 0 & \lambda_S \\ g_M(z_M, x_B) = 0 & \omega_M \\ g_S(x_B, z_S) = 0 & \omega_S \end{cases} \quad (3\text{-}1)$$

式中，$c_M(\cdot)$ 为主系统成本函数；$c_S(\cdot)$ 为从系统成本函数；$f_M(\cdot)$ 为主系统等式约束；$f_B(\cdot)$ 为边界系统等式约束；$f_S(\cdot)$ 为从系统等式约束；$g_M(\cdot)$ 为主系统不等式约束；$g_S(\cdot)$ 为从系统不等式约束；z_M 和 z_S 分别为主系统、从系统的优化变量(包含控制变量与状态变量)；x_B 为边界系统状态变量；λ_M、λ_B 和 λ_S 分别为主系统、边界系统与从系统等式约束的乘子；ω_M 和 ω_S 分别为扩展后主系统不等式约束与从系统不等式约束的非负乘子。

3.2.2 主从可分性

为实现主从系统优化模型的分解，需要进一步研究主从系统优化模型的分解特性，即主从可分性[1-3]。为便于后面叙述，首先从函数/映射、约束组和优化模型等角度分别给出主从可分性的定义。

定义 3-1（主从耦合函数/映射） 将形如 $f_B(z_M, x_B, z_S)$ 这样的耦合了主系统、边界系统和从系统优化变量的函数/映射称为主从耦合函数/映射。

定义 3-2（函数/映射的主从可分性） 若主从耦合函数/映射 $f_B(z_M, x_B, z_S)$ 可表示为仅和 z_M、x_B 有关的函数/映射 $f_{MB}(z_M, x_B)$，以及仅和 z_S、x_B 有关的函数/映射 $f_{BS}(x_B, z_S)$ 的差的形式，如

$$f_B(z_M, x_B, z_S) = f_{MB}(z_M, x_B) - f_{BS}(x_B, z_S) \quad (3\text{-}2)$$

则称函数/映射 $f_B(z_M, x_B, z_S)$ 主从可分。

定义 3-3（含有等式和不等式约束组的主从可分性） 对于形如(3-1)中含有等式和不等式的约束组（Ⅰ），如果其中所有约束函数均主从可分，则称该约束组主从可分。

定义 3-4（优化模型的主从可分性） 对于形如式(3-1)中的优化模型，如果约束组和目标函数均主从可分，则称该优化模型主从可分。

实际上，如果式(3-1)中的目标函数含有主从耦合函数项 $c_B(z_M, x_B, z_S)$，但是约束组（Ⅰ）中的主从耦合函数 f_B 主从可分，那么该优化模型可以等价地转化为目标函数主从可分的新模型，并且在一定条件下新优化模型主从可分。这一性质和

具体的模型转化方法由下面定理给出。

定理 3-1 对形如式(3-3)中的目标函数中含有主从耦合函数项的优化模型，可以将之转化为形如式(3-4)中目标函数主从可分的新优化模型。进一步地，如果式(3-3)中的 $f_B(z_M,x_B,z_S)$ 主从可分而 $c_B(z_M,x_B,z_S)$ 主从不可分，但是存在主从可分的映射 $\upsilon_B(\cdot)$ 和普通的映射 $\phi(\cdot)$，使得 $c_B = \phi(\upsilon_B(z_M,x_B,z_S))$，那么转化后的新优化模型亦主从可分。

$$\min_{z_M,x_B,z_S} c = c_M(z_M,x_B) + c_B(z_M,x_B,z_S) + c_S(x_B,z_S)$$

$$\text{s.t.} \begin{cases} f_M(z_M,x_B) = 0 \\ f_B(z_M,x_B,z_S) = 0 \\ f_S(x_B,z_S) = 0 \\ g_M(z_M,x_B) \geqslant 0 \\ g_S(x_B,z_S) \geqslant 0 \end{cases} \quad (3\text{-}3)$$

证明：

显然，对于任意形式的 c_B，总可以找到映射 $\upsilon_B(\cdot)$ 和 $\phi(\cdot)$，使 $c_B = \phi(\upsilon_B(z_M,x_B,z_S))$，这只需要令 $\upsilon_B = c_B$，ϕ 为恒等映射即可。因此，可将式(3-3)中的优化问题等价地转化为如下形式：

$$\min_{z_M,x_B,z_S} c = c_M(z_M,x_B) + \phi(\upsilon_B(z_M,x_B,z_S)) + c_S(x_B,z_S)$$

$$\text{s.t.} \begin{cases} f_M(z_M,x_B) = 0 \\ f_B(z_M,x_B,z_S) = 0 \\ f_S(x_B,z_S) = 0 \\ g_M(z_M,x_B) \geqslant 0 \\ g_S(x_B,z_S) \geqslant 0 \end{cases} \quad (3\text{-}4)$$

在式(3-4)中引入辅助变量 $\varsigma_M = \upsilon_B(z_M,x_B,z_S)$，扩展后主系统优化变量 $\tilde{z}_M = [z_M^T, \varsigma_M^T]^T$，扩展后主系统成本函数 $\tilde{c}_M(\tilde{z}_M,x_B) = c_M(z_M,x_B) + \phi(\varsigma_M)$ 和如下所定义的扩展后的边界等式约束 $\tilde{f}_B(\tilde{z}_M,x_B,z_S) = 0$：

$$\tilde{f}_B(\tilde{z}_M,x_B,z_S) = \begin{bmatrix} f_B(z_M,x_B,z_S) \\ \varsigma_M - \upsilon_B(z_M,x_B,z_S) \end{bmatrix} = 0 \quad (3\text{-}5)$$

于是式(3-4)中的模型可等价地写为

$$\min_{\tilde{z}_M, x_B, z_S} c = \tilde{c}_M(\tilde{z}_M, x_B) + c_S(x_B, z_S)$$

$$\text{s.t.} \begin{cases} f_M(\tilde{z}_M, x_B) = f_M(z_M, x_B) = 0 \\ \tilde{f}_B(\tilde{z}_M, x_B, z_S) = 0 \\ f_S(x_B, z_S) = 0 \\ g_M(\tilde{z}_M, x_B) = g_M(z_M, x_B) \geqslant 0 \\ g_S(x_B, z_S) \geqslant 0 \end{cases} \quad (3\text{-}6)$$

通过比较式(3-6)和式(3-1)可知,式(3-4)中含有主从耦合函数项的优化模型可由上述变换手段转化为式(3-6)中目标函数主从可分的新优化模型。

进一步地,若$\upsilon_B(z_M, x_B, z_S)$具有主从可分性(注意,若$\phi$非恒等映射,则$\upsilon_B$主从可分不等价于$c_B$主从可分),即$\upsilon_B(z_M, x_B, z_S) = \upsilon_{MB}(z_M, x_B) - \upsilon_{BS}(x_B, z_S)$,则

$$\begin{aligned}
\tilde{f}_B(\tilde{z}_M, x_B, z_S) &= \begin{bmatrix} f_B(z_M, x_B, z_S) \\ \varsigma_M - \upsilon_B(z_M, x_B, z_S) \end{bmatrix} \\
&= \begin{bmatrix} f_{MB}(z_M, x_B) - f_{BS}(x_B, z_S) \\ \varsigma_M - \upsilon_{MB}(z_M, x_B) + \upsilon_{BS}(x_B, z_S) \end{bmatrix} \\
&= \begin{bmatrix} f_{MB}(z_M, x_B) - f_{BS}(x_B, z_S) \\ \tilde{\upsilon}_{MB}(\tilde{z}_M, x_B) - \tilde{\upsilon}_{BS}(x_B, z_S) \end{bmatrix} \\
&= \tilde{f}_{MB}(\tilde{z}_M, x_B) - \tilde{f}_{BS}(x_B, z_S)
\end{aligned} \quad (3\text{-}7)$$

式中,$\tilde{\upsilon}_{MB}(\tilde{z}_M, x_B) = \varsigma_M - \upsilon_{MB}(z_M, x_B)$,$\tilde{\upsilon}_{BS}(x_B, z_S) = -\upsilon_{BS}(x_B, z_S)$,且

$$\tilde{f}_{MB} = \begin{bmatrix} f_{MB} \\ \tilde{\upsilon}_{MB} \end{bmatrix}, \quad \tilde{f}_{BS} = \begin{bmatrix} f_{BS} \\ \tilde{\upsilon}_{BS} \end{bmatrix} \quad (3\text{-}8)$$

所以$\tilde{f}_B$主从可分。由定理 4-1 的证明过程可知式(3-4)中的新模型亦主从可分。

证毕

3.2.3 最优性条件和异质分解

若函数$f_B(\cdot)$主从可分,根据数学规划理论,在适当的约束规格(如 Slater 约束规格)下,式(3-1)中主从系统优化模型的最优性条件可由以下等式和不等式约束组表示:

$$\frac{\partial c_M}{\partial z_M} - \left(\frac{\partial f_M}{\partial z_M}\right)^{\mathrm{T}} \lambda_M - \left(\frac{\partial f_{MB}}{\partial z_M}\right)^{\mathrm{T}} \lambda_B - \left(\frac{\partial g_M}{\partial z_M}\right)^{\mathrm{T}} \omega_M = 0 \quad (3\text{-}9)$$

$$\frac{\partial c_M}{\partial x_B}+\frac{\partial c_S}{\partial x_B}-\left(\frac{\partial f_M}{\partial x_B}\right)^{\mathrm{T}}\lambda_M-\left(\frac{\partial g_M}{\partial x_B}\right)^{\mathrm{T}}\omega_M-\left(\frac{\partial f_{MB}}{\partial x_B}\right)^{\mathrm{T}}\lambda_B$$
$$+\left(\frac{\partial f_{BS}}{\partial x_B}\right)^{\mathrm{T}}\lambda_B-\left(\frac{\partial f_S}{\partial x_B}\right)^{\mathrm{T}}\lambda_S-\left(\frac{\partial g_S}{\partial x_B}\right)^{\mathrm{T}}\omega_S=0 \tag{3-10}$$

$$\frac{\partial c_S}{\partial z_S}-\left(\frac{\partial f_S}{\partial z_S}\right)^{\mathrm{T}}\lambda_S+\left(\frac{\partial f_{BS}}{\partial z_M}\right)^{\mathrm{T}}\lambda_B-\left(\frac{\partial g_S}{\partial z_S}\right)^{\mathrm{T}}\omega_S=0 \tag{3-11}$$

$$\begin{cases} f_M(z_M,x_B)=0,\ f_B(z_M,x_B,z_S)=0,\ f_S(x_B,z_S)=0 \\ g_M(z_M,x_B)\geqslant 0,\ g_S(x_B,z_S)\geqslant 0,\ \omega_M\geqslant 0,\ \omega_S\geqslant 0 \\ \omega_M^{\mathrm{T}}g_M(z_M,x_B)=0,\ \omega_S^{\mathrm{T}}g_S(x_B,z_S)=0 \end{cases} \tag{3-12}$$

在主系统、边界系统和从系统中分别引入辅助变量 $\xi_M=[z_M^{\mathrm{T}},\lambda_M^{\mathrm{T}},\omega_M^{\mathrm{T}}]^{\mathrm{T}}$，$\xi_B=[x_B^{\mathrm{T}},\lambda_B^{\mathrm{T}}]^{\mathrm{T}}$，$\xi_S=[z_S^{\mathrm{T}},\lambda_S^{\mathrm{T}},\omega_S^{\mathrm{T}}]^{\mathrm{T}}$，于是式(3-9)～式(3-11)中的等式约束可分别记为 $l_M(\xi_M,\xi_B)=0$，$l_B(\xi_M,\xi_B,\xi_S)=0$，$l_S(\xi_B,\xi_S)=0$，而上述最优性条件对应的约束组可以写为

$$l_{BS}(\xi_B,\xi_S)=-\left[\frac{\partial c_S}{\partial x_B}+\left(\frac{\partial f_{BS}}{\partial x_B}\right)^{\mathrm{T}}\lambda_B-\left(\frac{\partial f_S}{\partial x_B}\right)^{\mathrm{T}}\lambda_S-\left(\frac{\partial g_S}{\partial x_B}\right)^{\mathrm{T}}\omega_S\right] \tag{3-13}$$

下面的定理将证明式(3-10)中的 $l_B(\xi_M,\xi_B,\xi_S)$ 具有类似于 $f_B(z_M,x_B,z_S)$ 的分解结构。

定理 3-2 存在函数 $l_{MB}(\xi_M,\xi_B)$ 和 $l_{BS}(\xi_B,\xi_S)$，使得 $l_B(\xi_M,\xi_B,\xi_S)=l_{MB}(\xi_M,\xi_B)-l_{BS}(\xi_B,\xi_S)$。

证明：

构造函数

$$l_{MB}(\xi_M,\xi_B)=\frac{\partial c_M}{\partial x_B}-\left(\frac{\partial f_M}{\partial x_B}\right)^{\mathrm{T}}\lambda_M-\left(\frac{\partial g_M}{\partial x_B}\right)^{\mathrm{T}}\omega_M-\left(\frac{\partial f_{MB}}{\partial x_B}\right)^{\mathrm{T}}\lambda_B \tag{3-14}$$

$$l_{BS}(\xi_B,\xi_S)=-\left[\frac{\partial c_S}{\partial x_B}+\left(\frac{\partial f_{BS}}{\partial x_B}\right)^{\mathrm{T}}\lambda_B-\left(\frac{\partial f_S}{\partial x_B}\right)^{\mathrm{T}}\lambda_S-\left(\frac{\partial g_S}{\partial x_B}\right)^{\mathrm{T}}\omega_S\right] \tag{3-15}$$

于是有

$$l_B(\xi_M,\xi_B,\xi_S)=l_{MB}(\xi_M,\xi_B)-l_{BS}(\xi_B,\xi_S) \tag{3-16}$$

证毕

进一步，在上述最优性条件中引入辅助函数：

$$h_M(\xi_M,\xi_B) = \begin{bmatrix} f_M(z_M,x_B) \\ l_M(\xi_M,\xi_B) \end{bmatrix}, \quad h_B(\xi_M,\xi_B) = \begin{bmatrix} f_B(z_M,x_B,z_S) \\ l_B(\xi_M,\xi_B,\xi_S) \end{bmatrix},$$

$$h_S(\xi_B,\xi_S) = \begin{bmatrix} f_S(x_B,z_S) \\ l_S(\xi_B,\xi_S) \end{bmatrix}, \quad h_{MB}(\xi_M,\xi_B) = \begin{bmatrix} f_{MB}(z_M,x_B) \\ l_{MB}(\xi_M,\xi_B) \end{bmatrix},$$

$$h_{BS}(\xi_B,\xi_S) = \begin{bmatrix} f_{BS}(x_B,z_S) \\ l_{BS}(\xi_B,\xi_S) \end{bmatrix}, \quad y_B = h_{BS}(\xi_B,\xi_S) \tag{3-17}$$

于是，式(3-13)中的约束组可写以分解为如下形式：

$$\text{(KKT-M)} \begin{cases} h_M(\xi_M,\xi_B) = 0 \\ \omega_M^T g_M(z_M,x_B) = 0 \\ g_M(z_M,x_B) \geq 0, \quad \omega_M \geq 0 \\ h_{MB}(\xi_M,\xi_B) = y_B \end{cases}$$

$$\text{(KKT-S)} \begin{cases} h_S(\xi_B,\xi_S) = 0 \\ \omega_S^T g_S(x_B,z_S) = 0 \\ g_S(x_B,z_S) \geq 0, \quad \omega_S \geq 0 \end{cases}$$

$$y_B = h_{BS}(\xi_B,\xi_S) \tag{3-18}$$

ξ_B 中含有边界系统状态变量 x_B，因此称 ξ_B 为广义边界状态量。而由式(3-17)可知，y_B 中含有从系统到边界系统的注入量，因此称 y_B 为广义边界注入量。

观察式(3-18)可知，约束组(KKT-M)和约束组(KKT-S)通过 ξ_B 和 y_B 相耦合。如果给定 y_B，约束组(KKT-M)仅与主系统和边界系统的优化变量、约束条件、约束乘子相关，换言之，约束组(KKT-M)仅与主系统相关。类似地，如果给定 x_B，约束组(KKT-S)仅与从系统的优化变量、约束条件和约束乘子相关，换言之，约束组(KKT-S)仅与从系统相关。由此可得以下结论。

(1) 如果在求解约束组(KKT-M)或约束组(KKT-S)之前便可获知 y_B 或 ξ_B 的"真值"，那么约束组(KKT-M)和约束组(KKT-S)就可以分布式地独立求解，并且所得结果满足式(3-18)中的最优性条件。

(2) 在给定 ξ_B 和 y_B 的条件下，如果存在两个优化模型，使得约束组(KKT-M)和约束组(KKT-S)恰好分别为它们的最优性条件，那么求解约束组(KKT-M)和约束组(KKT-S)的问题便可以转化为求解这两个优化模型。

对于结论(1),可以考虑采用迭代求解方案:在给定ξ_B和y_B初值的情况下,由主系统和从系统分布式求解约束组(KKT-M)、约束组(KKT-S),刷新ξ_B和y_B,并将刷新后的结果在主系统和从系统之间进行交互。

对于结论(2),可以证明,确实存在主系统优化子问题和从系统优化子问题,使其最优性条件恰好分别对应于约束组(KKT-M)和约束组(KKT-S)。其中,主系统优化子问题的数学形式为

$$\min_{z_M, x_B} c_M(z_M, x_B) - (l_{BS}^{sp})^T x_B$$

$$\text{s.t.(I-M)} \begin{cases} f_M(z_M, x_B) = 0 & \lambda_M^M \\ f_{MB}(z_M, x_B) = f_{BS}^{sp} & \lambda_B^M \\ g_M(z_M, x_B) \geqslant 0 & \omega_M^M \end{cases} \quad (3\text{-}19)$$

式中,l_{BS}^{sp}和f_{BS}^{sp}为给定输入参数;λ_M^M、λ_B^M为等式约束对应的乘子向量;ω_M^M为不等式约束所对应的乘子向量。

从系统优化子问题的数学形式为

$$\min_{z_S} c_S(x_B^{sp}, z_S) + (\lambda_B^{sp})^T f_{BS}(x_B^{sp}, z_S)$$

$$\text{s.t.(I-S)} \begin{cases} f_S(x_B^{sp}, z_S) = 0 & \lambda_S^S \\ g_S(x_B^{sp}, z_S) \geqslant 0 & \omega_S^S \end{cases} \quad (3\text{-}20)$$

式中,x_B^{sp}和λ_B^{sp}为给定输入参数;λ_S^S、ω_S^S分别为等式约束和不等式约束所对应的乘子向量。

下面将证明式(3-19)和式(3-20)中定义的主系统优化子问题、从系统优化子问题的最优性条件恰好分别对应于约束组(KKT-M)及约束组(KKT-S)。

定理 3-3 若$y_B^{sp} = [(f_{BS}^{sp})^T, (l_{BS}^{sp})^T]^T$给定,那么式(3-19)中主系统优化子问题的最优性条件的形式和式(3-18)中的约束组(KKT-M)相同。若$\xi_B^{sp} = [(x_B^{sp})^T, (\lambda_B^{sp})^T]^T$给定,那么式(3-20)中从系统优化子问题的最优性条件的形式和式(3-18)中的约束组(KKT-S)相同。

证明:

分别写出式(3-19)和式(3-20)中优化子问题的最优性条件,如式(3-21)和式(3-22)所示。结合式(3-14)、式(3-15)和式(3-17),并比较式(3-22)与式(3-18)中的各约束组形式即可证明该结论。

$$\begin{cases} f_M(z_M, x_B) = 0 \\ \dfrac{\partial c_M}{\partial z_M} - \left(\dfrac{\partial f_M}{\partial z_M}\right)^{\mathrm{T}} \lambda_M^M - \left(\dfrac{\partial f_{MB}}{\partial z_M}\right)^{\mathrm{T}} \lambda_B^M - \left(\dfrac{\partial g_M}{\partial z_M}\right)^{\mathrm{T}} \omega_M^M = 0 \\ f_{MB}(z_M, x_B) = f_{BS}^{\mathrm{sp}} \\ \dfrac{\partial c_M}{\partial x_B} - \left(\dfrac{\partial f_M}{\partial x_B}\right)^{\mathrm{T}} \lambda_M^M - \left(\dfrac{\partial g_M}{\partial x_B}\right)^{\mathrm{T}} \lambda_B^M - \left(\dfrac{\partial f_{MB}}{\partial x_B}\right)^{\mathrm{T}} \omega_M^M = l_{BS}^{\mathrm{sp}} \\ (\omega_M^M)^{\mathrm{T}} g_M(z_M, x_B) = 0 \\ g_M(z_M, x_B) \geqslant 0, \ \omega_M^M \geqslant 0 \end{cases} \quad (3\text{-}21)$$

$$\begin{cases} f_S(x_B^{\mathrm{sp}}, z_S) = 0 \\ \dfrac{\partial c_S}{\partial z_S} - \left(\dfrac{\partial f_S}{\partial z_S}\right)^{\mathrm{T}} \lambda_S^S + \left(\dfrac{\partial f_{BS}}{\partial z_M}\right)^{\mathrm{T}} \lambda_B^{\mathrm{sp}} - \left(\dfrac{\partial g_S}{\partial z_S}\right)^{\mathrm{T}} \omega_S^S = 0 \\ (\omega_S^S)^{\mathrm{T}} g_S(x_B^{\mathrm{sp}}, z_S) = 0 \\ g_S(x_B^{\mathrm{sp}}, z_S) \geqslant 0, \ \omega_S^S \geqslant 0 \end{cases} \quad (3\text{-}22)$$

证毕

3.2.4 迭代格式

根据迭代中子问题启动的先后顺序，广义主从分裂法有如下两种计算方案，分别称为 G-MSS-1 算法和 G-MSS-2 算法。

1. G-MSS-1 算法

G-MSS-1 算法从从系统优化子问题启动，设定广义边界状态量初值。

步骤1 （1）设定算法的最大迭代次数为 K，收敛精度为 ε。

（2）对式(3-20)中的 ξ_B^{sp} 赋初值：$\xi_{B,0}^{\mathrm{sp}} = [(x_{B,0}^{\mathrm{sp}})^{\mathrm{T}}, (\lambda_{B,0}^{\mathrm{sp}})^{\mathrm{T}}]^{\mathrm{T}}$。

（3）置迭代次数 $k = 1$。

步骤2 （1）第 k 次迭代，给定 $\xi_{B,k-1}^{\mathrm{sp}}$ 求解式(3-20)中的从系统优化子问题。

（2）由从系统子问题的优化结果 $\xi_{S,k} = [z_{S,k}^{\mathrm{T}}, \lambda_{S,k}^{\mathrm{T}}, \omega_{S,k}^{\mathrm{T}}]^{\mathrm{T}}$，根据式(3-15)和式(3-17)计算第 k 次迭代中的广义边界注入量 $y_{B,k}^{\mathrm{sp}} = [(f_{BS,k}^{\mathrm{sp}})^{\mathrm{T}}, (l_{BS,k}^{\mathrm{sp}})^{\mathrm{T}}]^{\mathrm{T}}$，其中 $f_{BS,k}^{\mathrm{sp}} = f_{BS}(x_{B,k-1}^{\mathrm{sp}}, z_{S,k})$，$l_{BS,k}^{\mathrm{sp}} = l_{BS}(\xi_{B,k-1}^{\mathrm{sp}}, \xi_{S,k})$。

步骤3 （1）给定上述 $y_{B,k}^{\mathrm{sp}}$，求解式(3-19)中的主系统优化子问题。

(2) 计算第 k 次迭代中的广义边界状态量 $\xi_{B,k}^{sp} = [(x_{B,k})^T, (\lambda_{B,k}^M)^T]^T$。

步骤 4 若 $\|\xi_{B,k}^{sp} - \xi_{B,k-1}^{sp}\| < \varepsilon$，迭代收敛；否则：若 $k \geq K$，停止迭代；若 $k < K$，回步骤2，且置 $k = k + 1$。

2. G-MSS-2 算法

G-MSS-2 算法从主系统优化子问题启动，设定广义边界注入量初值。

步骤 1 (1) 设定算法的最大迭代次数为 K，收敛精度为 ε。
(2) 对式(3-19)中的 y_B^{sp} 赋初值：$y_{B,0}^{sp} = [(f_{BS,0}^{sp})^T, (l_{BS,0}^{sp})^T]^T$。
(3) 置迭代次数 $k=1$。

步骤 2 (1) 第 k 次迭代，给定 $y_{B,k-1}^{sp}$，求解式(3-19)中的主系统优化子问题。
(2) 计算第 k 次迭代中的广义边界状态量 $\xi_{B,k}^{sp} = [(x_{B,k})^T, (\lambda_{B,k}^M)^T]^T$。

步骤 3 (1) 给定上述 $\xi_{B,k}^{sp}$ 求解式(3-20)中的从系统优化子问题。
(2) 由从系统子问题的优化结果 $\xi_{S,k} = [z_{S,k}^T, \lambda_{S,k}^T, \omega_{S,k}^T]^T$，根据式(3-15)和式(3-17)计算第 k 次迭代中的广义边界注入量 $y_{B,k}^{sp} = [(f_{BS,k}^{sp})^T, (l_{BS,k}^{sp})^T]^T$，其中 $f_{BS,k}^{sp} = f_{BS}(x_{B,k}^{sp}, z_{S,k})$，$l_{BS,k}^{sp} = l_{BS}(\xi_{B,k-1}^{sp}, \xi_{S,k})$。

步骤 4 若 $\|\xi_{B,k}^{sp} - \xi_{B,k-1}^{sp}\| < \varepsilon$，迭代收敛；否则：若 $k \geq K$，停止迭代；若 $k < K$，回步骤2，且置 $k = k + 1$。

3.3 数学性质

本节将分析中广义主从分裂法的最优性和收敛性[4-6]。

3.3.1 最优性

首先证明如下定理。

定理 3-4 若广义主从分裂法收敛，那么收敛解满足式(3-18)中的最优性条件。

证明：

不妨以 G-MSS-1 算法中的迭代格式为例进行证明。设算法在第 m 次迭代收敛。根据定理 3-2，此时式(3-19)和式(3-20)中优化子问题的解分别满足式(3-23)中的约束组。

$$(\text{KKT-M})\begin{cases} h_M(\xi_{M,m},\xi_{B,m}) = 0 \\ \omega_{M,m}^T g_M(z_{M,m},x_{B,m}) = 0 \\ g_M(z_{M,m},x_{B,m}) \geq 0, \quad \omega_{M,m} \geq 0 \\ h_{MB}(\xi_{M,m},\xi_{B,m}) = y_{B,m} \end{cases}$$

$$(\text{KKT-S})\begin{cases} h_S(\xi_{B,m-1},\xi_{S,m}) = 0 \\ \omega_{S,m}^T g_S(x_{B,m-1},z_{S,m}) = 0 \\ g_S(x_{B,m-1},z_{S,m}) \geq 0, \quad \omega_{S,m} \geq 0 \end{cases}$$

$$y_{B,m} = h_{BS}(\xi_{B,m-1},\xi_{S,m}) \tag{3-23}$$

由于收敛时 $\|\xi_{B,m} - \xi_{B,m-1}\| < \varepsilon$，故可认为 $\xi_{B,m} \approx \xi_{B,m-1}$，代入式(3-23)后并对比式(3-18)可知，算法的收敛解满足式(3-18)中的约束组，因此算法的收敛解满足主从系统优化模型的最优性条件。

证毕

定理 3-3 表明，广义主从分裂法的收敛解满足主从系统优化模型的最优性条件。由数学规划理论[7,8]可知，如果在该点处变量还满足二阶最优性条件，那么广义主从分裂法的收敛解就是式(3-1)中主从系统优化模型的局部最优解。特别地，如果主从系统优化模型为凸优化，那么广义主从分裂法的收敛解为主从系统优化模型的全局最优解。

3.3.2 收敛性

不失一般性，仍以 G-MSS-1 算法为例进行论证。

由定理 3-2 可知，广义主从分裂法等价于交替求解式(3-18)中的约束组(KKT-M)和约束组(KKT-S)。因此，在迭代时，求解从系统优化子问题实质上是在求给定参数 ξ_B^{sp} 时约束组(KKT-S)的解 ξ_S，而求解主系统优化子问题实质上是在求给定参数 y_B^{sp} 时约束组(KKT-M)的解 ξ_M 和 ξ_B。而根据数学规划中的灵敏度分析理论[9]，可知有如下引理成立：

引理 3-1 如果下述条件满足：

①对给定的 ξ_B^{sp}，子系统优化子问题的局部最优解及相应的乘子满足二阶充分条件、线性独立约束规范以及严格互补性条件；

②对给定的 y_B^{sp}，主系统优化子问题的局部最优解以及相应的乘子满足二阶充分条件、线性独立约束规范以及严格互补性条件，那么，在 ξ_B^{sp} 某个邻域内，对任意的 ξ_B，子系统优化子问题的局部最优解和乘子为关于 ξ_B 的连续可微函数；在 y_B^{sp} 某个邻域内，对任意的 y_B，主系统优化子问题的局部最优解和乘子为关于 y_B

的连续可微函数。

由引理 3-1 可知，在 G-MSS-1 算法的第 k 次迭代中，在 $\xi_{B,k-1}^{\text{sp}}$ 某个邻域内，对任意 ξ_B，ξ_S 为 ξ_B 的连续可微函数，因而根据 y_B 的表达式可知它也是 ξ_B 的连续可微函数，因此存在映射 $\tilde{h}_{BS}(\cdot)$ 使得 $y_{B,k}^{\text{sp}} = \tilde{h}_{BS}(\xi_{B,k-1}^{\text{sp}})$，并且映射 $\tilde{h}_{BS}$ 在 $\xi_{B,k-1}^{\text{sp}}$ 某个邻域内为连续可微函数。类似地，在 $y_{B,k}^{\text{sp}}$ 某个邻域内，存在映射 $\tilde{h}_{MB}^{-1}(\cdot)$，使得 $\xi_{B,k}^{\text{sp}} = \tilde{h}_{MB}^{-1}(y_{B,k}^{\text{sp}})$，并且映射 $\tilde{h}_{MB}^{-1}$ 在 $y_{B,k}^{\text{sp}}$ 某个邻域内为连续可微函数。于是 $\xi_{B,k}^{\text{sp}} = \tilde{h}_{MB}^{-1}(y_{B,k}^{\text{sp}}) = \tilde{h}_{MB}^{-1}(\tilde{h}_{BS}(\xi_{B,k-1}^{\text{sp}}))$。这表明可以借助不动点理论来分析广义主从分裂法的收敛性。这一点由下面的引理和定理加以论述。

引理 3-2 在引理 3-1 的条件下，假定存在域 D_M、D_B 和 D_S，使得对任何 $\xi_B \in D_B$，子系统优化子问题有唯一解 $\xi_S = H_S(\xi_B) \in D_S$，且主系统优化子问题有唯一解 $\xi_M = H_M(\xi_B) \in D_M$，$H_S$ 和 H_M 分别是由式(3-21)、式(3-22)中约束组定义的映射，进一步构造映射 $\tilde{h}_{BS}(\cdot) = h_{BS}(\cdot, H_S(\cdot))$ 和 $\tilde{h}_{MB}(\cdot) = h_{MB}(H_M(\cdot), \cdot)$，若映射 $\tilde{h}_{MB}(\cdot)$ 在域 D_B 上有逆映射存在，且值域 $\tilde{h}_{BS}(D_B) \subset \tilde{h}_{MB}(D_B)$，则广义主从分裂法的收敛性等价于定义在广义边界状态量 ξ_B 上的不动点迭代，迭代映射为

$$\tilde{\Phi} = \tilde{h}_{MB}^{-1} \circ \tilde{h}_{BS} \tag{3-24}$$

其中，迭代映射 $\tilde{\Phi}: D_B \subset \mathrm{R}^{n_{\xi_B}} \to \mathrm{R}^{n_{\xi_B}}$，符号"。"代表复合映射。

值得注意，引理 3-2 和式(3-24)中的迭代映射和第 2 章中的主从分裂法在形式上十分相近，但是由于优化问题的特点，广义主从分裂法的收敛性需要额外满足引理 3-1 中列出的若干条件。

基于上述引理，可借助不动点迭代理论分析广义主从分裂法的收敛性[10, 11]。

定理 3-5 在引理 3-2 的条件下，迭代映射 $\tilde{\Phi}$ 由式(3-24)给出。若在迭代映射 $\tilde{\Phi}$ 的不动点 $\xi_B^* \in \text{int}(D_B)$ 处满足下述条件之一，则广义主从分裂法局部线性收敛：

$$\rho\left[\left(\frac{\partial \tilde{h}_{MB}}{\partial \xi_B}\right)^{-1} \cdot \frac{\partial \tilde{h}_{BS}}{\partial \xi_B}\right] < 1 \tag{3-25}$$

或

$$\left\|\left(\frac{\partial \tilde{h}_{MB}}{\partial \xi_B}\right)^{-1} \cdot \frac{\partial \tilde{h}_{BS}}{\partial \xi_B}\right\| < 1 \tag{3-26}$$

或

$$\left\| \left(\frac{\partial \tilde{h}_{MB}}{\partial \xi_B} \right)^{-1} \right\| \cdot \left\| \frac{\partial \tilde{h}_{BS}}{\partial \xi_B} \right\| < 1 \tag{3-27}$$

其中，$\rho(\cdot)$ 表示谱半径。在三个充分条件中，式(3-25)中的条件最弱，而式(3-27)中的条件最强。

定理 3-5 的证明技术和定理 2-5 几乎完全一样。由于定理 3-5 基于定理 3-3，它隐式地包含了引理 3-1 中的条件①和条件②。换言之，$\tilde{h}_{MB}$ 和 $\tilde{h}_{BS}$ 的连续可微性质、$\tilde{h}_{MB}$ 导数阵非奇异的性质由引理 3-2 中的条件所保证。

图 3-1 是对定理 3-5 中收敛条件的形象解释。在图 3-1 中，设线性方程 $x = \tilde{\Phi}(x)$ 的不动点为 x^*。显然在图 3-1(a)中，$\tilde{\Phi}$ 的导数谱半径大于 1，因此即使初始点 x_0 比较接近 x^*，之后的迭代解也会逐渐远离 x^*，迭代发散。在图 3-1(b)中，$\tilde{\Phi}$ 的导数谱半径小于 1，这将保证从初始点 x_0 出发的各个迭代解逐渐接近 x^*，直到收敛。

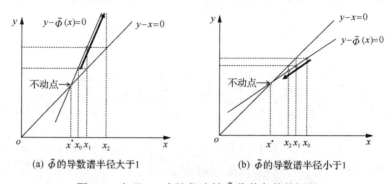

图 3-1 定理 3-5 中迭代映射 $\tilde{\Phi}$ 收敛条件的解释

3.4 收敛性改进策略

从图 3-1 中可以看出：如果能减小式(3-25)中的谱半径或者式(3-26)、式(3-27)中的范数，广义主从分裂法的收敛性可进一步提高。

基于这一观察，本节将提出两种基于响应函数的改进广义主从分裂法，以享有更快的收敛速度。这一改进的数学本质是对约束 $h_B(\xi_M, \xi_B, \xi_S) = 0$ 进行重新拆分，构造新的分解形式 $h'_{MB}(\xi_M, \xi_B) = h'_{BS}(\xi_B, \xi_S)$ 和新的迭代映射 $\tilde{\Phi}' = \tilde{h}'^{-1}_{MB} \circ \tilde{h}'_{BS}$，使得

$$\rho \left[\left(\frac{\partial \tilde{h}'_{MB}}{\partial \xi_B} \right)^{-1} \cdot \frac{\partial \tilde{h}'_{BS}}{\partial \xi_B} \right] < \rho \left[\left(\frac{\partial \tilde{h}_{MB}}{\partial \xi_B} \right)^{-1} \cdot \frac{\partial \tilde{h}_{BS}}{\partial \xi_B} \right] \tag{3-28}$$

或

$$\left\|\left(\frac{\partial \tilde{h}'_{MB}}{\partial \xi_B}\right)^{-1}\right\| \cdot \left\|\frac{\partial \tilde{h}'_{BS}}{\partial \xi_B}\right\| < \left\|\left(\frac{\partial \tilde{h}_{MB}}{\partial \xi_B}\right)^{-1}\right\| \cdot \left\|\frac{\partial \tilde{h}_{BS}}{\partial \xi_B}\right\| \tag{3-29}$$

从而提高广义主从分裂法的收敛性。下面具体讨论如何构造新的映射 $\tilde{h}'_{MB}$ 和 $\tilde{h}'_{BS}$。

3.4.1 基于子系统响应函数的改进异质分解

在恒等式

$$h_{MB}(\xi_M, \xi_B) = h_{BS}(\xi_B, \xi_S) \tag{3-30}$$

两边同时减去一个从 ξ_B 空间映射到 y_B 空间的辅助函数 $a(\xi_B)$，可得

$$h_{MB}(\xi_M, \xi_B) - a(\xi_B) = h_{BS}(\xi_B, \xi_S) - a(\xi_B) \tag{3-31}$$

在式(3-31)中令

$$\begin{aligned} h'_{MB}(\xi_M, \xi_B) &= h_{MB}(\xi_M, \xi_B) - a(\xi_B) \\ h'_{BS}(\xi_B, \xi_S) &= h_{BS}(\xi_B, \xi_S) - a(\xi_B) \end{aligned} \tag{3-32}$$

设对 h_{MB} 和 h_{BS} 存在映射 $\tilde{h}_{BS}(\cdot) = h_{BS}(\cdot, H_S(\cdot))$、$\tilde{h}_{MB}(\cdot) = h_{MB}(H_M(\cdot), \cdot)$，由引理 3-2 和式(3-32)知，可以构造如下映射函数：

$$\begin{aligned} \tilde{h}'_{MB}(\xi_B) &= h'_{MB}[H_M(\xi_B), \xi_B] \\ &= h_{MB}[H_M(\xi_B), \xi_B] - a(\xi_B) \\ &= \tilde{h}_{MB}(\xi_B) - a(\xi_B) \end{aligned} \tag{3-33}$$

以及

$$\begin{aligned} \tilde{h}'_{BS}(\xi_B) &= h'_{BS}[\xi_B, H_S(\xi_B)] \\ &= h_{BS}[\xi_B, H_S(\xi_B)] - a(\xi_B) \\ &= \tilde{h}_{BS}(\xi_B) - a(\xi_B) \end{aligned} \tag{3-34}$$

于是新的迭代映射 $\tilde{\Phi}' = \tilde{h}'^{-1}_{BM} \circ \tilde{h}'_{BS} = (\tilde{h}_{BM} - a)^{-1} \circ (\tilde{h}_{BS} - a)$，且

$$\left\|\left(\frac{\partial \tilde{h}'_{MB}}{\partial \xi_B}\right)^{-1}\right\| \cdot \left\|\frac{\partial \tilde{h}'_{BS}}{\partial \xi_B}\right\| = \left\|\left(\frac{\partial \tilde{h}_{MB}}{\partial \xi_B} - \frac{\partial a}{\partial \xi_B}\right)^{-1}\right\| \cdot \left\|\frac{\partial \tilde{h}_{BS}}{\partial \xi_B} - \frac{\partial a}{\partial \xi_B}\right\| \tag{3-35}$$

由式(3-35)可得如下情况。

(1) 若 $\dfrac{\partial \tilde{h}_{BS}}{\partial \xi_B} = \dfrac{\partial a}{\partial \xi_B}$ 或 $\left\| \dfrac{\partial \tilde{h}_{BS}}{\partial \xi_B} - \dfrac{\partial a}{\partial \xi_B} \right\|$ 充分小，且 $\left\| \left(\dfrac{\partial \tilde{h}_{MB}}{\partial \xi_B} - \dfrac{\partial a}{\partial \xi_B} \right)^{-1} \right\|$ 也减小或者仅增加有限倍数，那么 $\left\| \left(\dfrac{\partial \tilde{h}'_{MB}}{\partial \xi_B} \right)^{-1} \right\| \cdot \left\| \dfrac{\partial \tilde{h}'_{MB}}{\partial \xi_B} \right\|$ 就有望小于 $\left\| \left(\dfrac{\partial \tilde{h}_{MB}}{\partial \xi_B} \right)^{-1} \right\| \cdot \left\| \dfrac{\partial \tilde{h}_{BS}}{\partial \xi_B} \right\|$，从而提高了算法的收敛速度。

(2) 若 $\left\| \left(\dfrac{\partial \tilde{h}_{MB}}{\partial \xi_B} - \dfrac{\partial a}{\partial \xi_B} \right)^{-1} \right\|$ 充分小，$\left\| \dfrac{\partial \tilde{h}_{BS}}{\partial \xi_B} - \dfrac{\partial a}{\partial \xi_B} \right\|$ 也减小或者仅增加有限倍数，那么 $\left\| \left(\dfrac{\partial \tilde{h}'_{MB}}{\partial \xi_B} \right)^{-1} \right\| \cdot \left\| \dfrac{\partial \tilde{h}'_{BS}}{\partial \xi_B} \right\|$ 就有望小于 $\left\| \left(\dfrac{\partial \tilde{h}_{MB}}{\partial \xi_B} \right)^{-1} \right\| \cdot \left\| \dfrac{\partial \tilde{h}_{BS}}{\partial \xi_B} \right\|$，从而提高了算法的收敛速度。

考虑到辅助函数的构造难度，仅考虑情况(1)。此时，$\dfrac{\partial a}{\partial \xi_B}$ 应该尽量接近 $\dfrac{\partial \tilde{h}_{BS}}{\partial \xi_B}$，而后者在物理上代表子系统优化子问题中广义边界注入量关于广义边界状态量的响应函数，因此本书称 $\dfrac{\partial a}{\partial \xi_B}$ 为子系统的响应函数，而此时的分解形式和相应的迭代算法就称为基于子系统响应函数的改进广义主从分裂法。

由于 $h_B = [f_B^T, l_B^T]^T$，辅助函数 $a(\xi_B)$ 的结构为 $a(\xi_B) = [a_f(\xi_B)^T, a_l(\xi_B)^T]^T$，其中 $a_f(\xi_B)$ 和 $a_l(\xi_B)$ 分别对应于 f_B、l_B。因为 h_{BS} 中的 f_{BS} 不含乘子项，所以可假定 a_f 仅与 x_B 有关。

由于 $a(\xi_B)$ 可视为映射 $\tilde{h}_{BS}$ 或 h_{BS} 的等值，因此将辅助函数 $a(\cdot)$ 称为子系统等值函数。此外，对本书所关注的输配协同问题，根据 f_B 和 l_B 的物理意义，将 $\dfrac{\partial a_f}{\partial \xi_B}$ 称为子系统注入功率响应函数，$\dfrac{\partial a_l}{\partial \xi_B}$ 称为节点电压影子价格响应函数。

下面研究如何从现有的广义主从分裂法得到基于子系统响应函数的改进广义主从分裂法，不失一般性，以 G-MSS-1 算法的改进进行说明。

首先，以式(3-32)中定义的 h'_{MB} 和 h'_{BS} 替代式(3-19)和式(3-20)中主系统优化子问题和子系统优化子问题中的 h_{MB} 和 h_{BS}，可得在第 k 次迭代中有如下结论。

(1) 基于子系统响应函数的子系统优化子问题的数学形式为：给定 $\xi_{B,k-1}^{\mathrm{sp}}$ 求解式(3-20)中的子系统优化子问题。解得 $\xi_{S,k}$ 并按照下面的公式计算 $y'^{\mathrm{sp}}_{B,k} = h'_{BS} = [(f'^{\mathrm{sp}}_{BS,k})^T, (l'^{\mathrm{sp}}_{BS,k})^T]^T$：

$$f'^{\text{sp}}_{BS,k} = f_{BS}(x^{\text{sp}}_{B,k-1}, z_{S,k}) - a_f(\xi^{\text{sp}}_{B,k-1}) \tag{3-36}$$

$$l'^{\text{sp}}_{BS,k} = l_{BS}(\xi^{\text{sp}}_{B,k-1}, \xi_{S,k}) - a_l(\xi^{\text{sp}}_{B,k-1}) \tag{3-37}$$

(2) 基于子系统响应函数的主系统优化子问题的数学形式为：给定 $y'^{\text{sp}}_{B,k}$ 求解

$$\min_{z_M, x_B} c_M(z_M, x_B) - (\lambda^M_B)^{\text{T}} a_f(x_B) - A_l(x_B, \lambda^M_B) - (l'^{\text{sp}}_{BS,k})^{\text{T}} x_B$$

$$\text{s.t.(I-M)} \begin{cases} f_M(z_M, x_B) = 0 & \lambda^M_M \\ f_{MB}(z_M, x_B) - a_f(x_B) = f'^{\text{sp}}_{BS,k} & \lambda^M_B \\ g_M(z_M, x_B) \geqslant 0 & \omega^M_M \end{cases} \tag{3-38}$$

式中，$\dfrac{\partial A_l(\xi_B)}{\partial \xi_B} = a_l(\xi_B)$。

显然，由于乘子 λ^M_B 显式地出现在式(3-38)模型的优化目标中，所以该优化问题并不容易求解。对此采取如下的近似处理方案：将 $a_l(x_B, \lambda^M_B)$ 中的乘子项赋值为第 $k-1$ 次迭代的结果 $\lambda^{\text{sp}}_{B,k-1}$，于是式(3-38)中的优化问题可以近似成如下形式：

$$\min_{z_M, x_B} c_M(z_M, x_B) - (\lambda^{\text{sp}}_{B,k-1})^{\text{T}} a_f(x_B) - \int a_l(x_B, \lambda^{\text{sp}}_{B,k-1}) \text{d}x_B - (l'^{\text{sp}}_{BS})^{\text{T}} x_B$$

$$\text{s.t.(I-M)} \begin{cases} f_M(z_M, x_B) = 0 & \lambda^M_M \\ f_{MB}(z_M, x_B) - a_f(x_B) = f'^{\text{sp}}_{BS} & \lambda^M_B \\ g_M(z_M, x_B) \geqslant 0 & \omega^M_M \end{cases} \tag{3-39}$$

下面分析基于子系统响应函数的改进广义主从分裂法的最优性和收敛性。

(1) 最优性分析。假设算法在第 m 次迭代收敛，此时优化子问题的解分别满足式(3-40)和式(3-41)中的约束组：

$$\begin{cases} h_M(\xi_{M,m}, \xi_{B,m}) = 0 \\ \omega^{\text{T}}_{M,m} g_M(z_{M,m}, x_{B,m}) = 0 \\ g_M(z_{M,m}, x_{B,m}) \geqslant 0, \ \omega_{M,m} \geqslant 0 \\ f_{MB}(z_{M,m}, x_{B,m}) - a_f(x_{B,m}) = f'^{\text{sp}}_{BS,m} \\ l_{MB}(\xi_{M,m}, \xi_{B,m}) + \left(\dfrac{\partial a_f}{\partial x_B}\right)^{\text{T}} (\lambda_{B,m} - \lambda_{B,m-1}) - a_l(x_{B,m}, \lambda_{B,m-1}) = l'^{\text{sp}}_{BS,m} \end{cases} \tag{3-40}$$

第3章 求解优化问题的广义主从分裂法

$$\begin{cases} h_S(\xi_{B,m-1},\xi_{S,m}) = 0 \\ \omega_{S,m}^{\mathrm{T}} g_S(x_{B,m-1},z_{S,m}) = 0 \\ g_S(x_{B,m-1},z_{S,m}) \geqslant 0, \ \omega_{S,m} \geqslant 0 \end{cases} \quad (3\text{-}41)$$

$$\begin{cases} f_{BS,m}^{\prime\mathrm{sp}} = f_{BS}(x_{B,m-1},z_{S,m}) - a_f(\xi_{B,m-1}) \\ l_{BS,m}^{\prime\mathrm{sp}} = l_{BS}(\xi_{B,m-1},\xi_{S,m}) - a_l(\xi_{B,m-1}) \end{cases}$$

由于收敛时 $\|\xi_{B,m} - \xi_{B,m-1}\| < \varepsilon$，可认为 $\xi_{B,m} \approx \xi_{B,m-1}$，代入式(3-40)和式(3-41)后可知收敛解满足式(3-18)中的约束组。因此算法的收敛解满足式(3-1)中主从系统优化模型的最优性条件。如果收敛解进一步满足二阶最优性条件[2]，那么它就是主从系统优化模型的局部最优解。

(2) 收敛性分析。如前所述，考虑子系统响应函数后，映射 $\tilde{\varPhi}'$ 导数的谱半径更小，将有助于提高算法的收敛性，减少迭代次数。这一点可由图 3-2 进行更形象的展示。在图 3-2(b)中，由于 $\tilde{\varPhi}'$ 导数的谱半径更小，第一次迭代后所得结果将比图 3-2(a)中的结果更加接近不动点。在极端情况下，$\dfrac{\partial \tilde{h}_{BS}}{\partial \xi_B} = \dfrac{\partial a}{\partial \xi_B}$，即 $a(\cdot)$ 是子系统的精确等值时，图 3-2(b)中的直线 $y - \tilde{\varPhi}'(x) = 0$ 的斜率为 0，那么从任意初始点 x_0 出发，只需要一次迭代就可以到达不动点。虽然这种精确等值函数通常难以构造，但是这仍能说明如果 $a(\cdot)$ 构造合理，那么改进后的广义主从分裂法的收敛域将会变大，对初值选择的鲁棒性增强。

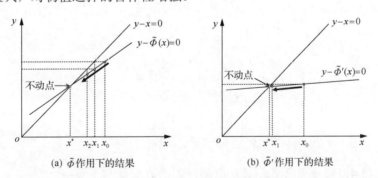

(a) $\tilde{\varPhi}$ 作用下的结果　　(b) $\tilde{\varPhi}'$ 作用下的结果

图 3-2　减少迭代映射 $\tilde{\varPhi}$ 导数谱半径后，算法收敛性提高的示意图

那么，该如何构造子系统等值函数，以更加准确地反映子系统对给定的边界状态量的响应特性呢？实际上，$a(\cdot)$ 的构造需要依据具体问题的物理性质来确定。对于输配协同潮流分析和预想事故分析问题，可以采用电力系统的等值方法构建 $a(\cdot)$。构建出来的 $a(\cdot)$ 通常可以有效提高算法的收敛性，使得广义主从分裂法在各种预想事故下都可以成功计算出全局电力系统潮流解。具体的构建方法将在后

续章节介绍。

3.4.2 基于主系统响应函数的改进异质分解

在引理 3-2 的条件下，基于 (3-30) 可得

$$\tilde{h}_{MB}(\xi_B) = y_B = \tilde{h}_{BS}(\xi_B) \tag{3-42}$$

若 $\tilde{h}_{BS}(\cdot)$ 和 $\tilde{h}_{MB}(\cdot)$ 在域 D_B 上均可逆，则有

$$\xi_B = \tilde{h}_{MB}^{-1}(y_B) = \tilde{h}_{BS}^{-1}(y_B) \tag{3-43}$$

且

$$\tilde{h}_{MB} \circ \tilde{h}_{MB}^{-1} = 1 \tag{3-44}$$

$$\tilde{h}_{BS} \circ \tilde{h}_{BS}^{-1} = 1 \tag{3-45}$$

式中，1 表示恒等映射。对式 (3-44)、式 (3-45) 等式两边同时求导，可得

$$\frac{\partial \tilde{h}_{MB}}{\partial \xi_B} \cdot \frac{\partial \tilde{h}_{MB}^{-1}}{\partial y_B} = I \tag{3-46}$$

$$\frac{\partial \tilde{h}_{BS}}{\partial \xi_B} \cdot \frac{\partial \tilde{h}_{BS}^{-1}}{\partial y_B} = I \tag{3-47}$$

式中，I 表示单位阵。所以，有

$$\begin{aligned} \left(\frac{\partial \tilde{h}_{MB}}{\partial \xi_B}\right)^{-1} &= \frac{\partial \tilde{h}_{MB}^{-1}}{\partial y_B} \\ \left(\frac{\partial \tilde{h}_{BS}}{\partial \xi_B}\right)^{-1} &= \frac{\partial \tilde{h}_{BS}^{-1}}{\partial y_B} \end{aligned} \tag{3-48}$$

由式 (3-48) 可知若等式两边均取同样的范数，有

$$\left\|\left(\frac{\partial \tilde{h}_{MB}}{\partial \xi_B}\right)^{-1}\right\| \cdot \left\|\frac{\partial \tilde{h}_{BS}}{\partial \xi_B}\right\| = \left\|\frac{\partial \tilde{h}_{MB}^{-1}}{\partial y_B}\right\| \cdot \left\|\left(\frac{\partial \tilde{h}_{BS}^{-1}}{\partial y_B}\right)^{-1}\right\| \tag{3-49}$$

下面的分析基于式 (3-49) 所给出的恒等关系。

在式 (3-43) 两边同时减去从 y_B 空间映射到 ξ_B 空间的辅助函数 $b(y_B)$，可得

第3章 求解优化问题的广义主从分裂法

$$\tilde{h}_{MB}^{-1}(y_B) - b(y_B) = \tilde{h}_{BS}^{-1}(y_B) - b(y_B) \tag{3-50}$$

于是构造映射函数 $\tilde{h}'_{MB}$ 和 $\tilde{h}'_{BS}$。使其逆映射具有如下性质:

$$\tilde{h}'^{-1}_{MB}(y_B) = \tilde{h}_{MB}^{-1}(y_B) - b(y_B) \tag{3-51}$$

$$\tilde{h}'^{-1}_{BS}(y_B) = \tilde{h}_{BS}^{-1}(y_B) - b(y_B) \tag{3-52}$$

于是有新的迭代映射 $\tilde{\Phi}' = \tilde{h}'^{-1}_{BM} \circ \tilde{h}'_{BS}$。结合式(3-49)、式(3-51)和式(3-52),可得

$$\begin{aligned}
&\left\|\left(\frac{\partial \tilde{h}'_{MB}}{\partial \xi_B}\right)^{-1}\right\| \cdot \left\|\frac{\partial \tilde{h}'_{BS}}{\partial \xi_B}\right\| = \left\|\frac{\partial \tilde{h}'^{-1}_{MB}}{\partial y_B}\right\| \cdot \left\|\left(\frac{\partial \tilde{h}'^{-1}_{BS}}{\partial y_B}\right)^{-1}\right\| \\
&= \left\|\frac{\partial \tilde{h}_{MB}^{-1}}{\partial y_B} - \frac{\partial b}{\partial y_B}\right\| \cdot \left\|\left(\frac{\partial \tilde{h}_{BS}^{-1}}{\partial y_B} - \frac{\partial b}{\partial y_B}\right)^{-1}\right\|
\end{aligned} \tag{3-53}$$

由式(3-53)可得如下情况。

(1) 若 $\dfrac{\partial \tilde{h}_{MB}^{-1}}{\partial y_B} = \dfrac{\partial b}{\partial y_B}$ 或 $\left\|\dfrac{\partial \tilde{h}_{MB}^{-1}}{\partial y_B} - \dfrac{\partial b}{\partial y_B}\right\|$ 充分小,且 $\left\|\left(\dfrac{\partial \tilde{h}_{BS}^{-1}}{\partial y_B} - \dfrac{\partial b}{\partial y_B}\right)^{-1}\right\|$ 也减小或者仅增加有限倍数,那么 $\left\|\left(\dfrac{\partial \tilde{h}'_{MB}}{\partial \xi_B}\right)^{-1}\right\| \cdot \left\|\dfrac{\partial \tilde{h}'_{BS}}{\partial \xi_B}\right\|$ 就有望小于 $\left\|\left(\dfrac{\partial \tilde{h}_{MB}}{\partial \xi_B}\right)^{-1}\right\| \cdot \left\|\dfrac{\partial \tilde{h}_{BS}}{\partial \xi_B}\right\|$,从而提高了算法的收敛速度;

(2) 若 $\left\|\left(\dfrac{\partial \tilde{h}_{BS}^{-1}}{\partial y_B} - \dfrac{\partial b}{\partial y_B}\right)^{-1}\right\|$ 充分小,$\left\|\dfrac{\partial \tilde{h}_{MB}^{-1}}{\partial y_B} - \dfrac{\partial b}{\partial y_B}\right\|$ 也减小或者仅增加有限倍数,那么 $\left\|\left(\dfrac{\partial \tilde{h}'_{MB}}{\partial \xi_B}\right)^{-1}\right\| \cdot \left\|\dfrac{\partial \tilde{h}'_{BS}}{\partial \xi_B}\right\|$ 就有望小于 $\left\|\left(\dfrac{\partial \tilde{h}_{MB}}{\partial \xi_B}\right)^{-1}\right\| \cdot \left\|\dfrac{\partial \tilde{h}_{BS}}{\partial \xi_B}\right\|$,从而提高了算法的收敛速度。

考虑到辅助函数的构造难度,仅考虑情况(1)。此时,$\dfrac{\partial b}{\partial y_B}$ 应该尽量接近 $\dfrac{\partial \tilde{h}_{MB}^{-1}}{\partial y_B}$,即接近 $\dfrac{\partial \xi_B}{\partial y_B}$(参见式(3-43)),而后者在物理上代表主系统优化子问题中广义边界状态量关于广义边界注入量的响应函数,因此本书称 $\dfrac{\partial b}{\partial y_B}$ 为主系统的响应函数,而此时的分解形式和相应的迭代算法称为基于主系统响应函数的改进广

义主从分裂法。

由 $\xi_B = [x_B^T, \lambda_B^T]^T$ 可知，辅助函数 $b(y_B)$ 的结构为 $b(y_B) = [b_x(y_B)^T, b_\lambda(y_B)^T]^T$，其中 $b_x(y_B)$ 和 $b_\lambda(y_B)$ 分别对应于 x_B、λ_B。由于 $b(y_B)$ 可视为映射 $\tilde{h}_{MB}^{-1}$ 的等值，将辅助函数 $b(\cdot)$ 称为主系统等值函数。此外，对本书所关注的输配协同问题，根据 x_B 和 λ_B 的物理意义，将 $\dfrac{\partial b_x}{\partial y_B}$ 称为节点电压响应函数，$\dfrac{\partial b_\lambda}{\partial y_B}$ 称为节点电价响应函数。

下面研究如何从现有的广义主从分裂法得到基于主系统响应函数的改进广义主从分裂法，不失一般性，以改进 G-MSS-1 算法为例进行说明。

(1) 在第 k 次迭代中，基于主系统响应函数的子系统优化子问题的数学形式如下。给定 $\xi_{B,k-1}^{sp}$ 求解

$$\min_{z_S} c_S(x_{B,k-1}^{sp}, z_S) + [\lambda_{B,k-1}^{sp} - b_\lambda(f_{BS,k-1}^{sp})]^T f_{BS}(x_{B,k-1}^{sp}, z_S) + B(x_{B,k-1}^{sp}, z_S)$$

$$\text{s.t.(I-S)} \begin{cases} f_S(x_{B,k-1}^{sp}, z_S) = 0 & \lambda_S^S \\ g_S(x_{B,k-1}^{sp}, z_S) \geqslant 0 & \omega_S^S \end{cases} \tag{3-54}$$

式中，函数 $B(x_B, z_S)$ 满足

$$\frac{\partial B(x_B, z_S)}{\partial x_B} = \left(\frac{\partial f_{BS}}{\partial x_B}\right)^T b_\lambda [f_{BS}(x_B, z_S)]$$

$$\frac{\partial B(x_B, z_S)}{\partial z_S} = \left(\frac{\partial f_{BS}}{\partial z_S}\right)^T b_\lambda [f_{BS}(x_B, z_S)] \tag{3-55}$$

值得注意，在构建子系统优化子问题中，为简化问题形式，仅加入了 $b_\lambda(f_{BS})$ 项，即仅考虑 b_λ 受 f_{BS} 影响。解式 (3-54) 得 $\xi_{S,k}$，并计算 $y_{B,k}^{sp} = h_{BS} = [(f_{BS,k}^{sp})^T, (l_{BS,k}^{sp})^T]^T$。

(2) 基于主系统响应函数的主系统优化子问题的数学形式为：给定 $y_{B,k}^{sp}$ 求解式 (3-19) 中的主系统优化子问题。

下面将证明上述基于主系统响应函数的改进广义主从分裂法的收敛解满足式 (3-13) 中主从系统优化模型的最优性条件。

证明：

假设算法在第 m 次迭代收敛。此时优化子问题的解分别满足式 (3-56) 和式 (3-57) 约束组：

$$\begin{cases} h_M(\xi_{M,m},\xi_{B,m})=0 \\ \omega_{M,m}^{\mathrm{T}} g_M(z_{M,m},x_{B,m})=0 \\ g_M(z_{M,m},x_{B,m})\geqslant 0,\ \omega_{M,m}\geqslant 0 \\ f_{MB}(z_{M,m},x_{B,m})=f_{BS,m}^{\mathrm{sp}} \\ l_{MB}(\xi_{M,m},\xi_{B,m})=l_{BS,m}^{\mathrm{sp}} \end{cases} \quad (3\text{-}56)$$

$$\begin{cases} f_S(x_{B,m-1},z_{S,m})=0 \\ l_S(x_{B,m-1},z_{S,m})+\left(\dfrac{\partial f_{BS}}{\partial x_B}\right)^{\mathrm{T}}[b_\lambda(f_{BS,m})-b_\lambda(f_{BS,m-1})]=0 \\ \omega_{S,m}^{\mathrm{T}} g_S(x_{B,m-1},z_{S,m})=0 \\ g_S(x_{B,m-1},z_{S,m})\geqslant 0,\ \omega_{S,m}\geqslant 0 \end{cases} \quad (3\text{-}57)$$

式中

$$f_{BS,m}^{\mathrm{sp}}=f_{BS}(x_{B,m-1},z_{S,m}),\quad l_{BS,m}^{\mathrm{sp}}=l_{BS}(\xi_{B,m-1},\xi_{S,m})+\left(\dfrac{\partial f_{BS}}{\partial x_B}\right)^{\mathrm{T}}[b_\lambda(f_{BS,m})-b_\lambda(f_{BS,m-1})]$$

由于收敛时 $\|\xi_{B,m}-\xi_{B,m-1}\|<\varepsilon$，可认为 $\xi_{B,m}\approx\xi_{B,m-1}$，进一步有 $z_{S,m}\approx z_{S,m-1}$，$f_{BS,m}\approx f_{BS,m-1}$ 代入式(3-56)和式(3-57)后并对比式(3-18)可知，算法的收敛解满足主从系统优化模型最优性条件的等价分解形式，因此算法的收敛解满足主从系统优化模型的最优性条件。

证毕

算法收敛性提高的原因类似于图 3-2 中的分析。如果 $b(\cdot)$ 构造合理，那么改进后的广义主从分裂法的收敛域可能会变大，对初值选择的鲁棒性增强。

同样地，类似于基于子系统响应函数的改进，$b(\cdot)$ 的构造需要依据具体问题的物理性质来确定。本书后续章节针对输配协同经济调度问题[12]，研究了一种 $b(\cdot)$ 的构建方法，可以有效提高算法的收敛性，使得广义主从分裂法几乎总能快速地得到输配协同经济调度问题的最优解。

3.4.3 引入边界状态量偏差项的罚项的改进算法

除上面提出的基于响应函数的方法外，考虑到广义主从分裂法的迭代收敛准则为 $\|\xi_{B,k}^{\mathrm{sp}}-\xi_{B,k-1}^{\mathrm{sp}}\|<\varepsilon$，因此若能够在子问题的优化目标中加入关于边界状态变量在两次迭代中偏差项的罚项，也有可能提高算法的收敛性。

一种加入罚项的方法是修改主系统子优化问题中的目标函数。修改后的主系

统优化子问题在第 k 次迭代中的形式如式(3-58)所示：

$$\min_{z_M, x_B} c_M(z_M, x_B) - (l_{BS}^{sp})^T x_B + \rho \| x_B - x_{B,k-1} \|_2^2$$

$$\text{s.t.(I-M)} \begin{cases} f_M(z_M, x_B) = 0 & \lambda_M^M \\ f_{MB}(z_M, x_B) = f_{BS}^{sp} & \lambda_B^M \\ g_M(z_M, x_B) \geq 0 & \omega_M^M \end{cases} \quad (3\text{-}58)$$

式中，ρ 为罚因子；$\|\cdot\|_2$ 为向量二范数。

下面将证明基于式(3-58)中主系统优化子问题和式(3-20)中的子系统优化子问题的改进广义主从分裂法的收敛解满足式(3-23)中的约束组。

证明：

假设算法在第 m 次迭代收敛。此时优化子问题的解分别满足式(3-56)和式(3-57)中的约束组。

由于收敛时 $\|\xi_{B,m} - \xi_{B,m-1}\| < \varepsilon$，可认为 $\xi_{B,m} \approx \xi_{B,m-1}$，代入式(3-56)和式(3-57)后并对比式(3-23)可知，算法的收敛解满足式(3-23)中的约束组。而式(3-23)中的约束组为式(3-1)中主从系统优化模型最优性条件的等价分解形式，因此算法的收敛解满足主从系统优化模型的最优性条件：

$$\begin{cases} h_M(\xi_{M,m}, \xi_{B,m}) = 0 \\ \omega_{M,m}^T g_M(z_{M,m}, x_{B,m}) = 0 \\ g_M(z_{M,m}, x_{B,m}) \geq 0, \ \omega_{M,m} \geq 0 \\ f_{MB}(z_{M,m}, x_{B,m}) = f_{BS,m}^{sp} \\ l_{MB}(\xi_{M,m}, \xi_{B,m}) + 2\rho(x_{B,m} - x_{B,m-1}) = l_{BS,m}^{sp} \end{cases} \quad (3\text{-}59)$$

$$\begin{cases} h_S(\xi_{B,m-1}, \xi_{S,m}) = 0 \\ \omega_{S,m}^T g_S(x_{B,m-1}, z_{S,m}) = 0 \\ g_S(x_{B,m-1}, z_{S,m}) \geq 0, \ \omega_{S,m} \geq 0 \\ f_{BS,m}^{sp} = f_{BS}(x_{B,m-1}, z_{S,m}) \\ l_{BS,m}^{sp} = l_{BS}(\xi_{B,m-1}, \xi_{S,m}) \end{cases} \quad (3\text{-}60)$$

证毕

需要注意，不同数值的 ρ 对算法的收敛性有着明显的影响[3]。如果 ρ 取值合理，则迭代次数较少；如果 ρ 取值不合理，则迭代次数较多。如何确定合适的罚因子 ρ 目前尚无普适的理论公式，通常需要根据具体的问题和模型参数实验确定。

3.5 不可行子问题的处理方法

在上述的 HGD 和改进广义主从分裂法中,如果 y_B^{sp} 和 ξ_B^{sp} 在某次迭代中的设定值不合理,则优化子问题可能不可行。为使算法在这种情况下仍能够继续迭代,需要研究对不可行子问题的处理方法。

为便于叙述,本节采用下述的约束优化模型作为主系统优化子问题和子系统优化子问题的代表,研究如何在该模型无解的情况得到下次迭代需要的 y_B^{sp} 和 ξ_B^{sp}。

$$\min_x \ c(x) \\ \text{s.t.} \begin{cases} f(x) = 0 \\ g(x) \geqslant 0 \end{cases} \tag{3-61}$$

式中,x 为优化变量;$c(x)$ 为目标函数;$f(x) = 0$ 为等式约束;$g(x) \geqslant 0$ 为不等式约束。

3.5.1 基于松弛变量的 big-M 方法

在式(3-61)中的等式约束和不等式约束中引入松弛变量 ε_f、ε_g 和大数 M,将式(3-61)中模型转化为如下形式:

$$\min_x \ c(x) + M(\varepsilon_f^\mathrm{T} \varepsilon_f + e^\mathrm{T} \varepsilon_g) \\ \text{s.t.} \begin{cases} f(x) - \varepsilon_f = 0 \\ g(x) + \varepsilon_g \geqslant 0 \\ \varepsilon_g \geqslant 0 \end{cases} \tag{3-62}$$

式中,e 为每个元素都是 1 的列向量。式(3-62)中优化模型的拉格朗日函数为

$$L = c(x) + M(\varepsilon_f^\mathrm{T} \varepsilon_f + e^\mathrm{T} \varepsilon_g) - \lambda^\mathrm{T}[f(x) - \varepsilon_f] - \omega^\mathrm{T}[g(x) + \varepsilon_g] - \upsilon^\mathrm{T} \varepsilon_g \tag{3-63}$$

式中,λ、ω 和 υ 分别为式(3-62)中等式约束、不等式约束对应的乘子向量,并且 $\omega \geqslant 0$,$\upsilon \geqslant 0$。

由(3-63)中的表达式可将式(3-62)中优化模型的部分最优性条件表达为

$$\begin{cases} \dfrac{\partial L}{\partial x} = \dfrac{\partial c}{\partial x} - \dfrac{\partial f}{\partial x}^{\mathrm{T}} \lambda - \dfrac{\partial g}{\partial x}^{\mathrm{T}} \omega = 0 \\ \dfrac{\partial L}{\partial \varepsilon_f} = 2M\varepsilon_f + \lambda = 0 \\ \dfrac{\partial L}{\partial \varepsilon_g} = M - \omega - \upsilon = 0 \\ \upsilon^{\mathrm{T}} \varepsilon_g = 0 \end{cases} \quad (3\text{-}64)$$

显然,若 ε_f 中的某个元素 $\varepsilon_{f,i} \neq 0$,那么对应的乘子 $\lambda_i = -2M\varepsilon_{f,i}$,它将在与 $\varepsilon_{f,i}$ 符号相反的方向上迅速增大;若 ε_g 中的某个元素 $\varepsilon_{g,i} \neq 0$,那么对应的乘子 $\omega_i = M$ 将迅速增大。

具有极大绝对值的乘子传送到另一个优化子问题中时,将使下一次迭代中该优化子问题的结果发生调整。由式(3-19)、式(3-20)中定义的主系统优化子问题和子系统优化子问题的形式可知,如果第 k 次迭代中 $x_{B,k}$ 或者 $f_{BS,k}$ 中的某个元素设定偏小以使得子问题不可行,那么通过上述方法,第 $k+1$ 次迭代中 $x_{B,k+1}$ 或者 $f_{BS,k+1}$ 中的相应元素将会变大,从而使原先不可行的子问题变得可行,算法可以继续执行。但这一步骤在算法迭代过程中可能会被多次调用。

实际上,如果 M 取得合适的值,那么当式(3-61)中的优化问题可行时,式(3-62)中的优化问题的最优解中必然有 $\varepsilon_f = 0$ 和 $\varepsilon_g = 0$,因此也可以在广义主从分裂法的优化子问题中直接采用诸如式(3-62)中的基于松弛变量 ε_f、ε_g 和大数 M 的建模方式。

3.5.2 边界状态和边界注入附加约束保证子问题可行性

在主系统优化子问题中可以加入关于 x_B 的附加约束 $\underline{x_B^R} \leqslant x_B \leqslant \overline{x_B^R}$ 来保证优化子问题的可行性。其中 $\overline{x_B^R}$ 可由如下优化问题解得

$$\min_{x_B, z_S} \left\| \overline{x_B} - x_B \right\|$$
$$\text{s.t.} \begin{cases} f_S(x_B, z_S) = 0 \\ g_S(x_B, z_S) \geqslant 0 \\ \underline{x_B} \leqslant x_B \leqslant \overline{x_B} \end{cases} \quad (3\text{-}65)$$

式中,$\overline{x_B}$ 和 $\underline{x_B}$ 为状态变量自身的上下界约束。式(3-65)所得的最优解为 $\overline{x_B^R}$,其物理意义为使子系统优化子问题有解的 x_B 的上限,这一数值显然小于或等于 $\overline{x_B}$。

而 $\underline{x_B^R}$ 可由如下优化问题解得

$$\min_{x_B, z_S} \|x_B - \underline{x_B}\|$$
$$\text{s.t.} \begin{cases} f_S(x_B, z_S) = 0 \\ g_S(x_B, z_S) \geq 0 \\ \underline{x_B} \leq x_B \leq \overline{x_B} \end{cases} \tag{3-66}$$

解式(3-66)所得的最优解即 $\underline{x_B^R}$，其物理意义为使子系统优化子问题有解的 x_B 的下限。

显然，由 $\underline{x_B^R}$ 和 $\overline{x_B^R}$ 的物理意义可知，当加入附加约束 $\underline{x_B^R} \leq x_B \leq \overline{x_B^R}$ 后，主系统优化子问题所得的解 x_B 将保证子系统优化子问题可行。$\underline{x_B^R}$ 和 $\overline{x_B^R}$ 在广义主从分裂法中只需要计算一次。

采用类似的方式，可以在子系统优化子问题中加入关于 f_{BS} 的附加约束 $\underline{f_{BS}^R} \leq f_{BS} \leq \overline{f_{BS}^R}$ 来保证主系统优化子问题的可行性。

3.6 和其他典型数学分解算法的比较

3.6.1 和对偶分解类方法比较

如 1.4.2 节所述，对偶分解类方法通常面临参数调节困难的问题，而且在理论上尚没有普遍有效的调节策略。通常的做法都是根据实际问题，利用工程人员的经验，对参数进行调节，若调节不当，算法的收敛性甚至最优性都将受到严重影响。此外，由于该类算法松弛了区域耦合约束，整个迭代过程是从可行域之外的点向可行域内移动的过程，所以迭代的中间解都是不可行的，存在松弛间隙。此外，大量计算经验表明迭代结果的松弛间隙越小，算法收敛速度越慢[13]。

本书的广义主从分裂法本质上是一种最优性条件分解方法，不涉及罚因子的更新，无须面对参数调节问题，而且第 9 章和第 10 章的计算结果表明，对于输配系统经济调度和最优潮流问题，通常情况下广义主从分裂法具有更少的迭代次数和更少的通信量。

3.6.2 和最优性条件分解算法的比较

广义主从分裂法也是一种基于最优性条件的分解方法，和前人提出的最优性条件分解算法相比，区别主要在于最优性条件的分解方式不同。前人提出的最优性条件分解算法主要面向发输电系统中各个区域电网之间的协同，因此分解后的各个子问题形式具有对称性,本书称为同质分解。为更加形象地说明这一点,这里以图 3-3 中的两区域经济调度问题为例进行展示。

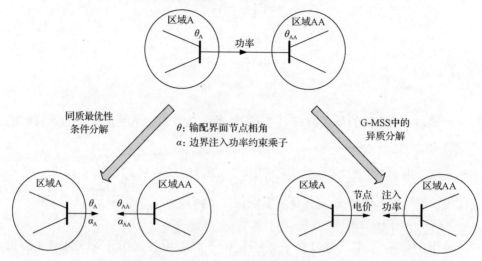

图 3-3　两区域经济调度问题中 G-MSS 方法和同质最优性条件分解算法的分解方式对比

对图 3-3 中的问题,同质最优性条件分解算法中的两个优化子问题形式相同,每次求解后均向另一个区域的调控中心发送输配界面节点相角和边界注入功率约束乘子。而在广义主从分裂法中,分解后的区域 A 子问题和区域 AA 子问题形式不同,并且每次求解后区域 A 向区域 AA 发送边界系统中的节点电价,区域 AA 向区域 A 发送注入边界系统的功率(具体推导可以参见第 9 章)。如果区域 A 为发输电系统,区域 AA 为配电系统,则容易看出这种信息交互模式(配电系统根据根节点电价优化注入发输电系统的功率,发输电系统根据配电系统负荷功率评估节点电价)更加符合现有的工业现场,交互量的物理意义也更加明确,容易被调度人员理解。实际上,第 9 章和第 10 章的计算结果也表明,在求解输配协同经济调度和最优潮流问题时,相比于同质最优性条件分解算法,广义主从分裂法通常具有更少的迭代次数和更少的通信量。

3.7　小　　结

本章从数学规划理论出发,建立了优化问题主从系统模型,提出了广义主从分裂法,扩展了优化问题的求解方法和理论[14, 15],具有普遍的指导意义,是后续输配协同能量管理研究的理论基础。

广义主从分裂法将大规模优化问题异质分解成一系列主系统优化子问题和从系统优化子问题,从而实现了对优化问题的分布式求解。本章从数学上证明了广义主从分裂法的最优性、收敛性。

根据收敛性分析，本章进一步提出了收敛性改进策略和不可行子问题处理方法，从而保证在求解实际问题中，广义主从分裂法总可以顺利执行，并以更快的速度收敛。

参 考 文 献

[1] Sun H B, Guo Q L, Zhang B M, et al. Master-slave-splitting based distributed global power flow method for integrated transmission and distribution analysis[J]. IEEE Transactions on Smart Grid, 2015, 6(3): 1484-1492.

[2] Li Z S, Wang J H, Guo Q L, et al. Transmission contingency screening considering impacts of distribution grids[J]. IEEE Transactions on Power Systems, 2016, 31(2): 1659-1660.

[3] Li Z S, Wang J H, Sun H B, et al. Transmission contingency analysis based on integrated transmission and distribution power flow in smart grid[J]. IEEE Transactions on Power Systems, 2015, 30(6): 3356-3367.

[4] Li Z S, Guo Q L, Sun H B, et al. A new LMP-sensitivity-based heterogeneous decomposition for transmission and distribution coordinated economic dispatch[J]. IEEE Transactions on Smart Grid, 2018, 9(2): 931-941.

[5] Li Z S, Guo Q L, Sun H B, et al. Coordinated economic dispatch of coupled transmission and distribution systems using heterogeneous decomposition[J]. IEEE Transactions on Power Systems, 2016, 31(6): 4817-4830.

[6] Li Z S, Guo Q L, Sun H B, et al. Impact of coupled transmission-distribution on static voltage stability assessment[J]. IEEE Transactions on Power Systems, 2017, 32(4): 3311-3312.

[7] 福岛雅夫. 非线性最优化基础[M]. 林贵华译. 北京: 科学出版社, 2011.

[8] Bertsekas D P. Nonlinear Programming[M]. 2nd ed. Belmont: Athena, 1999.

[9] 陈宝林. 最优化理论与算法[M]. 2版. 北京: 清华大学出版社, 2005.

[10] Li Z S, Sun H B, Guo Q L, et al. Generalized master-slave-splitting method and application to transmission-distribution coordinated energy management[J]. IEEE Transactions on Power Systems, 2019, 34(6): 5169-5183.

[11] 张海波, 张伯明, 孙宏斌. 分布式潮流计算异步迭代模式的补充和改进[J]. 电力系统自动化, 2007, 31(2): 12-16.

[12] 张伯明, 孙宏斌, 吴文传. 3维协调的新一代电网能量管理系统[J]. 电力系统自动化, 2007, 31(13): 1-6.

[13] Zheng W Y, Wu W C, Zhang B M, et al. A Fully Distributed reactive power optimization and control method for active distribution networks[J]. IEEE Transactions on Smart Grid, 2016, 7(2): 1021-1033.

[14] Lin C H, Wu W C, Zhang B M, et al. Decentralized reactive power optimization method for transmission and distribution networks accommodating large-scale DG integration[J]. IEEE Transactions on Sustainable Energy, 2017, 8(1): 363-373.

[15] 李正烁. 基于广义主从分裂理论的分布式输配协同能量管理研究[D]. 北京: 清华大学, 2016.

Ⅱ.应用篇：分布式输配协同能量管理

第 4 章 输配协同通用模型和主从可分性

4.1 概 述

实际电力系统过于庞大，输电网与配电网在电压等级、网络结构及阻抗性质上存在显著差异，且分属于不同的控制中心管理，习惯上将电力系统分为输电网和配电网分别研究，忽略了输配电网之间的相互影响。在中国，网省级控制中心主要管辖 220kV 及以上的输电网，地县级控制中心主要管辖 110kV 及以下的配电网。输电可控资源有发电出力、开关、变压器分接头和无功补偿等，配电可控资源有分布式发电、开关、变压器分接头和无功补偿等，目前这两个部分的控制资源缺乏有效协调。

为了提高全局电网运行的安全性和经济性，实现发输电和配电资源的共享与互补，充分发挥全局控制的潜力和效益，有必要实现面向发输电系统的 EMS 和面向配电系统的 DMS 的有机结合，对输配电网实施联合调度和协调控制，也有必要对各级调度员实施联合培训和反事故演习，需要研究输配全局电网的建模、分析和优化。

本章首先结合实际电力系统，分析了输配全局电力系统的主从结构，采用优化建模思路建立了广义输配协同模型(generalized transmission-distribution coordination model, G-TDCM)；然后定义了主从可分性概念，论证了 G-TDCM 优化问题具有主从可分性；最后讨论了输配全局电力系统分布式协同的模式。本章所建立的 G-TDCM 具有普适性，后续章节中输配协同 EMS 各主要稳态功能(如状态估计、潮流分析、安全评估、经济调度、最优潮流、电压稳定等)的模型和算法均为本章所建立的 G-TDCM 和广义主从分裂理论在特定场景下的应用。

4.2 输配全局电力系统的主从结构

图 4-1 是全局电力系统示意图，它包含发输电系统和配电系统。其中，发输电系统接有发电机、电容电抗器及分接头档位可调变压器等可控设备，而配电系统可能接有分布式电源、可控负荷、分布式储能等设备。如果一个配电系统中接有可调设备，则将其称为主动配电系统，否则称为传统配电系统。

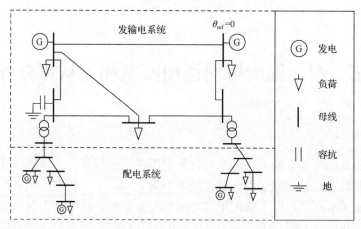

图 4-1 输配全局电力系统示意图

目前,发输电系统和配电系统由不同的电力公司或者运行部门分别调控。发输电系统和配电系统之间存在管理上的分界。在我国,这一管理边界通常对应于高压或中压配电站的出口母线[1],为便于论述,本书将管理边界定义输配界面。在我国,输配界面上的节点电压通常由发输电系统调控中心负责监视和调控,输配界面上的负荷功率注入通常由配电系统调控中心负责监视和调控。在配电系统分析中,输配界面被称为根节点,它是配电潮流分析的平衡节点[1]。

考虑到发输电侧的机组容量和可调能力通常远大于配电系统,本书采用文献[2]中的方式将输配界面以下部分称为从系统,以上部分称为主系统,输配界面组成边界系统,从而将全局电力系统划分为如图 4-2 所示的主从结构。

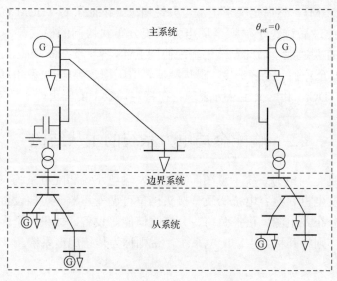

图 4-2 全局电力系统的主从结构划分

观察图 4-3 中的边界系统可知,边界系统内的功率流由四部分构成:由主系统注入的功率向量 S_{MB}、由从系统注入的功率向量 S_{SB}、边界系统内各节点之间的交互功率向量 S_{BB}、从外界注入的功率向量 S_B,并且四者之和为零($S_{MB}+S_{SB}+S_{BB}+S_B=0$)。若以下标 M、B、S 分别表示主系统、边界系统和从系统变量,S_{XY} 表示从 X 系统流向 Y 系统的复功率,V_X 表示 X 系统的复电压,那么边界系统功率流的组成部分可在图 4-3 中示意性地标出。由图 4-3 可知:由主系统注入的复功率仅与主系统和边界系统的复电压相关,与从系统的复电压无关;由从系统注入的复功率仅与边界系统和从系统的复电压相关,与主系统的复电压无关;主系统和从系统之间无直接的功率流交互。这些特性正是输配协同通用模型具有主从可分性的物理基础。

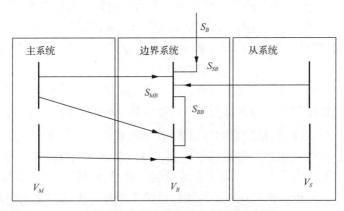

图 4-3 边界系统功率流的特点

4.3 输配协同通用模型

不失一般性,输配协同通用模型中仅考虑发输电系统和主动配电系统之间的协同。它可由如下的优化模型进行描述。

(1) 全局目标函数:

$$\min_{u_M,u_B,u_S,x_M,x_B,x_S} c_M(u_M,u_B,x_M,x_B)+c_S(u_S,x_B,x_S) \quad (4\text{-}1)$$

(2) 主系统约束:

$$f_M(u_M,x_M,x_B)=0 \quad (4\text{-}2)$$

$$g_M(u_M,x_M,x_B) \geqslant 0 \quad (4\text{-}3)$$

(3) 边界系统约束：

$$f_B(u_B, x_M, x_B, x_S) = 0 \tag{4-4}$$

$$g_B(u_B, x_B) \geqslant 0 \tag{4-5}$$

(4) 从系统约束：

$$f_S(u_S, x_B, x_S) = 0 \tag{4-6}$$

$$g_S(u_S, x_B, x_S) \geqslant 0 \tag{4-7}$$

式中，$c_M(\cdot)$ 为主系统成本函数，如机组发电成本函数；$c_S(\cdot)$ 为从系统成本函数，如机组发电成本函数；$f_M(\cdot)$ 为主系统等式约束，如潮流方程约束；$f_B(\cdot)$ 为边界系统等式约束，如功率方程约束；$f_S(\cdot)$ 是从系统等式约束，如潮流方程约束；$g_M(\cdot)$ 为主系统不等式约束，如支路(包括线路和变压器)传输容量约束、发电机有功和无功出力约束、发电机爬坡速率约束、节点电压幅值约束；$g_B(\cdot)$ 为边界系统不等式约束，如边界外部注入功率范围约束、边界节点电压幅值约束；$g_S(\cdot)$ 为从系统不等式约束，如支路(包括线路和变压器)传输容量约束、分布式电源的有功和无功出力约束、分布式电源的爬坡速率约束、可控负荷的运行约束、储能设备运行约束、节点电压幅值约束；u_M 为主系统控制变量(列向量形式)，如发电机有功功率和无功功率、发电机机端电压、连续化后的无功补偿设备的无功功率；u_B 为边界系统控制变量(列向量形式)，如外部注入功率；u_S 为从系统控制变量(列向量形式)，如分布式电源的有功功率和无功功率、分布式电源的机端电压、可控负荷功率、储能充、放电功率；x_M 为主系统状态变量(列向量形式)，如节点电压幅值和相角；x_B 为边界系统状态变量(列向量形式)，如节点电压幅值和相角；x_S 为从系统边界变量(列向量形式)，如节点电压幅值和相角。

此外，假设式(4-1)～式(4-7)中的各个函数均为连续二次可微函数。

对式(4-1)～式(4-7)中建立的 G-TDCM 优化模型，有如下论述。

(1) 电力系统中的潮流方程约束(无论极坐标还是直角坐标形式)、线路传输容量约束和大部分常用设备的运行约束、成本函数都严格满足或者近似满足本书对目标函数和约束函数所要求的连续二次可微性质。

(2) 在我国电力系统的实际运行中，输配界面上的可调无功补偿设备大多由发输电管理系统进行调控，而输配界面关联支路的传输容量约束则由另一关联节点所在的发输电系统或配电系统进行监控，所以在 G-TDCM 中，与 u_B 相关的成本函数归入主系统成本函数 $c_M(\cdot)$ 中，而主系统和边界系统的相连支路、从系统和边界系统的相连支路的传输容量约束则分别纳入主、从系统不等式约束 $g_M(\cdot)$ 和 $g_S(\cdot)$ 中进行考虑。如果输配边界通常没有接入可调无功补偿设备,则可认为模型中的 $u_B = 0$ 或 $u_B = \varnothing$。

(3) G-TDCM 隐含如下假设:全局目标函数中不含有耦合了主系统、边界系统和从系统优化变量的目标项。这一假设对潮流分析、预想事故分析、经济调度、最优潮流等问题几乎都是成立的。但是对于输配协同状态问题,它的目标函数中含有同时耦合了主系统、边界系统和从系统优化变量的项,此时需要通过 4.3 节中的定理 4-2 将之转化为式(4-1)中的 G-TDCM 形式。

(4) 由于采用了抽象的数学优化建模方式,G-TDCM 中既可以采用单相元件模型也可以采用三相元件模型。实际上,通过第 3 章建立的广义主从分裂理论,分解后的输电和配电优化子问题甚至可以分别采用单相模型和三相模型,并经文献[2]提出的单-三相转换策略完成数据输配边界处的单-三相数据匹配。具体细节将在 4.5 节中介绍。

(5) 由于 G-TDCM 中采用了抽象的数学优化建模方式,该模型具有代表性,可适用于 EMS 中的多个主要稳态功能,具体如下。

①对于潮流分析:令 G-TDCM 目标函数中 $c_M = 0$,$c_S = 0$,并且仅考虑潮流等式约束,则 G-TDCM 可转化为输配协同潮流模型。

②对于预想事故分析:对于每个预想事故,令 G-TDCM 目标函数中 $c_M = 0$,$c_S = 0$,并且考虑潮流等式约束,则 G-TDCM 可转化为该事故下输配协同潮流模型,检查潮流解是否满足运行约束,计算安全指标。

③对于静态电压稳定:将参数化潮流方程中的连续化参数视为扩展边界状态量,则 G-TDCM 可转化为输配协同参数化潮流模型,并以此评估静态电压稳定性。

④对于经济调度:令 G-TDCM 状态变量中的电压幅值为 1.0p.u.,优化变量仅考虑有功变量,约束条件中采用直流潮流模型,考虑和有功功率相关的不等式约束,令目标函数为机组的发电成本最小,则 G-TDCM 可转化为输配协同经济调度模型。

⑤对于最优潮流:令 G-TDCM 约束条件中采用交流潮流模型,并且根据实际的优化目标选取目标函数,则 G-TDCM 可转化为输配协同最优潮流模型。

具体的模型变换方式将在后续相关章节中进行介绍。

为便于后续推导,令主系统和从系统的优化变量分别为 $z_M = [u_M^T, x_M^T, u_B^T]^T$ 和 $z_S = [u_S^T, x_S^T]^T$。将 u_B 纳入 z_M 的原因在于我国电力工业中大多是由 TCC 来调控输配边界处的外部注入功率。于是式(4-1)~式(4-7)中的模型可写为

$$\min_{z_M,x_B,z_S} c = c_M(z_M,x_B) + c_S(x_B,z_S)$$

$$\text{s.t.(I)}\begin{cases} f_M(z_M,x_B) = 0, & \lambda_M \\ f_B(z_M,x_B,z_S) = 0, & \lambda_B \\ f_S(x_B,z_S) = 0, & \lambda_S \\ \tilde{g}_M(z_M,x_B) \geqslant 0, & \omega_M \\ g_S(x_B,z_S) \geqslant 0, & \omega_S \end{cases} \quad (4\text{-}8)$$

式中，$\tilde{g}_M(z_M,x_B) = [g_M(z_M,x_B), g_B(z_M,x_B)]$ 表示同时包含式(4-3)和式(4-5)中主系统、边界系统不等式约束的扩展后主系统不等式约束。为简化记号，在不引起歧义的情况下，后面将使用符号 g_M 代替 $\tilde{g}_M$ 来表示扩展后主系统不等式约束函数。而列向量 λ_M、λ_B 和 λ_S 分别为主系统、边界系统与从系统等式约束的乘子，列向量 ω_M 和 ω_S 分别为扩展后主系统不等式约束与从系统不等式约束的非负乘子（$\omega_M \geqslant 0$，$\omega_S \geqslant 0$）。

显然，即使在由 DCC 调控输配边界外部注入的情况下，式(4-8)中的模型形式仍然适用，只是此时 $z_M = (u_M^T, x_M^T)^T$，$z_S = [u_S^T, u_B^T, x_S^T]^T$，$g_M(z_M,x_B)$ 只代表主系统不等式约束，而 $g_S(x_B,z_S)$ 表示同时包含了式(4-5)和式(4-7)中边界系统与从系统不等式约束的扩展后从系统不等式约束。

因此，式(4-8)中的模型是式(4-1)～式(4-7)中的 G-TDCM 优化模型的等价表述，且其与式(3-1)中的主从系统优化模型是一致的，因此如果满足第 3 章中定义的主从可分性，就可以采用广义主从分裂理论求解。本章后续将基于式(4-8)中的 G-TDCM 形式进行推导。

关于 G-TDCM 的主从可分性，有以下定理。

定理 4-1 式(4-8)中建立的 G-TDCM 主从可分。

证明：

根据上述定义，G-TDCM 的主从可分性需要从两个角度进行论证：①等式和不等式约束组（Ⅰ）是否主从可分；②全局目标函数是否主从可分。

下面分别进行论证。

关于约束组（Ⅰ）的主从可分性，关键是边界系统等式约束 $f_B(z_M,x_B,z_S)$ 是否可以写为式(4-9)中的形式。边界系统等式约束在物理上对应输配界面的功率方程约束，结合图 4-3 可知，边界系统的复功率方程满足如下关系：

$$S_{MB}(V_M,V_B) + S_{SB}(V_B,V_S) + S_{BB}(V_B) + S_B(V_B) = 0 \quad (4\text{-}9)$$

由此可得边界系统的有功功率和无功功率方程分别为

$$f_{P^B}(V_M,\theta_M,V_B,\theta_B,V_S,\theta_S) = P_{MB}(V_M,\theta_M,V_B,\theta_B) \\ + P_{SB}(V_B,\theta_B,V_S,\theta_S) \\ + P_{BB}(V_B,\theta_B) + P_B(V_B) \\ = 0 \tag{4-10}$$

$$f_{Q^B}(V_M,\theta_M,V_B,\theta_B,V_S,\theta_S) = Q_{MB}(V_M,\theta_M,V_B,\theta_B) \\ + Q_{SB}(V_B,\theta_B,V_S,\theta_S) \\ + Q_{BB}(V_B,\theta_B) + Q_B(V_B) \\ = 0 \tag{4-11}$$

式中，V_M 和 θ_M 为主系统的电压幅值和相角向量；V_B 和 θ_B 为边界系统的电压幅值和相角向量；V_S 和 θ_S 为从系统的电压幅值和相角向量；$P_{MB}(\cdot)$ 和 $Q_{MB}(\cdot)$ 分别为由主系统注入边界系统的有功功率和无功功率；$P_{BS}(\cdot)$ 和 $Q_{BS}(\cdot)$ 为由从系统注入边界系统的有功功率和无功功率；$P_{BB}(\cdot)$ 和 $Q_{BB}(\cdot)$ 为边界系统内各个节点之间交互的有功功率和无功功率；$P_B(\cdot)$ 和 $Q_B(\cdot)$ 为边界系统的外部有功和无功注入功率(不失一般性，可设其为边界系统节点电压 V_B 的函数)。

对由式(4-10)和式(4-11)构成的边界系统等式约束，若令

$$f_{P^{MB}}(V_M,\theta_M,V_B,\theta_B) = P_{MB}(V_M,\theta_M,V_B,\theta_B) + P_{BB}(V_B,\theta_B) + P_B(V_B) \\ f_{P^{BS}}(V_M,\theta_M,V_B,\theta_B) = -P_{SB}(V_B,\theta_B,V_S,\theta_S) \tag{4-12}$$

$$f_{Q^{MB}}(V_M,\theta_M,V_B,\theta_B) = Q_{MB}(V_M,\theta_M,V_B,\theta_B) + Q_{BB}(V_B,\theta_B) + Q_B(V_B) \\ f_{Q^{BS}}(V_B,\theta_B,V_S,\theta_S) = -Q_{SB}(V_B,\theta_B,V_S,\theta_S) \tag{4-13}$$

$$f_{MB} = \begin{bmatrix} f_{P^{MB}} \\ f_{Q^{MB}} \end{bmatrix}, \quad f_{BS} = \begin{bmatrix} f_{P^{BS}} \\ f_{Q^{BS}} \end{bmatrix} \tag{4-14}$$

则有

$$f_B = \begin{bmatrix} f_{P^B} \\ f_{Q^B} \end{bmatrix} = \begin{bmatrix} f_{P^{MB}} - f_{P^{BS}} \\ f_{Q^{MB}} - f_{Q^{BS}} \end{bmatrix} = f_{MB} - f_{BS} \tag{4-15}$$

比较式(4-15)和式(3-2)可知，边界系统等式约束 $f_B(z_M,x_B,z_S)$ 主从可分，所以 G-TDCM 中的约束组(Ⅰ)主从可分。

关于目标函数的主从可分性，因为式(4-8)中定义的全局目标函数 c 符合式(3-2)中的形式，所以 c 主从可分。

因此，式(4-8)中建立的 G-TDCM 具有主从可分性。

证毕

此外，由定理 3-1 可知，原先并不满足目标函数主从可分的输配协同状态估计问题亦可纳入 G-TDCM 中，并可通过后面提出的 G-MSS 理论进行求解。

4.4 关于分布式输配协同模式的讨论

由定理 4-1 可知，G-TDCM 具有主从可分性，因此该模型可以应用第 3 章的广义主从分裂理论进行求解。迭代子问题和计算格式如 3.2.4 节所示，这里不再赘述。这里主要讨论在实际的分布式计算中可能面临的问题和解决方法。

1. 如何设定广义边界状态量或者广义边界注入量的初值

为能够合理设定广义边界状态量或者广义边界注入量的初值，首先分析它们的物理含义。

(1) 广义边界状态量 $\xi_B = [x_B^T, \lambda_B^T]^T$：$x_B$ 为边界系统的状态变量；λ_B 为式(3-1)中边界等式约束的乘子，根据数学规划理论[3]和最优潮流问题中节点电价的相关研究[4]，它在物理上对应输配界面的节点电价①。因此，广义边界状态变量由边界系统状态变量和输配界面节点电价构成。

(2) 广义边界注入量 $y_B = [(f_{BS})^T, (l_{BS})^T]^T$：$f_{BS}$ 为从系统注入边界系统的有功功率和无功功率；由式(3-17)、式(3-22)可知，$l_{BS} = -\partial L_S/\partial x_B$，其中 L_S 为式(3-22)中配电优化子问题的拉格朗日函数，根据数学规划中的灵敏度分析理论[5]，l_{BS} 为配电优化子问题的局部对边界状态变量 x_B 的负灵敏度，即 x_B 的负影子价格。因此，广义边界注入量由从系统注入边界系统的功率和边界状态变量在配电优化子问题中的影子价格构成。

由此可知，边界状态量和广义边界注入量涉及边界系统状态变量、输配界面节点电价和从系统注入边界系统功率等数据，这些都是电力系统运行中较关注的数据，通常存储在电力公司现有软件系统的历史数据库中，因此可以通过历史上的相似日或者根据调度人员经验给出相对合理的初值。而 l_{BS} 则较少被调度人员关注，较难给出一个合理的初值。从这个角度看，广义边界状态量更容易给出合理的初值，因此在大多数输配协同问题中，可优先选用 HGD-1 算法。

---

① λ_B 也是式(4-23)中发输电优化子问题边界等式约束的乘子，是发输电优化子问题最优值对 f_{BS}^{SP} 的灵敏度，而由式(4-14)可知，f_{BS}^{SP} 为从系统注入边界系统的有功功率和无功功率，因此 λ_B 为从系统注入边界系统功率（即配电系统注入发输电系统功率）的影子价格。

2. 如何实现分布式计算，需要哪些信息交互

目前几乎所有的 TCC 都装配了 EMS，而较多的 DCC 已经装配或考虑装配 DMS，因此在客观上已经具备了在 TCC 和 DCC 之间通过通信实现分布式的 HGD 算法。基于此，(广义)主从分裂法可在 TCC 和 DCC 之间分布式地实现，如图 4-4 所示。由图 4-4 可知，在每次迭代中：TCC 负责求解式(3-21)中的发输电优化子问题，向 DCC 发送计算后更新的 y_B^{sp}；DCC 负责求解式(3-22)中的配电优化子问题，向 TCC 发送计算后更新的 ζ_B^{sp}；算法收敛判断在 TCC 中完成。整个计算在发输电侧和配电侧分布式执行。此外，如第 2 章所述，(广义)主从分裂法可采用收敛交替迭代模式[2]，即 TCC 和 DCC 在计算各自负责的子问题收敛后才进行交互，而在计算各自的优化子问题时，TCC 和 DCC 彼此独立。在这一模式下，即使存在通信中断等事故，TCC 算得的结果仍可以保证对发输电系统可行，DCC 算得的结果可以保证对配电系统可行，而输配界面上的复电压和复功率失配量可由后续的再调度或者实时控制环节消除。因此，这样的分布式计算方案在电力系统运行中更具有鲁棒性。

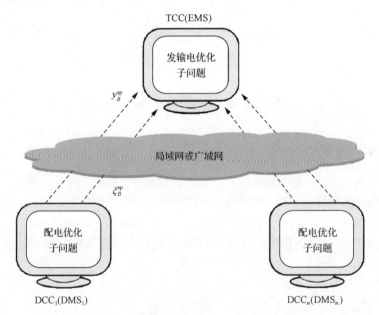

图 4-4 HGD 算法在 TCC 和 DCC 之间的分布式实现方案

通常，配电系统中可能存在若干个在配电侧解耦的馈线，如图 4-5 所示。显然，在馈线根节点电压由广义状态变量给定的条件下，其中一个馈线上的可调设备和它的运行约束、馈线上的电流电压量和其他馈线的运行状态无关，因此

式(3-22)中的配电优化子问题可以进一步依馈线分解成馈线层面的分布式优化子问题。以图 4-5 中的例子对此进行说明。将广义边界状态量和配电优化子问题的优化变量划分为

$$x_B^{\rm sp} = \begin{bmatrix} x_{B,\rm D1}^{\rm sp} \\ x_{B,\rm D2}^{\rm sp} \\ x_{B,\rm D3}^{\rm sp} \end{bmatrix}, \quad \lambda_B^{\rm sp} = \begin{bmatrix} \lambda_{B,\rm D1}^{\rm sp} \\ \lambda_{B,\rm D2}^{\rm sp} \\ \lambda_{B,\rm D3}^{\rm sp} \end{bmatrix}, \quad z_S = \begin{bmatrix} z_{S,\rm D1} \\ z_{S,\rm D2} \\ z_{S,\rm D3} \end{bmatrix} \tag{4-16}$$

则此时式(3-20)中的配电优化子问题可以拆为如下三个馈线优化子问题:

$$\begin{aligned} \min_{z_{S,\rm D1}} \ & c_{S,\rm D1}(x_{B,\rm D1}^{\rm sp}, z_{S,\rm D1}) + (\lambda_{B,\rm D1}^{\rm sp})^{\rm T} f_{BS,\rm D1}(x_{B,\rm D1}^{\rm sp}, z_{S,\rm D1}) \\ \text{s.t.} \ & \begin{cases} f_{S,\rm D1}(x_{B,\rm D1}^{\rm sp}, z_{S,\rm D1}) = 0, & \lambda_{S,\rm D1}^S \\ g_{S,\rm D1}(x_{B,\rm D1}^{\rm sp}, z_{S,\rm D1}) \geqslant 0, & \omega_{S,\rm D1}^S \end{cases} \end{aligned} \tag{4-17}$$

$$\begin{aligned} \min_{z_{S,\rm D2}} \ & c_{S,\rm D2}(x_{B,\rm D2}^{\rm sp}, z_{S,\rm D2}) + (\lambda_{B,\rm D2}^{\rm sp})^{\rm T} f_{BS,\rm D2}(x_{B,\rm D2}^{\rm sp}, z_{S,\rm D2}) \\ \text{s.t.} \ & \begin{cases} f_{S,\rm D2}(x_{B,\rm D2}^{\rm sp}, z_{S,\rm D2}) = 0, & \lambda_{S,\rm D2}^S \\ g_{S,\rm D2}(x_{B,\rm D2}^{\rm sp}, z_{S,\rm D2}) \geqslant 0, & \omega_{S,\rm D2}^S \end{cases} \end{aligned} \tag{4-18}$$

$$\begin{aligned} \min_{z_{S,\rm D3}} \ & c_{S,\rm D3}(x_{B,\rm D3}^{\rm sp}, z_{S,\rm D3}) + (\lambda_{B,\rm D3}^{\rm sp})^{\rm T} f_{BS,\rm D3}(x_{B,\rm D3}^{\rm sp}, z_{S,\rm D3}) \\ \text{s.t.} \ & \begin{cases} f_{S,\rm D3}(x_{B,\rm D3}^{\rm sp}, z_{S,\rm D3}) = 0, & \lambda_{S,\rm D3}^S \\ g_{S,\rm D3}(x_{B,\rm D3}^{\rm sp}, z_{S,\rm D3}) \geqslant 0, & \omega_{S,\rm D3}^S \end{cases} \end{aligned} \tag{4-19}$$

式中,目标函数和约束中的下标 Di(i = 1,2,3)表示其所属的馈线。显然式(4-17)～式(4-19)中的三个馈线优化子问题可以分布式地求解(假设 DCC 中有三个计算服务器分别求解这三个优化子问题),并且各子问题只需要求解一次。计算结束后,进一步计算:

$$l_{BS,{\rm D}i} = -\left[\frac{\partial c_{S,{\rm D}i}}{\partial x_{B,{\rm D}i}^{\rm sp}} + \left(\frac{\partial f_{BS,{\rm D}i}}{\partial x_{B,{\rm D}i}^{\rm sp}} \right)^{\rm T} \lambda_{B,{\rm D}i}^{\rm sp} - \left(\frac{\partial f_{S,{\rm D}i}}{\partial x_{B,{\rm D}i}^{\rm sp}} \right)^{\rm T} \lambda_{S,{\rm D}i} - \left(\frac{\partial g_S}{\partial x_{B,{\rm D}i}^{\rm sp}} \right)^{\rm T} \omega_{S,{\rm D}i} \right], \quad i = 1,2,3 \tag{4-20}$$

将所解得的 $z_{S,\rm D1}$、$z_{S,\rm D2}$、$z_{S,\rm D3}$ 和 $l_{BS,\rm D1}$、$l_{BS,\rm D2}$、$l_{BS,\rm D3}$ 顺序拼成 z_S 和 l_{BS},就完成了对配电优化子问题的分布式求解。

第 4 章 输配协同通用模型和主从可分性

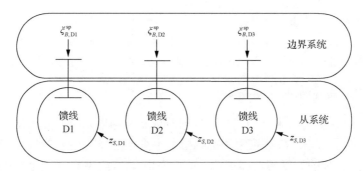

图 4-5 配电系统中存在三个配电侧解耦馈线的示意图

3. 通信代价如何

在每次迭代中,TCC 和 DCC 需要交互广义边界状态量和广义边界注入量。以 G-TDCM 采用单相交流模型且目标函数非常函数为例进行分析,对边界系统中的一个节点,TCC 和 DCC 在一次迭代中最多需要交互八个实数变量,分别是节点电压幅值、节点电压相角、电压幅值影子价格、电压相角影子价格、配电系统注入发输电系统的有功功率、配电系统注入发输电系统的无功功率、有功节点电价、无功节点电价。因此,若输配之间只进行有限次迭代,则 TCC 和 DCC 之间的信息交互量较少。考虑到目前不少地区的 TCC 和 DCC 已具备通过 100Mbit/s 的局域网或者更加高速的光纤网进行通信的条件[6],HGD 算法中的通信代价通常可以被现场调度运行人员接受。这一部分的具体数值结果可以参考 7.5 节。

4. 程序实现难度

通过分析式(3-21)、式(3-22)中的发输电优化子问题和配电优化子问题可得以下结论。

(1) 发输电优化子问题的形式和 EMS 中的最优潮流问题十分相近,区别仅在于目标函数中加入了 $-(l_{BS}^{sp})^{\mathrm{T}} x_B$,即考虑边界系统节点电压对于配电优化子问题的影响。因此,只需对现有 EMS 软件中的最优潮流程序的目标函数稍加修改,就得到了可求解式(4-23)中发输电优化子问题的程序。特别地,如果 G-TDCM 面向的是输配协同潮流分析或经济调度等问题,由于此时目标函数或者约束条件形式发生退化,此时可以直接调用现有 EMS 软件的潮流程序或者经济调度程序对发输电优化子问题进行计算。具体细节将在第 7 章和第 9 章中进行介绍。

(2) 类似地,配电优化子问题的形式和 DMS 中的最优潮流问题也十分相近,区别仅在于目标函数中加入了 $(\lambda_B^{sp})^{\mathrm{T}} f_{BS}(x_B^{sp}, z_S)$,即考虑注入边界系统的功率对于发输电优化子问题的影响。因此,只需对现有 DMS 软件的最优潮流程序的目标函数稍加修改,就得到了可求解式(3-22)中配电优化子问题的程序。

总之,算法中的发输电优化子问题和配电优化子问题均可以通过对 EMS 或 DMS 现有程序的少量修改甚至不加修改就完成求解,编程容易。

5. 输配界面处的单-三相数据匹配

虽然有研究者提出未来的 TCC 可同时建立发输电系统的三相模型和单相模型,并根据问题需求在三相模型和单相模型中进行选择[7],但在目前的工业现场,几乎所有的 EMS 的调度模块都是基于单相模型[8, 10]。如果 DCC 中的 DMS 软件采用三相模型对配电系统进行建模,那么就需要在 HGD 算法中加入输配界面单相-三相转换接口,完成数据输配边界处的单-三相数据匹配。具体策略如下:

(1) 单相 ξ_B^{sgl} ->三相 $\xi_B^{a,b,c}$:将 ξ_B^{sgl} 中的单相节点电压 x_B^{sgl} 作为 $\xi_B^{a,b,c}$ 中三相节点电压 $x_B^{a,b,c}$ 中的 A 相电压,并通过相角旋转 120°和 240°分别构造 $x_B^{a,b,c}$ 的 B 相电压和 C 相电压;将 ξ_B^{sgl} 中的单相节点电价 λ_B^{sgl} 复制三份,分别作为 $\xi_B^{a,b,c}$ 中的三相节点电价 $\lambda_B^{a,b,c}$ ——这是因为无论哪一项引起功率摄动都将对基于单相模型的发输电优化子问题的最优值产生相同的影响,因此每一相注入输配界面功率的影子价格都是 λ_B^{sgl}。

(2) 三相 $y_B^{a,b,c}$ ->单相 y_B^{sgl}:将 $y_B^{a,b,c}$ 中的三相功率注入 $f_{BS}^{a,b,c}$ 加和作为 y_B^{sgl} 中单相功率注入 f_{BS}^{sgl};对 $y_B^{a,b,c}$ 中 $l_{BS}^{a,b,c}$ 的三相电压幅值影子价格和三相电压相角影子价格分别取平均数得到 y_B^{sgl} 中单相 l_{BS}^{sgl} 的电压幅值影子价格和电压相角影子价格——这是因为由平均数生成的 l_{BS}^{sgl} 可以在单相发输电优化子问题的目标函数中同时体现出配电系统三相影子价格的影响,并充分考虑其中影子价格数值最显著的一相。

4.5 小 结

本章建立了广义输配协同通用模型,并分析了其主从可分性,为后续章节中状态估计、潮流分析、安全评估、经济调度、最优潮流、电压稳定等问题的建模与求解奠定了理论基础。

(1) 分析了全局电力系统的主从结构,将输配界面以下部分称为从系统,以上部分称为主系统,输配界面组成边界系统。其中,由主系统注入的复功率仅与主系统和边界系统的复电压相关,与从系统的复电压无关;由从系统注入的复功率功率仅与边界系统和从系统的复电压相关,与主系统的复电压无关;主系统和从系统之间无直接的功率流交互。

(2) 建立了输配协同通用模型，这一模型综合考虑了电力系统的潮流方程、功率平衡等等式约束，考虑了支路（包括线路和变压器）传输容量、发电机及分布式电源有功和无功出力、发电机及分布式电源爬坡速率、节点电压幅值、边界外部注入功率范围、边界节点电压幅值等不等式约束，可用于三相或单相模型，具有普适性。

(3) 定义了主从可分性的概念，分析了输配协同通用模型的主从可分性，并结合第3章对输配协同子问题的分布式协同模式进行了讨论。

参 考 文 献

[1] 王守相, 王成山. 现代配电系统分析[M]. 北京: 高等教育出版社, 2007.

[2] 孙宏斌. 电力系统全局无功优化控制的研究[D]. 北京: 清华大学, 1996.

[3] Ruszczyński A. Nonlinear Optimization[M]. Princeton: Princeton University Press, 2006.

[4] Conejo A J, Castillo E, Minguez R, et al. Locational marginal price sensitivities[J]. IEEE Transactions on Power Systems, 2005, 20(4): 2026-2033.

[5] Fukushima M. 非线性最优化基础[M]. 林贵华, 译. 北京: 科学出版社, 2011.

[6] Li Z S, Wang J H, Sun H B, et al. Transmission contingency analysis based on integrated transmission and distribution power flow in smart grid[J]. IEEE Transactions on Power Systems, 2015, 30(6): 3356-3367.

[7] Schmidt H P, Guaraldo J C, Lopes M D M, et al. Interchangeable balanced and unbalanced network models for integrated analysis of transmission and distribution systems[J]. IEEE Transactions on Power Systems, 2015, 30(5): 2747-2754.

[8] 孙宏斌, 张伯明. 发输配全局电力系统分析[J]. 电力系统自动化, 2000(1): 17-20.

[9] 孙宏斌, 张伯明, 相年德. 发输配全局潮流计算第一部分: 数学模型和基本算法[J]. 电网技术, 1998, 22(12): 41-44.

[10] 孙宏斌, 张伯明, 相年德, 等. 发输配全局潮流计算第二部分: 收敛性、实用算法和算例[J]. 电网技术, 1999, 23(1): 50-53.

第5章 分布式输配协同全局潮流

5.1 概 述

发输配电全局一体化潮流计算简称全局潮流计算,是发输配全局电力系统一体化分析的一项重要内容。

要对全局电力系统进行优化控制,首先必须对全局电力系统的运行状态进行一体化的分析评估。全局潮流计算以全局电力系统作为研究对象,基于发输配全局电力网络的互联性,通过建立全局电力系统潮流的数学模型,计算出一体化的全局电力系统状态,它弥补了传统的相互独立的发输电潮流计算和配电潮流计算在全局电力系统分析与控制决策应用中的缺陷,满足了全局控制决策的需要。

但是,由于全局潮流计算的特殊困难,现有的各类潮流算法尚无法满足要求,需要开发全新的全局潮流算法。本章以之前提出的求解非线性方程组的主从分裂理论为指导,充分利用全局电力系统主从式的物理特征,构造了全局潮流主从分裂法,重点介绍了所采用的数学模型、总体算法及其分布式组织。该方法自然地将全局潮流计算问题分解成为发输电潮流和一系列小规模的配电馈线潮流子问题,满足了全局潮流在线分布式计算的要求。

同时,本章以主从分裂理论为依据,对全局潮流主从分裂法进行了透彻的理论分析,给出了实用的收敛性分析方法,并构造了多种实用的主从分裂迭代算法,研究了发输电潮流快速分解法和配电潮流前推回推法的精度配合问题,最后给出了全面的算例。为了突出重点,本章考虑三相平衡,而采用单相模型来计算全局潮流。

5.2 数 学 模 型

数学上说,全局潮流计算是要求解一组由全局潮流方程描述的大规模的非线性代数方程组。

设全局电力系统节点集记为 C_G,节点总数为 N,若考虑负荷的电压静特性,则全局潮流方程组为

$$\begin{cases} \mathrm{PG}_i - \mathrm{PD}_i(V_i) - \sum_{j \in C_i} P_{ij}(V_i, V_j) = 0 \\ \mathrm{QG}_i - \mathrm{QD}_i(V_i) - \sum_{j \in C_i} Q_{ij}(V_i, V_j) = 0 \end{cases} \tag{5-1}$$

式中，$C_i(\subset C_G)$ 为和节点 $i(i \in C_G)$ 直接相连的节点集，其中包括节点 i 自身；PG_i、QG_i、PD_i 和 QD_i 分别为节点 i 的有功出力、无功出力、有功负荷和无功负荷；P_{ij} 和 Q_{ij} 分别为支路 ij 在节点 i 侧的有功潮流、无功潮流；$V_i(=V_i\angle\theta_i)$ 和 $V_j(=V_j\angle\theta_j)$ 分别为节点 i、j 的复电压。

与完全独立的发输电系统或者配电系统的潮流方程相比，全局潮流方程(式(5-1))并没有什么形式上的特殊性。其中的不同在于全局潮流方程将发输电系统与配电系统看成一个完整和一体的全局电力系统的组成部分，由于电力网络的相联性，边界节点上的功率平衡方程很自然地将发输电系统和配电系统联系在一起。

全局潮流方程组(式(5-1))的规模是相当可观的，以一个中等规模的系统为例，假设其发输电系统节点数为 200，其中输电网广义负荷节点数为 100，而平均每个广义负荷节点下属 5 条配电馈线，每条配电馈线平均拥有配电节点 20 个，则全局电力系统的节点总数将超过 1 万个，相当于其发输电系统节点数的 50 倍左右，全局潮流方程组(式(5-1))的维数超过 2 万个，全局潮流求解的困难略见一斑。

5.3 主从分裂方法

5.3.1 全局潮流方程组的主从分裂形式

全局电力系统是一种典型的主从式系统。其中发输电系统在全局电力系统的状态中起主导作用，是主系统；而配电系统的状态则取决于发输电系统，因而是从系统。发输电系统是配电系统的"广义电源"，配电系统是发输电系统的"广义负荷"；相对于"广义负荷"的阻抗而言，这种"广义电源"是一种"内阻抗"很小的"电压源"，因此，"广义负荷"内部的扰动变化对"广义电源"的"端电压"的影响将很小，这是全局电力系统作为主从式系统的物理本质。另外，这种"广义负荷"是一种有复杂"电压静特性"的"负荷"，其"电压静特性"中不仅有配电馈线负荷的"贡献"，而且还有配电网络作为"广义负荷"的一个重要部分所起的"作用"，该"电压静特性"通过配电网络方程来体现，关系复杂，无法显式表达。

为了对式(5-1)这种大规模的数学问题有效地进行求解，一种很自然的思路是通过对状态空间的分解，将一个大规模的问题降阶成多个较小规模的问题来求解。

对电力网络而言,状态空间的分解也是电力网络节点集的划分。

全局电力系统是一种十分典型的主从式系统,全局潮流方程组又是典型的非线性代数方程组,因此可以应用第 2 章的主从分裂方法来求解。

如图 5-1 所示,有主从式的节点集划分方法如下。

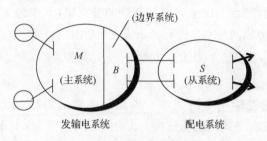

图 5-1 主从式的全局电力系统

在全局电力系统的节点集 C_G 中,发输电系统的"广义负荷"节点(也是配电系统根节点)组成了边界系统 B,其节点集记为 C_B,节点数为 N_B;其余的发输电系统中的节点组成了主系统 M,其节点集记为 C_M,节点数为 N_M(注:在物理上,完整的发输电系统才是真正的主系统,这里将之细分为主系统和边界系统两部分,只是为了数学表达的方便);其余的配电系统中的节点组成了从系统 S,其节点集记为 C_S,节点数为 N_S。

全局电压矢量 $V\ (\in C^N)$ 也对应地分解为主系统电压矢量 $V_M\ (\in C^{N_M})$、边界系统电压矢量 $V_B\ (\in C^{N_B})$ 和从系统电压矢量 $V_S\ (\in C^{N_S})$ 三部分。

在图 5-1 中,主系统节点(C_M)与从系统节点(C_S)之间没有直接相连的支路,即主系统和从系统之间是间接地通过边界节点(C_B)发生联系的。

在上述主从节点集的划分下,表达成复矢量的形式,就得到了全局潮流方程组(式(5-1))的一种自然的主从分裂形式,由以下两个方程组联立给出:

$$\begin{cases} S_M(V_M) - S_{MM}(V_M) - S_{MB}(V_M, V_B) = 0 \\ S_B(V_B) - S_{BM}(V_M, V_B) - S_{BB}(V_B) = S_{BS}(V_B, V_S) \end{cases} \tag{5-2}$$

$$S_S(V_S) - S_{SB}(V_B, V_S) - S_{SS}(V_S) = 0 \tag{5-3}$$

式中,S_M、S_B 和 S_S 分别为对应节点集的节点注入复功率矢量;S_{XY}(X、Y 为代指)为节点集 C_X 上各节点直接流向节点集 C_Y 的支路复功率潮流和组成的矢量,无支路与 C_Y 直接相联的节点对应的分量为零;S_{XX} 为节点集 C_X 上各节点直接流入节点集自身的支路复功率潮流和组成的矢量,求和中包括了节点对地支路的复功率潮流。

本书分别称式(5-2)和式(5-3)为发输电潮流方程和配电潮流方程，S_{BS} 为主从分裂迭代中间变量，式(5-2)、式(5-3)完全满足主从分裂迭代法对方程组形式上的要求(参见第 4 章)。

5.3.2 主从分裂迭代的基本格式与讨论

5.3.2.1 全局潮流计算主从分裂迭代的基本格式与讨论

由主从分裂形式下的全局潮流方程(式(5-2)和式(5-3))，根据主从分裂理论，直接得出全局潮流计算主从分裂迭代的基本格式如下。

(1)边界系统电压 V_B 赋初值：$V_B^{(0)}$，$k=0$。

(2)以边界系统电压 $V_B^{(k)}$ 为参考电压，求解配电潮流方程(式(5-3))，得配电系统电压矢量 $V_S^{(k+1)}$，并给定 $V_B^{(k)}$ 和 $V_S^{(k+1)}$，计算迭代中间变量 $S_{BS}^{(k+1)}$。

(3)给定迭代中间变量 $S_{BS}^{(k+1)}$，求解发输电潮流方程(式(5-2))，得发输电系统电压矢量 $\begin{bmatrix} V_M^{(k+1)} & V_B^{(k+1)} \end{bmatrix}^T$。

(4)判断相邻两次迭代边界系统电压差的模分量的最大值 $\max\limits_{i \in C_B}|\Delta V_i|$ 是否小于给定的收敛指标 ε，若是，则全局潮流迭代收敛；否则，$k=k+1$，转(2)。

针对上述基本迭代格式，有以下两点讨论。

1. 主从分裂迭代中间变量的物理意义

迭代中间变量 $S_{BS}(\in C^{N_B})$ 是各边界系统节点流向配电系统的潮流和组成的矢量，也即是发输电系统的"广义负荷"的复功率矢量，这种主从分裂下的迭代中间变量真实地体现了配电系统对发输电系统状态的扰动作用。对一般的全局电力系统，在迭代过程中，"广义负荷" S_{B_s} 随着边界系统电压 V_B 的变化而变化不大，S_{c,B_s} 的扰动对发输电系统状态的影响是较弱的。因此，全局潮流计算问题是典型的主从式问题，十分适合采用主从分裂方法来求解。

2. 发输电潮流与配电潮流的分解

考察式(5-2)和式(5-3)，不难发现，在主从分裂的框架下，全局潮流问题已被分解成为两部分：发输电潮流和配电潮流，降低了解题规模。

配电潮流方程(式(5-3))即人们所熟悉的完全独立于发输电系统的配电潮流方程，其中配电馈线根节点电压已知并给定，根节点电压数据由迭代中的边界系统电压 V_B 给出。

另外，发输电潮流方程(式(5-2))也是人们所熟悉的完全独立于配电系统的发输电潮流方程，计算中配电系统被看成广义负荷，广义负荷的功率数据由迭代中

间变量 S_{BS} 给出。

这种迭代格式理解起来十分简单，当配电系统计算潮流时，发输电系统充当广义电源的角色，由发输电系统潮流结果提供配电馈线根节点的电压；而当发输电系统计算潮流时，配电系统充当广义负荷的角色，由配电系统潮流结果提供输电系统广义负荷的功率数据，并反复迭代直至收敛。

显然，该总体算法具有很好的开放性。主从分裂全局潮流算法的构造具有明确的物理意义，完全迎合并保护了原有的发输电与配电潮流计算软件，发输电潮流和配电潮流方程的形成与求解相互独立，中间的联系仅仅在于迭代时相互交换少量的数据，实现起来十分容易，很显然，不需要关心和改造原有潮流软件的算法，保证了总体算法的开放性能。尤为重要的意义在于，由于这种主从分裂迭代没有对发输电潮流和配电潮流的求解在具体算法上提出任何要求，毫无疑问，主从分裂法将良好地支持不同潮流算法的并存，在根本上保证了发输电系统和配电系统两种差异很大的潮流可采用各自合适的算法、合适的标幺基值与合适的收敛精度来求解，为保证全局潮流算法的良好性能创造了极为有利的条件。

5.3.2.2 配电潮流方程组的进一步分解

实际的配电系统仍十分庞大，它是由大量相互独立的配电馈线组成的。相互独立，即指这些配电馈线之间仅通过发输电系统发生联系，不同馈线的节点之间没有支路直接相联，一个输电系统广义负荷节点(或称馈线根节点)上可能挂有多条馈线，设有 N_F 条这样的独立馈线。

规模庞大的配电潮流问题仍可进一步分解为大量小规模的配电馈线潮流子问题，配电潮流方程组(式(5-3))可由以下 N_F 个相互独立的配电馈线的潮流方程组代替：

$$S_{S_i}(V_{S_i}) - S_{S_iB_i}(V_{B_i}, V_{S_i}) - S_{S_iS_i}(V_{S_i}) = 0, \quad i = 1, 2, \cdots, N_F \quad (5-4)$$

式中，S_{S_i} 为第 i 条馈线的节点注入复功率矢量；$S_{S_iB_i}$ 为第 i 条馈线上各节点直接流向本馈线根节点的支路潮流和组成的矢量，无支路与根节点直接相联的节点所对应的分量为零；$S_{S_iS_i}$ 为第 i 条馈线上各节点直接流入本馈线内节点的支路潮流和组成的矢量，求和中包括了节点对地支路的潮流；V_{S_i} 和 V_{B_i} 分别为第 i 条馈线的节点电压与馈线根节点电压矢量，其中 V_{B_i} 为已知的馈线电压参考量。

到此为止，在主从分裂的总体框架下，本书不仅将全局潮流分解成发输电潮流和配电潮流两部分，而且进一步将庞大的配电潮流分解成多个相互独立的小规模的配电馈线潮流，从而达到了将一个大规模的全局潮流问题转化为一系列小规模的潮流问题的目的，以 5.2.1 节中所例示的中等规模的全局电力系统为例，在主从分裂的框架下,拥有上万个节点的全局潮流问题,将被分解成一个 200 个节点的发输电潮流和 500 个平均规模为 20 个节点的配电馈线潮流问题,大大降低了解题的规模,为全局潮流的有效计算奠定了基础。

同样,各配电馈线潮流方程(式(5-4))允许采用各自合适的不同的算法、不同的标幺基值和不同的收敛精度,如潮流大小不同的配电馈线可采用不同的功率标幺基值。

5.3.2.3 对分布式计算的支持

在实际的全局电力系统中,发输电系统和各配电子系统都有各自相对独立的分布在不同地域上的控制中心,它们的职责明确、管辖范围各不相同,同时全局电力系统实时采集的量测数据也分布在各个控制中心中。因此,全局潮流的在线计算不可能由某一个单独的控制中心在集中式环境下完成,这就要求全局潮流算法能良好地支持地理上的分布式计算,主要考虑两个问题:①各子系统计算的独立性;②足够少的通信数据量。在主从分裂的框架下,全局潮流自然地分解为发输电潮流和大量相互独立的配电馈线潮流,因此问题①可以解决,这里,重点讨论第②个问题。

必须指出,分布式计算分同步与异步两种[1-3]:在同步计算时,各子系统的迭代计算相互同步,某一个子系统在进行下一步的迭代计算前需要等待其他子系统的数据通信信息;而在异步迭代计算时,各子系统的迭代计算无须进行数据通信信息的等待,仅利用手边已有的最新的数据信息进行迭代计算。为了突出主从分裂的思想和本书的重点,这里只讨论同步算法,关于异步算法的简单讨论见第 2 章,但是,无论同步计算还是异步计算,降低通信数据量都十分重要。

为降低通信数据量,有必要首先对迭代中间变量进行分裂,作为广义负荷的迭代中间变量 S_{BS} 可被自然地分裂如下:

$$S_{BS}(V_B, V_S) = \sum_{i=1}^{N_F} S_{BS_i}(V_{B_i}, V_{S_i}) \tag{5-5}$$

式中, S_{BS_i} 为边界系统各节点流向第 i 条馈线的支路潮流和组成的矢量,称为馈线 i 对应的广义负荷分量。N_F 个广义负荷分量分布在各配电子系统控制中心中完成计算,值得注意的是,在馈线 i 对应的广义负荷分量 S_{BS_i} 中只有与第 i 条配电馈线的根节点对应的分量非零,在分布式计算的通信中,只需传送 S_{BS_i} 中的非零元,通信数据量降至最低。

当各配电馈线均为辐射状馈线时,在全局潮流迭代过程中,发输电潮流不需要向配电馈线潮流传送馈线根节点的电压相角而只需传送电压幅值,另外,考虑到同属一个变电站的配电馈线一般同处于一个配电控制中心管理下,这时,在每步主从分裂全局潮流迭代计算中,发输电控制中心需向各配电控制中心传递馈线根节点的电压幅值,共计 N_B 个浮点数,而且各配电控制中心需向发输电控制中心传递广义负荷的功率数据,共计 $2N_B$ 个浮点数。这些通信数据一般均匀地分布在不同的通信通道中,数据量很小,能满足在线分布式计算的要求。

全局潮流在线计算的分布式组织如图 5-2 所示,基本框图由图 5-3 给出,其中采用了同步算法。一方面,只有在接收到由各配电馈线潮流计算出的新一轮的 D 接口("广义负荷"数据接口)的数据后,发输电潮流才进行下一步的迭代计算;另一方面,也只有在接收到由发输电潮流计算出的新一轮的 G 接口("广义电源"数据接口)的数据后,各配电馈线潮流才进行下一步的迭代计算。其中,D 接口中定义了各配电馈线对应的广义负荷数据,而 G 接口中定义了各配电根节点的电压数据和全局潮流收敛标志。这些接口数据均采用约定单位的有名值通过计算机 WAN 进行通信,相互间无须关心潮流算法和采用的标幺基值。

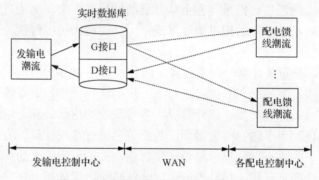

图 5-2　全局潮流在线计算的分布式组织

5.3.3　主从分裂实用算法的构造

主从分裂后得到的发输电潮流方程和各配电馈线的潮流方程均为非线性方程组,它们均需采用迭代法来进行求解,不同迭代格式的计算效率各不相同,本节介绍全局潮流主从分裂实用迭代格式的构造。

为了突出研究的重点,实用算法的构造中考虑最常见的辐射状配电系统。不失一般性,发输电潮流采用快速分解法,而配电潮流采用前推回推法。

为表述方便,先给出几个定义。

(1) 发输电潮流子迭代:快速分解法中,一次有功迭代加上一次无功迭代称为一次发输电潮流子迭代。

(2) 配电馈线潮流子迭代:前推回推法中,一次前推回推计算称为一次配电馈线潮流子迭代。

(3) 发输电潮流收敛:在发输电潮流子迭代中,采用节点有功功率失配量的最

大值 $\max_i\{|\Delta P_i|\} < \varepsilon$ 作为有功子迭代收敛的判据,而节点无功功率失配量的最大值 $\max_i\{|\Delta Q_i|\} < \varepsilon$ 作为无功子迭代收敛的判据。在某次发输电潮流计算时,若有功子迭代和无功子迭代均收敛,则称本次发输电潮流收敛。

(4)配电馈线潮流收敛:在配电馈线潮流子迭代中,采用相邻两次配电馈线潮流子迭代间电压差的模分量的最大值 $\max_i\{|\Delta V_i|\} < \varepsilon$ 作为子迭代收敛的判据。在某次配电馈线潮流计算时,若子迭代收敛,则称本次配电馈线潮流收敛。不同配电馈线的收敛精度 ε 可以不同。

(5)主从迭代:一次发输电潮流计算是一次主迭代,一次配电潮流计算是一次从迭代,一次主迭代加上一次从迭代合称一次主从迭代。

由主从分裂理论可知,全局潮流主从分裂法至少拥有单步交替迭代、多步交替迭代和收敛交替迭代三种实用的二层迭代格式,考虑到单步交替迭代是多步交替迭代的一种特例,因此,只讨论多步交替迭代和收敛交替迭代这两种实用算法的构造。

两种实用算法的基本框图完全一致(图5-3),不同之处在于潮流计算功能框的

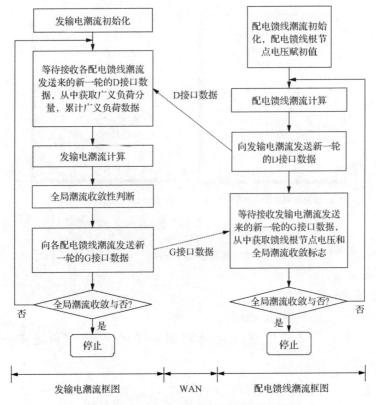

图 5-3 全局潮流分布式计算的基本框图

内部细节。在潮流计算中,多步交替迭代有子迭代次数的约束,而收敛交替迭代一直进行到子迭代收敛,图 5-4 和图 5-5 分别给出了两种实用算法中潮流计算功能框的明细图,图中 L_T 和 L_D 分别为每次发输电潮流计算和配电馈线潮流计算子迭代的最大次数,不同配电馈线的 L_D 可以不同。

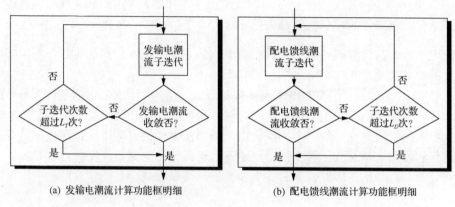

图 5-4 多步交替迭代

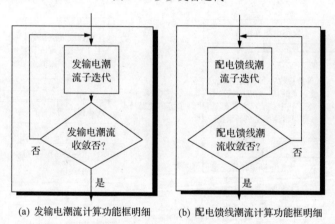

图 5-5 收敛交替迭代

另外,两种实用算法的全局潮流收敛判据不同。对多步交替迭代,必须同时满足以下三个条件。

(1) 发输电潮流收敛。

(2) 所有配电馈线潮流均收敛。

(3) 相邻两次发输电潮流计算间边界节点电压幅值之差的最大值 $\max\limits_{i \in C_B}\{(\Delta V_i)\} < \varepsilon$。

而对收敛交替迭代,只需满足条件(3)即可。

第5章 分布式输配协同全局潮流

特别指出，为了节省计算量，在每次主从迭代中，发输电潮流和配电潮流模块并非均需计算。对发输电潮流，在子迭代前，若发现本次发输电潮流已经收敛，则本次发输电潮流无须计算；而对某一配电馈线潮流，若上一次该配电馈线潮流已经收敛，而且由本次发输电潮流计算出的对应的馈线根节点电压幅值的变化量小于边界电压的收敛门槛 ε，则本次该配电馈线潮流无须计算。因此，子迭代总次数可能少于主从迭代次数。

比较而言，两种算法在总体计算量和通信数据量两方面各有优劣。其中，多步交替迭代所需的子迭代总次数一般明显要少，总计算量相对要少得多，而且也便于实现全局潮流算法的精度配合，因此，在局域网中实现时，多步交替迭代法具有一定的优势；但是，收敛交替迭代的主从迭代的次数少，通信数据量较少，因此，当在 WAN 上实现地理上的分布式计算时，数据通信延时成为主要矛盾，收敛交替迭代成为首选的算法。

为了进一步提高全局潮流的计算效率，配合配电馈线潮流的前推回推法，编者开发了另外一种特殊的主从分裂潮流算法，为便于区分，称之为全局潮流前推回推法。该算法的一种形象化的示意见图 5-6，图中，$1 \rightarrow 2 \rightarrow 3 \rightarrow 4$ 是一次完整的全局前推回推计算，分阶段解释如下。

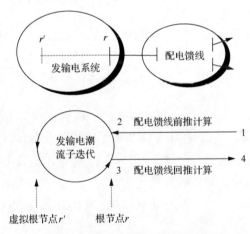

图 5-6 全局潮流前推回推法示意

(1) $1 \rightarrow 2$：配电馈线潮流模块完成一次配电馈线的前推计算，求得新的馈线功率分布，同时求得新的广义负荷数据。

(2) $2 \rightarrow 3$：发输电潮流模块获得新的广义负荷数据，完成一次发输电潮流子迭代，求得新的发输电系统的电压分布(包括配电根节点 r 的电压)。

(3) $3 \rightarrow 4$：配电馈线潮流模块获得新的配电馈线根节点 r 的电压，完成一次配电馈线的回推计算，求得新的配电馈线的电压分布。

与全局潮流多步交替迭代法类似，在实际的全局前推回推计算中，同样允许每次配电馈线计算和发输电计算中包括若干步子迭代。

与多步交替迭代法相比，全局前推回推法有重要的不同：首先，发输电潮流计算直接继承的是配电馈线前推计算的结果而不是回推计算的结果，两者的广义负荷数据的计算结果相同，但计算效率却得到了提高；其次，配电馈线回推计算直接继承的是发输电潮流计算结果而不是配电馈线前推计算的结果，采用了最新的配电根节点的电压数据来进行配电回推计算，有利于收敛速度的提高。因此，在同样的条件下，全局前推回推法的计算效率有望高于对应的多步交替迭代法。这一计算效率的提高是通过有针对性地开发了配电前推回推法的特点而获得的。

如图 5-6 所示，在全局前推回推计算中，从配电系统看发输电系统，"感觉到"配电馈线被"延长"了，真正的电压给定的根节点不再是节点 r，而是一个存在于发输电系统中的虚拟根节点 r'，这时 r' 就相当于"广义电源"的"内电势"点，而 r' 至 r 的电气距离就相当于"内阻抗"，这样，一次全局前推回推计算相当于是一种"被延长"了的配电馈线的一次前推回推计算，所以称为全局前推回推法。

5.4 主从分裂法的理论分析

本节根据主从分裂理论，对全局潮流主从分裂法进行理论分析，重点给出实用的收敛性分析方法。整个理论分析过程由一般到特殊逐步展开。

5.4.1 一般情形

假设在全局潮流解值附近，只要给定边界节点电压 V_B，主系统 M 的潮流方程 $S_M(V_M) - S_{MM}(V_M) - S_{MB}(V_M, V_B) = 0$ 和配电潮流方程(式(5-3))均有唯一解，而且只要给定一种发输电"广义负荷"分布 S_{BS}，即可由发输电潮流方程(式(5-2))解出唯一的发输电潮流，则由收敛性定理可知，全局潮流主从分裂法在收敛性上等价于定义在边界状态上的一种不动点迭代，可给出其迭代映射 $\tilde{\Phi}$ 为

$$\tilde{\Phi} = \tilde{G}_{BM}^{-1} \circ \tilde{G}_{BS} \tag{5-6}$$

式中，$\tilde{\Phi}: D_B \subset \mathbf{R}^{N_B} \times \mathbf{R}^{N_B} \to \mathbf{R}^{N_B} \times \mathbf{R}^{N_B}$，$N_B$ 为边界系统节点数，边界状态 $x_B = [V_B \quad \theta_B]^T \in D_B$ 为广义负荷节点的电压矢量，主从分裂迭代中间变量 $y_B = [P_{BS} \quad Q_{BS}]^T$ 为广义负荷功率矢量。

由映射 G_{BM} 的定义，容易证明映射 $\tilde{G}_{BM}$ 的 Jacobi 阵的逆矩阵正好是发输电系统中广义负荷节点电压的变化对广义负荷功率的变化的灵敏度矩阵，记为

$$\left[\frac{\partial \widetilde{G}_{BM}}{\partial x_B}\right]^{-1} = \left(\frac{\partial(V_B,\theta_B)}{\partial(P_{BS},Q_{BS})}\right)_T = \begin{bmatrix}(S_{V_B P_{BS}})_T & (S_{V_B Q_{BS}})_T \\ (S_{\theta_B P_{BS}})_T & (S_{\theta_B Q_{BS}})_T\end{bmatrix} \quad (5\text{-}7)$$

式中，下标 T 标识为发输电系统；S 标识为灵敏度矩阵。该灵敏度矩阵体现了配电系统作为从系统通过广义负荷这个迭代中间变量对发输电系统电压的扰动影响的大小。

同样，容易证明映射 $\widetilde{G}_{BS}$ 的 Jacobi 阵正好是配电系统中对应的广义负荷功率的变化对广义负荷节点电压变化的灵敏度矩阵，记为

$$\frac{\partial \widetilde{G}_{BS}}{\partial x_B} = \left(\frac{\partial(P_{BS},Q_{BS})}{\partial(V_B,\theta_B)}\right)_D = \begin{bmatrix}(S_{P_{BS}V_B})_D & (S_{P_{BS}\theta_B})_D \\ (S_{Q_{BS}V_B})_D & (S_{Q_{BS}\theta_B})_D\end{bmatrix} \quad (5\text{-}8)$$

式中，下标 D 表示配电系统。该灵敏度矩阵体现了配电系统作为发输电系统的广义负荷时的"电压静特性"。

在全局潮流主从分裂法局部收敛的三个充分条件中，这里给出最强的但最便于计算的充分条件，即在全局潮流解附近，有不等式：

$$r < 1 \quad (5\text{-}9)$$

成立，其中

$$r = r_T \cdot r_D \quad (5\text{-}10)$$

$$r_T = \left\|\left(\frac{\partial(V_B,\theta_B)}{\partial(P_{BS},Q_{BS})}\right)_T\right\| \quad (5\text{-}11)$$

$$r_D = \left\|\left(\frac{\partial(P_{BS},Q_{BS})}{\partial(V_B,\theta_B)}\right)_D\right\| \quad (5\text{-}12)$$

一般 r 值越小，收敛越快。

在收敛性分析时，需要对 r 进行计算，对 r 的计算分为两部分，包括对发输电系统的 r_T 的计算和对配电系统的 r_D 的计算。其中，$\left(\frac{\partial(V_B,\theta_B)}{\partial(P_{BS},Q_{BS})}\right)_T$ 作为发输电系统中的灵敏度矩阵，可由发输电潮流方程独立求得，而与配电系统毫无关系，实际上，它是发输电潮流 Jacobi 阵的逆矩阵中对应于广义负荷节点的元素所组成的子矩阵的负阵，利用发输电牛顿类方法的潮流程序可以十分容易地求出，因此，

对 r_T 的计算十分便利。另外，$\left(\dfrac{\partial(P_{BS},Q_{BS})}{\partial(V_B,\theta_B)}\right)_D$ 可由配电潮流方程独立求得，而与发输电系统毫无关系，而且对实际的配电系统，各配电馈线相互独立，$\left(\dfrac{\partial(P_{BS},Q_{BS})}{\partial(V_B,\theta_B)}\right)_D$ 是一个块对角阵，记为 $\mathrm{diag}\{D_{11},D_{22},\cdots,D_{pp}\}$，$p$ 为对角子块个数，则各对角块 D_{ii} 的计算可由某一配电根节点下的配电馈线潮流独立完成，而与其他配电馈线毫无关系，计算十分容易，对常见的矩阵范数[4, 5](行范数、列范数、2-范数等)，进一步有

$$r_D = \max_i \{\|D_{ii}\|\} \tag{5-13}$$

可见，对 r_D 的计算也同样十分便利。最后，由式(5-10)直接求出 r。

这样，根据主从分裂理论，可以由独立的发输电潮流和各独立配电馈线潮流方程求得解值附近的 r 值来定量地分析全局潮流主从分裂法的局部收敛性，计算方便，实用性强。

5.4.2 辐射状配电系统的情形

配电系统在正常情形下呈辐射状，以下对这种最常见的情形下的全局潮流主从分裂法的收敛性进行分析。

对辐射配电系统的理论分析是有特殊性的。这时，对应于主从分裂理论，边界状态中不再包括边界电压相角 θ_B 而只有边界电压幅值 V_B，全局潮流的主从迭代实质上仅在 V_B 上进行。辐射馈线上广义负荷的计算也与 θ_B 无关，而只取决于 V_B。这时，等价的不动点迭代的迭代映射定义在边界电压幅值 V_B 上，仍记作 $\tilde{\Phi}: D_B \subset \mathbf{R}^{N_B} \to \mathbf{R}^{N_B}$，边界状态 $x_B = V_B \in D_B$，迭代映射 $\tilde{\Phi}$ 的 Jacobi 阵的计算式为

$$\begin{aligned}\dfrac{\partial \tilde{\Phi}}{\partial x_B} &= \left(\dfrac{\partial V_B}{\partial(P_{BS},Q_{BS})}\right)_T \cdot \left(\dfrac{\partial(P_{BS},Q_{BS})}{\partial V_B}\right)_D \\ &= \left(S_{V_B P_{BS}}\right)_T \cdot \left(S_{P_{BS} V_B}\right)_D + \left(S_{V_B Q_{BS}}\right)_T \cdot \left(S_{Q_{BS} V_B}\right)_D\end{aligned} \tag{5-14}$$

根据发输电系统的 PQ 解耦特性，相比之下，$\left(S_{V_B P_{BS}}\right)_T$ 很小，忽略不计，则有

$$\dfrac{\partial \tilde{\Phi}}{\partial x_B} = \left(S_{V_B Q_{BS}}\right)_T \cdot \left(S_{Q_{BS} V_B}\right)_D \tag{5-15}$$

这时，对应于式(5-10)，有

$$r_T = \left\| \left(S_{V_B Q_{BS}} \right)_T \right\| \tag{5-16}$$

$$r_D = \left\| \left(S_{Q_{BS} V_B} \right)_D \right\| \tag{5-17}$$

同样，在全局潮流解值附近，若能验证式(5-9)成立，则辐射配电下的全局潮流主从分裂法的局部收敛性是有保证的。同样 r 值越小，收敛一般越快。

对辐射状配电系统，$\left(S_{Q_{BS} V_B} \right)_D$ 是对角阵，记为 $\mathrm{diag}\left\{ \left(S_{Q_{B_i S} V_{B_i}} \right)_D \right\}$，其中对角元素 $\left(S_{Q_{B_i S} V_{B_i}} \right)_D$ 为配电系统中第 i 个配电根节点上的广义无功负荷 $Q_{B_i S}$ 的变化对根节点电压幅值 V_{B_i} 变化的灵敏度。

更进一步，假设挂在第 i 个配电根节点上的辐射馈线数为 n_{F_i}，这 n_{F_i} 条馈线组成馈线集 C_{F_i}，则有

$$\left(S_{Q_{B_i S} V_{B_i}} \right)_D = \sum_{j \in C_{F_i}} \left(S_{Q_{B_i S_j} V_{B_i}} \right)_D \tag{5-18}$$

式中，$\left(S_{Q_{B_i S_j} V_{B_i}} \right)_D$ 为配电系统中辐射馈线 j 对应的广义无功负荷分量元素 $Q_{B_i S_j}$ 的变化对其根节点电压幅值 V_{B_i} 变化的灵敏度，可由各辐射馈线独立计算出。

因此有

$$r_D = \max_{i \in C_B} \left\{ \left| \sum_{j \in C_{F_i}} \left(S_{Q_{B_i S_j} V_{B_i}} \right)_D \right| \right\} \tag{5-19}$$

式中，$|\cdot|$ 表示取绝对值，可以看出，r_D 的计算十分方便。

通过上述理论分析，对拥有辐射状配电系统的全局潮流计算的主从分裂法的收敛性作如下讨论。

(1) 在实际的配电系统中，随着根节点电压幅值的变化，对应的广义无功负荷的变化一般较小，也即 r_D 较小，物理上的解释为：广义无功负荷的"电压静特性"曲线较平坦。同时，在实际的发输电系统中，广义无功负荷的变化对广义负荷节点的电压幅值大小的影响一般也较小，也即 r_T 较小，物理上的解释为：配电系统作为从系统对发输电系统状态的扰动较小。因此，实际的全局电力系统一般能满足式(5-9)，主从分裂法的收敛性是有保证的。

(2) 假定各辐射馈线完全相同，则随着属于同一个配电根节点的馈线数目的增

加,r_D 的数值将呈线性上升(参见式(5-19)),这时对应的广义无功负荷的"电压静特性"变陡了,主从分裂法的收敛性将下降。但事实上,在一个降压变压器上不允许流过很大的广义负荷潮流,也即 r_D 是可以保证足够小的。

(3) 各辐射馈线之间通过发输电系统存在相互作用,这种作用通过灵敏度矩阵 $\left(S_{V_B Q_{BS}}\right)_T$ 的非对角非零元体现出来,它将增大范数 r_T,降低收敛性,但事实上,由于发输电系统中无功电压的区域性,灵敏度矩阵 $\left(S_{V_B Q_{BS}}\right)_T$ 基本上呈现小规模的对角块化的趋势,对角块外的元素的数值接近于零可以忽略不计,另外,广泛分布的电源点(PV 型节点)使灵敏度矩阵 $\left(S_{V_B Q_{BS}}\right)_T$ 中的元素值保持很小,因此,灵敏度矩阵 $\left(S_{V_B Q_{BS}}\right)_T$ 的范数 r_T 一般不会随系统规模的增大而上升。因此,对大规模电力系统,全局潮流主从分裂法的收敛性仍是有保证的。

为了帮助理解全局潮流主从分裂解法的基本原理,以下针对一种简单的全局电力系统讨论全局潮流计算的收敛性,如图 5-7 所示,给定的全局电力系统由一条辐射配电馈线和发输电系统组成。

这时,边界节点只有一个,其电压记为 $V_b(=V_b\angle\theta_b)$,广义负荷也只有一个,记为 $S_{bS}(=P_{bS}+jQ_{bS})$,仍考虑发输电系统的 PQ 解耦特性,则由发输电潮流方程组定义了隐函数:

$$V_b = V_b(Q_{bS}) \tag{5-20}$$

即给定一个广义无功负荷 Q_{bS},由发输电潮流方程组即可解得一个边界电压幅值 V_b,隐函数 $V_b(Q_{bS})$ 即收敛性定理中定义的映射 $\widetilde{G}_{BM}$ 的逆映射,$V_b(Q_{bS})$ 画出的曲线是人们所熟悉的发输电系统静态电压稳定分析中的负荷电压对负荷无功的"鼻值曲线",见图 5-7 中的曲线 T。

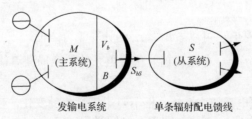

图 5-7 简单的全局电力系统示意

另外,由配电馈线潮流方程组定义了隐函数:

$$Q_{bS} = Q_{bS}(V_b) \tag{5-21}$$

即给定一个馈线根节点电压幅值 V_b,即可解得一个广义无功负荷 Q_{bS},隐函数

$Q_{bS}(V_b)$ 即收敛性定理中定义的映射 $\widetilde{G}_{BS}$，若进一步画出 $Q_{bS}(V_b)$ 的曲线，它即广义无功负荷的"电压静特性"曲线，见图 5-8 中的曲线 D。

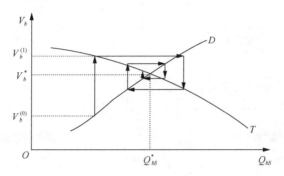

图 5-8　全局潮流主从分裂迭代解法

图 5-8 中，曲线 T 和 D 的交点即全局潮流边界节点电压幅值的解 V_b^*，图中形象地表达了主从分裂法的迭代实质上是在边界上进行的这一重要结论，迭代过程为：$V_b^{(0)} \to V_b^{(1)} \to \cdots \to V_b^*$。

对这种简单的全局电力系统，根据式(5-20)和式(5-21)，作为式(5-16)、式(5-17)的特例，有简单的范数计算式：

$$r_T = \left| \left(\frac{\mathrm{d}V_b}{\mathrm{d}Q_{bS}} \right)_T \right| \tag{5-22}$$

$$r_D = \left| \left(\frac{\mathrm{d}Q_{bS}}{\mathrm{d}V_b} \right)_D \right| \tag{5-23}$$

同样，只要满足式(5-9)则全局潮流收敛，这与单变量非线性代数方程的迭代法的收敛性理论[6]是一致的，它作为一个特例支持了主从分裂理论。

全局潮流主从分裂法的收敛与否取决于图 5-8 中两条曲线的斜率。若曲线 T 和 D 都统一地以 Q_{bS} 为自变量，则式(5-22)、式(5-23)中的 r_T 即图中曲线 T 的斜率的绝对值，而 r_D 是曲线 D 的斜率的倒数的绝对值。对实际的全局电力系统，在解值 V_b^* 附近，曲线 T 足够平，即 r_T 数值很小；而当恒功率负荷占绝大部分时，曲线 D 是比较陡的，即 r_D 数值也很小。因此，在实际中，全局潮流主从分裂法的收敛性是有保证的。

与图 5-8 相比较，图 5-9 给出了不同曲线斜率下收敛性不同的图示，曲线 T 越平(图 5-9(a))或曲线 D 越陡(图 5-9(b))，收敛性越好；曲线 T 水平(图 5-9(c))和曲线 D 垂直(图 5-9(d))是极端的情况，这时 r 值为零，不需要迭代；图 5-9(e)

给出了一种发散的情形,这时 $r>1$,在实际中一般不会出现这种情况。

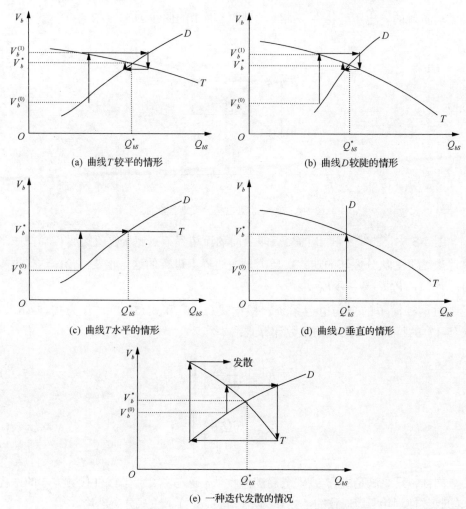

图 5-9　不同曲线斜率下全局潮流主从分裂迭代收敛情况示意

5.4.3　配电系统含环运行情形和改进算法

为了应用更多的智能电网技术(如分布式能源),配电网中的含环运行情景正在增加。对于含环状连接的馈线,在式(5-12)中定义的灵敏度变量 r_D 会明显变大,这将严重影响主从分裂法的收敛性,甚至使其发散。为了提升收敛性,本书提出了构建新中间变量的网络等值方法。

以一个含有两个馈线的环状网络为例,为了实现网络等值,保留根节点 B_1 和 B_2,并删除其他节点,等值后的网络如图 5-10 所示。

第 5 章　分布式输配协同全局潮流

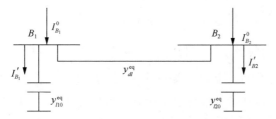

图 5-10　含环等效配网

在图 5-10 中，$I_{B_1}^0$ 和 $I_{B_2}^0$ 是输电网向两个根节点的注入电流，y_{dl}^{eq}、y_{l10}^{eq} 和 y_{l20}^{eq} 是对应的等效导纳。

不难得到

$$\begin{bmatrix} I''_{B_1} \\ I''_{B_2} \end{bmatrix} = \begin{bmatrix} y_{dl}^{eq} + y_{l10}^{eq} & -y_{dl}^{eq} \\ -y_{dl}^{eq} & y_{dl}^{eq} + y_{l20}^{eq} \end{bmatrix} \begin{bmatrix} V_{B_1} \\ V_{B_2} \end{bmatrix} \tag{5-24}$$

式中，V_{B_1} 和 V_{B_2} 为根节点电压；I''_{B_1} 和 I''_{B_2} 为两个根节点的总等效电流注入，即环路电流和支路电流之和，所以

$$\begin{bmatrix} I_{B_1}^0 \\ I_{B_2}^0 \end{bmatrix} = \begin{bmatrix} I'_{B_1} \\ I'_{B_2} \end{bmatrix} + \begin{bmatrix} I''_{B_1} \\ I''_{B_2} \end{bmatrix} \tag{5-25}$$

其中初始电流注入 $\begin{bmatrix} I_{B_1}^0 & I_{B_2}^0 \end{bmatrix}^T$ 包括两部分：$\begin{bmatrix} I''_{B_1} & I''_{B_2} \end{bmatrix}^T$，其对 V_{B_1} 和 V_{B_2} 十分敏感；$\begin{bmatrix} I'_{B_1} & I'_{B_2} \end{bmatrix}^T$，其几乎保持不变。

为了提高全局潮流主从分裂迭代解法的收敛性，从式(5-2)中的中间变量 S_{BS} 中把式(5-25)中右侧的第一项移除，然后式(5-2)和式(5-3)中的全局潮流表达式变为

$$\begin{cases} S_M(V_M) - S_{MM}(V_M) - S_{MB}(V_M, V_B) = 0 \\ S_B(V_B) - S_{BM}(V_M, V_B) - S_{BB}(V_B) - \Delta S_B(V_B) = S'_{BS}(V_B, V_S) \end{cases} \tag{5-26}$$

$$S_S(V_S) - S_{SB}(V_B, V_S) - S_{SS}(V_S) + \Delta S_B(V_B) = 0 \tag{5-27}$$

式中

$$\Delta S_B(V_B) = \mathrm{diag}(V_B) \hat{I}''_B = \begin{bmatrix} V_{B1} & & \\ & V_{B2} & \\ & & \ddots \end{bmatrix} \begin{bmatrix} \hat{I}''_{B_1} \\ \hat{I}''_{B_2} \\ \vdots \end{bmatrix} \tag{5-28}$$

$$S'_{BS}(V_B, V_S) = S_{BS}(V_B, V_S) - \Delta S_B(V_B) \tag{5-29}$$

其中,$\hat{I}''_{B_i}$ 表示 I''_{B_i} 的共轭复数。对比式(5-29)和式(5-3),新的中间变量 $S'_{BS}(V_B, V_S)$ 排除了 $\hat{I}''_B$ 的影响。因此,灵敏度矩阵 $S'_D = \partial S'_{BS}/\partial V_B$ 的谱半径显著减小,这大大提升了含环网络全局潮流主从分裂迭代解法的收敛性。对比式(5-26)和式(5-3),增加的项 $\Delta S_B(V_B)$ 意味着在进行迭代求解的过程中,图5-10中的等效导纳被等价为输电网的虚拟支路。基于以上变形,含环网络的主从分裂迭代过程具体如图5-11所示。

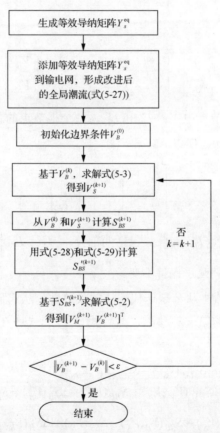

图 5-11 改进后的全局潮流主从分裂迭代解法

5.4.4 改进算法的收敛性分析

可借由广义主从分裂的收敛性改进方法的相关理论分析上述改进算法的收敛性。下面将证明,上述的改进算法本质上是一种对满足式(3-30)或式(3-31)的配电系统辅助函数 $a(\cdot)$ 的构造方法,因而可以提高算法收敛性。

在图 5-12 所示的诺顿等值电路中(为便于理解,以单端口网络等值为例),从系统注入输配界面上的复功率可以表示为

$$S_{SB} = \text{diag}\{V_B\} \times \hat{I}_{SB} = \text{diag}\{V_B\} \times \left(\hat{I}_{S,\text{eq}} - \hat{Y}_{S,\text{eq}}\hat{V}_B\right)$$
$$= \text{diag}\{V_B\} \times \hat{I}_{S,\text{eq}} - \text{diag}\{V_B\} \times \hat{Y}_{S,\text{eq}}\hat{V}_B \quad (5\text{-}30)$$
$$I_{S,\text{eq}} = -Y_{B,S}Y_{S,S}^{-1}I_S = -Y_{B,S}Y_{S,S}^{-1}\text{diag}\{\hat{V}_S\}^{-1}\hat{S}_S$$

式中,I_{SB} 为从系统流向边界系统的复电流;$I_{S,\text{eq}}$ 为从系统的等效电流源的复电流;$Y_{S,\text{eq}}$ 为从系统的诺顿等值导纳;V_B 为节点复电压;$Y_{B,S}$ 为边界和从系统相关联导纳阵;$Y_{S,S}$ 为从系统内部导纳阵;V_S 为从系统节点复电压;S_S 为从系统节点复注入功率;符号"$\hat{\ }$"表示共轭。

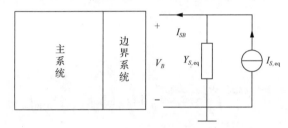

图 5-12 基于从系统诺顿等值电路的全局系统图

由式(5-30)可得

$$S_{SB} = -\text{diag}\{V_B\}\hat{Y}_{B,S}\hat{Y}_{S,S}^{-1}\text{diag}\{V_S\}^{-1}\hat{S}_S - \text{diag}\{V_B\}\hat{Y}_{S,\text{eq}}\hat{V}_B \quad (5\text{-}31)$$

$f_{BS} = \left[\text{real}(S_{SB}), \text{imag}(S_{SB})\right]^T$,因此如果存在 $V_S = H_S(V_B)$,那么由式(5-31)可得

$$\tilde{f}_{BS} = \begin{bmatrix} \text{real}\left(\underbrace{-\text{diag}\{V_B\}\hat{Y}_{B,S}\hat{Y}_{S,S}^{-1}\text{diag}\{H_S(V_B)\}^{-1}\hat{S}_S}_{\text{第一部分}} \underbrace{-\text{diag}\{V_B\}\hat{Y}_{S,\text{eq}}\hat{V}_B}_{\text{第二部分}}\right) \\ \text{imag}\left(\underbrace{-\text{diag}\{V_B\}\hat{Y}_{B,S}\hat{Y}_{S,S}^{-1}\text{diag}\{H_S(V_B)\}^{-1}\hat{S}_S}_{\text{第一部分}} \underbrace{-\text{diag}\{V_B\}\hat{Y}_{S,\text{eq}}\hat{V}_B}_{\text{第二部分}}\right) \end{bmatrix}$$

$$(5\text{-}32)$$

显然,若 V_B 变化,$\tilde{f}_{BS}$ 也将随之变化,且变化量由两部分组成。由文献[7]可

知,对于配电系统,式(5-32)中 $\mathrm{diag}\{V_B\}$ 的变化方向和 $\mathrm{diag}\{H_S(V_B)\}^{-1}$ 的变化方向相互抵消,因此式(5-32)中的第一部分随 V_B 变化通常明显弱于第二部分随 V_B 的变化。由此出发,可构造边界注入等值映射 $a_f(.)$ 如下:

$$a_f(V_B) = \begin{bmatrix} \mathrm{real}\left(-\mathrm{diag}\{V_B\}\hat{Y}_{S,\mathrm{eq}}\hat{V}_B\right) \\ \mathrm{imag}\left(-\mathrm{diag}\{V_B\}\hat{Y}_{S,\mathrm{eq}}\hat{V}_B\right) \end{bmatrix} \tag{5-33}$$

于是由此可得新的迭代映射函数

$$\tilde{f}'_{BS} = -\begin{bmatrix} \mathrm{real}\left(\mathrm{diag}\{V_B\}Y_{B,S}Y_{S,S}^{-1}\,\mathrm{diag}\{H_S(V_B)\}^{-1}\hat{S}_S\right) \\ \mathrm{imag}\left(\mathrm{diag}\{V_B\}Y_{B,S}Y_{S,S}^{-1}\,\mathrm{diag}\{H_S(V_B)\}^{-1}\hat{S}_S\right) \end{bmatrix} \tag{5-34}$$

和

$$\tilde{f}'_{MB} = \tilde{f}_{MB} - a_f = \tilde{f}_{MB} + \begin{bmatrix} \mathrm{real}\left(\mathrm{diag}\{V_B\}\hat{Y}_{S,\mathrm{eq}}\hat{V}_B\right) \\ \mathrm{imag}\left(\mathrm{diag}\{V_B\}\hat{Y}_{S,\mathrm{eq}}\hat{V}_B\right) \end{bmatrix} \tag{5-35}$$

从物理意义上分析,构造边界注入等值映射 $a_f(.)$ 正是物理上对从系统做网络等值,并将等值后的网络由从系统"贴"到主系统模型中的过程。等值后的映射函数 $\tilde{f}'_{BS}$ 对应于在从系统扣掉等效导纳带来的边界注入功率后的"净注入功率"。由前面分析可知,这一净注入功率随 V_B 变化通常较弱,故 $\left\|\dfrac{\partial \tilde{f}'_{BS}}{\partial x_B}\right\|$ 明显小于 $\left\|\dfrac{\partial \tilde{f}_{BS}}{\partial x_B}\right\|$。映射函数 $\tilde{f}'_{MB}$ 在物理上对应于考虑从系统等值导纳后的主系统边界注入。由于 $\left(\dfrac{\partial \tilde{f}_{MB}}{\partial x_B}\right)^{-1} = \dfrac{\partial \tilde{f}_{MB}^{-1}}{\partial y_B}$,而在电力系统中从系统的等值导纳通常对于发输电侧 $\left\|\dfrac{\partial \tilde{f}_{MB}^{-1}}{\partial y_B}\right\|$ 的影响不大,所以有 $\left\|\dfrac{\partial \tilde{f}'_{MB}}{\partial x_B}\right\|^{-1} \approx \left\|\dfrac{\partial \tilde{f}_{MB}^{-1}}{\partial y_B}\right\|$,因此 $\left\|\dfrac{\partial \tilde{f}'_{MB}}{\partial x_B}\right\|^{-1}$ 的数值在等值后变化不大,又因为 $\left\|\dfrac{\partial \tilde{f}'_{BS}}{\partial x_B}\right\|$ 明显变小,所以 $\left\|\left(\dfrac{\partial \tilde{h}'_{MB}}{\partial \xi_B}\right)^{-1}\right\| \cdot \left\|\dfrac{\partial \tilde{h}'_{BS}}{\partial \xi_B}\right\|$ 通常比 $\left\|\left(\dfrac{\partial \tilde{h}_{MB}}{\partial \xi_B}\right)^{-1}\right\| \cdot \left\|\dfrac{\partial \tilde{h}_{BS}}{\partial \xi_B}\right\|$ 更小,所以等值后分布式算法的收敛性改善。

5.5 算 例 分 析

本书测试了数个输配全局电力系统,分别用 5A、14B、30D、30E、118C 和 118D 表示。其中四个电气与电子工程师学会(Institute of Electrical and Electronics Engineers,IEEE)标准输电系统——IEEE-4、IEEE-14、IEEE-30 和 IEEE-118 节点作为输电网;5 个配电系统——A 系统[8](3 馈线,16 节点,16 支路)、B 系统[9](1 馈线,33 节点,37 支路)、C 系统[10](1 馈线,10 节点,9 支路)、D 系统[11](6 馈线,44 节点,51 支路)、E 系统[12](1 馈线,70 节点,74 支路)作为和输电网相连的配电网络。例如,30D 测试系统是 IEEE-30 节点和配电系统 D 的结合,其中节点 14、3、24、7、30、20 连接配电馈线。关于这些测试系统的更多细节在文献[13]中有更为详细的描述。独立输电网潮流(independent transmission power flow,ITPF)计算代表在给定边界节点负荷(P_{BS}, Q_{BS})下利用传统的输电网潮流计算法得到的潮流结果,其可以由远程终端单元(remote terminal unit,RTU)量测得到。独立配电网潮流(independent distribution power flow,IDPF)计算代表在给定根节点电压(V_B, θ_B)下利用传统的配电网潮流计算法得到的潮流结果,其可以由 RTU 或者相量测量单元(phasor measurement unit,PMU)量测得到。输配全局潮流用 GPF(global power flow)代表。

5.5.1 配网重置后全局潮流计算和传统潮流计算的对比

首先,本书分别在配网开环和闭环运行条件下仿真了 GPF 计算和传统潮流计算,并展示了前者在计算精度上的优越性。本书用 30D 系统做测试,假设馈线 2 到馈线 5 之间存在合环开关,原先处于打开的状态,在某个时刻开关闭合,配电系统网络重构,之后本书比较了 IDPF 计算、ITPF 计算和 GPF 计算的运行结果。仿真分析两个情形:在第一个情形中,在配网中只安装有测量根节点电压幅值的 RTU,由于根节点电压相角不可测量,假设其为 0;在第二个情形中,配网中安装了 PMU,可以同时测量电压幅值和相角。比较结果如表 5-1 所示。

表 5-1 传统潮流计算和 GPF 计算在输电母线 30 号节点(连接馈线 5 的边界母线)处的对比*

算例	比较项	ITPF 计算	IDPF 计算	GPF 计算	dT	dD
情形 1	V_B/p.u.	0.9572	0.9572	0.9679	0.0107	0.0107
	θ_B/(°)	−4.984	0.000	−3.132	1.852	−3.132
	P_{BS}/MW	14.40	11.42	10.03	−4.37	−1.39
	Q_{BS}/Mvar	2.52	−0.01	2.21	−0.31	2.22
情形 2	V_B/p.u.	0.9572	0.9572	0.9679	0.0107	0.0107
	θ_B/(°)	−4.984	−4.984	−3.132	1.852	1.852
	P_{BS}/MW	14.40	5.66	10.03	−4.37	4.37
	Q_{BS}/Mvar	2.52	3.65	2.21	−0.31	−1.44

* V_B、θ_B、P_{BS} 和 Q_{BS} 是边界节点的变量,GPF 计算是基于主从分裂的全局潮流解算方法。dT(=GPF−ITPF) 和 dD(=GPF−IDPF)代表传统方法的误差。

由表 5-1 可见，dT 和 dD 在潮流计算中是不能忽略的。在情形 1 中，尽管安装了 PMU，IDPF 计算给出的 V_B 的误差仍可达 0.0107p.u.，P_{BS} 的计算误差可达 4.37MW。这是因为 PMU 只能测量当前电压值，而不能预测重置操作后的电压。由于输电网和配电网之间的相互影响，在开关状态变化时，配电网络重构后的根节点电压可能发生巨大变化，而 IDPF 计算是基于当前的量测，因此可能产生较为严重的计算错误。相反地，GPF 计算同时考虑了输电网和配电网的潮流，故能准确计算配网重构后输配全局系统的状态。

值得注意的是，因为输电网和配电网在原件参数上存在不同，直接采用牛顿-拉弗森方法计算输配全局系统的潮流方程会产生数值问题。例如，在算例配网 E 中有数个较短的支路的阻抗在 0.001Ω 数量级，如果运用牛顿-拉弗森法，则 30E 系统的 Jacobian 阵的条件数为 1.2×10^6，远远大于输电网潮流计算的条件数(303)，计算不收敛。此时，只有采用主从分裂法才能够得到准确的结果。

5.5.2 分布式发电系统的 GPF Jacobi 和基于 IDPF Jacobi 的潮流计算方法的对比

本案例测试了分布式发电并网下采用 GPF 计算的优越性。

假设风机在 5A 系统的馈线 3(F3)接入并且提供了 F3 总负荷的 50%，然后风电出力突然降为 50%，此时进行潮流计算，评估配网的安全性。这里用 GPF 和 IDPF 计算了潮流结果，并将其展示在表 5-2 和图 5-13 中。

表 5-2　IDPF 和 GPF 的计算结果对比

馈线	V_B/p.u.	
	IDPF	GPF
F1	1.0977	1.0970
F2	1.0554	1.0595
F3	1.0480	1.0325

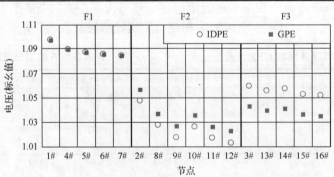

图 5-13　IDPF 和 GPF 计算得到的电压曲线对比

从算例中可以发现一些有趣的现象：尽管在馈线 1(F1)和馈线 2 (F2)没有连接分布式电源，也没有负荷波动，用 GPF 和 IDPF 计算得出的电压却是不同的。

这是因为根节点的V_B是不同的,如表5-2所示。尽管F1、F2和F3在配电侧是解耦的,但它们通过上一级的输电网相联系。当连接在F3的分布式电源的出力突然变化时,上一级输电网中的潮流也发生变化,从而导致F2和F3所连的输电网节点电压发生变化。而IDPF不能刻画这一关系,因此其结果和GPF有所不同,也偏离了正确的结果。因此,在评估接入分布式电源的配电网网络潮流时,有必要采用GPF进行计算。

5.5.3 GPF的全局收敛性

首先,本书测试了GPF在辐射配网之中的收敛性。用式(5-10)、式(5-16)、式(5-17)计算GPF在解附近的r,并把结果列在表5-3中。由于r远小于1.0,GPF能够得到良好的收敛性。

表 5-3 在 GPF 的解附近的 r

系统	5A	14B	30E	118C	118D
r_M	0.110	0.131	0.630	0.034	0.052
r_S	0.402	0.025	0.033	0.156	0.046
r	0.044	0.003	0.021	0.005	0.002

其次,本书评估了含弱环配电系统的GPF计算的收敛速度。这里将系统5A、30D和118D的分段开关闭合以产生环。如表5-4所示,r^0和r^1表示由式(5-10)计算得到的r的数值,k^0和k^1代表GPF计算的迭代次数,上标1和0分别代表是否使用基于网络等值的改进算法。

表 5-4 基于主从分裂的 GPF 计算的收敛速度比较

系统	合环开关	r^0	k^0/次	r^1	k^1/次
5A	辐射状	0.002	3	0.002	3
	5–11	0.298	发散	0.025	4
	5–11,10–14	0.623	发散	0.028	6
30D	辐射状	0.012	2	0.012	2
	3–14	1.273	发散	0.015	3
	15–20,14–19	1.973	发散	0.074	5
	26–36,25–31,9–22	3.224	发散	0.176	7
118D	辐射状	0.002	3	0.002	3
	7–9	0.037	8	0.002	4
	15–20, 14–19	0.141	13	0.005	3
	26–36, 25–31, 9–22	0.231	12	0.012	4

从表 5-4 可以看出，当配网中含环时，r^0 迅速增加，这会影响 GPF 计算的收敛速率，甚至在 $r^0>1$ 时不收敛。当使用改进方法后，r^1 明显小于 r^0，收敛性改善。

5.6 本章小结

本章以求解非线性方程组的主从分裂理论为指导，充分利用全局电力系统主从式的物理特征，构造了全局潮流主从分裂法，重点介绍了所采用的数学模型、总体算法及其分布式组织。该方法自然地将全局潮流计算问题分解成为发输电潮流和一系列小规模的配电馈线潮流子问题，满足了全局潮流在线分布式计算的要求。仿真算例证明了主从分裂法的快速收敛性，而普通的牛顿-拉弗森法则可能面临数值困难，计算不收敛。

参 考 文 献

[1] 王耀瑜. 电力系统分布式能量管理系统[DEMS]分布式异步迭代算法的研究[D]. 天津：天津大学, 1994.

[2] Bertsekas D P, Tsitsiklis J N. Parallel and Distributed Computation: Numerical Methods[M]. Englewood Cliffs: Prentice Hall, 1989.

[3] 康立山, 孙乐林, 陈毓屏. 解数学物理问题的异步并行算法[M]. 北京：科学出版社, 1985.

[4] 李庆扬, 易大义, 王能超. 现代数值分析[M]. 北京：高等教育出版社, 1995.

[5] 陈景良. 近代分析数学概要[M]. 北京：清华大学出版社, 1987.

[6] 数学手册编写组. 数学手册[M]. 北京：高等教育出版社, 1979.

[7] 孙宏斌, 张伯明, 相年德. Ward 型等值的非线性误差分析与应用[J]. 电力系统自动化, 1996, 20(9)：12-16.

[8] Civanlar S, Grainger J J, Yin H, et al. Distribution feeder reconfiguration for loss reduction[J]. IEEE Transactions on Power Delivery, 1988, 3(3)：1217-1223.

[9] Goswami S K, Basu S K. A new algorithm for the reconfiguration of distribution feeders for loss minimization[J]. IEEE Transactions on Power Delivery, 1992, 7(3)：1484-1491.

[10] Grainger J J, Lee S H. Capacity release by shunt capacitor placement on distribution feeders: A new voltage-dependent model[J]. IEEE Transactions on Power Apparatus and Systems, 1982, 101(5)：1236-1241.

[11] Wagner T P, Chikhani A Y, Hackam R. Feeder reconfiguration for loss minimization: An application of distribution automation[J]. IEEE Transactions on Power Delivery, 1991, 6(4)：1922-1933.

[12] Baran M E, Wu F F. Optimal capacitor placement on radial distribution systems[J]. IEEE Transactions. Power Delivery, 1989, 4(1)：725-734.

[13] 孙宏斌. 电力系统全局准稳态无功优化控制的研究[D]. 北京：清华大学, 1997.

第6章 分布式输配协同状态估计

6.1 概　　述

输配协同状态估计简称为全局状态估计[1-4]，它是发输配全局电力系统一体化分析的重要内容。

要对全局电力系统进行分析和控制，首先必须确定全局电力系统的运行状态。全局状态估计以发输配全局电力系统作为研究对象，基于发输配全局电力网络的互联性，通过建立全局状态估计的数学模型，能充分发挥全局量测配置的潜力，估计出全局一致的、精度更高的全局电力系统状态，弥补了传统的相互独立的发输电状态估计和配电状态估计的缺陷，是全局无功优化控制系统中必不可少的数字滤波器，对控制系统的质量有着关键影响。

与全局潮流计算类似，本章在求解非线性方程组的主从分裂思想的指导下，充分利用全局电力系统主从式的物理特征，提出了全局状态估计的主从分裂法。本章重点介绍了所采用的数学模型、总体算法及其分布式组织。该方法自然地将全局状态估计问题分解成为发输电状态估计和一系列小规模的配电子系统的状态估计子问题，满足了全局状态估计在线分布式计算的要求。

另外，作为全局状态估计子问题之一的配电状态估计，也将作为本章研究的重要内容。为了提高配电状态估计的计算效率，本章重点开发了配电网络辐射状的特点，提出了独特的基于支路功率的配电状态估计方法，同时，在总结前人文献[5-9]的基础上提出了系统化的量测变换方法，作为配电状态估计算法构造和分析的指导与理论依据。

与全局潮流计算类似，全局状态估计也拥有多种不同的主从分裂实用迭代法，这些算法均统一在一个软件中得以实现，最后给出了全面的算例。

为了突出重点，本章考虑三相平衡而采用单相模型来做全局状态估计，6.5节中将简单讨论算法对配电系统三相不平衡模型的适应能力。

6.2 全局状态估计的数学模型

给定全局量测矢量 Z，量测方程为

$$Z = h(x) + v \tag{6-1}$$

式中，$h(x)$ 为全局量测函数矢量，x 为全局状态矢量；v 为全局量测误差矢量。则加权最小二乘（weighted least squares，WLS）全局状态估计是求解如下的优化问题：

$$\underset{x}{\operatorname{Min}} J(x) = [Z - h(x)]^T W [Z - h(x)] \tag{6-2}$$

式中，$W \in \mathrm{R}^{M \times M}$ 为全局量测权系数阵，M 为全局量测总数。当各量测互不相关时，W 阵为对角阵，对角元是各量测的权系数，一般取为 σ^{-2}，σ 是量测误差的均方差。

全局状态估计问题(6-2)的最优性条件为

$$H^T(x) W [Z - h(x)] = 0 \tag{6-3}$$

式中，$H(x) = \dfrac{\partial h(x)}{\partial x}$，称为全局量测 Jacobi 阵。

这样，在数学上，全局状态估计问题(6-2)的求解就被转化为以最优性条件表达的非线性代数方程组（式(6-3)）的求解。

与完全独立的发输电系统或者配电系统的状态估计问题相比，式(6-1)~式(6-3)并没有什么形式上的特殊性，其中的不同，在于全局状态估计将发输电系统和配电系统看成一个完整的一体的全局电力系统的组成部分，通过量测方程（式(6-1)）很自然地将发输电系统和配电系统联系在一起，并将全局量测统一在一个全局最优估计的目标（式(6-2)）下求解，最后由一个全局状态估计最优性条件（式(6-3)）给出数学模型。

与全局潮流计算相似，对于实际的全局电力系统，全局估计最优性条件（式(6-3)）的规模很大，简单地对其直接求解同样是不现实的。

6.3　全局状态估计的主从分裂法

6.3.1　主从节点集和量测集的划分

与全局潮流计算类似，全局电力系统是一个典型的主从式系统，而全局状态估计的求解实质上是非线性方程组（式(6-3)）的求解，因此，人们很自然地想到了主从分裂法。

主从节点集的划分与全局潮流完全相同，特殊的是量测集的划分。将全局量测矢量分解为

$$Z = \begin{bmatrix} Z_M \\ Z_B \\ Z_S \end{bmatrix} \tag{6-4}$$

式中，Z 为全局量测矢量，包括发输配全局电力系统中的所有量测；$Z_M \in \mathrm{R}^{M_M}$ 称为主系统（即发输电系统）量测矢量；$Z_B \in \mathrm{R}^{M_B}$ 称为边界注入量测矢量；$Z_S \in \mathrm{R}^{M_S}$ 称为从系统（即配电系统）量测矢量。

其中，Z_M 对应于传统发输电状态估计取用的所有量测，而 Z_S 对应于传统配电状态估计取用的所有量测，其中额外的量测有边界注入量测 Z_B（图 6-1），一般而言，Z_B 由边界节点上的零注入量测组成。特别指出，边界支路上的潮流量测和边界节点上的电压量测的归属应符合实际：若由发输电控制中心采集，则归入 Z_M；若由配电控制中心采集，则归入 Z_S；若发输电和配电控制中心均采集，则应该对应地分别归入 Z_M 和 Z_S。

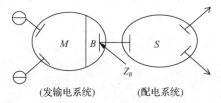

（发输电系统）　　　（配电系统）

图 6-1　全局电力系统边界注入量测 Z_B 示意

6.3.2　全局状态估计问题的主从分裂形式

以下分两种情形来讨论全局状态估计问题的求解。

（1）不计 Z_B 量测。这时，状态空间分解为 $[x_M \quad x_B \quad x_S]^{\mathrm{T}}$，量测空间分解为 $[Z_M \quad Z_S]^{\mathrm{T}}$，若考虑发输电量测系统与配电量测系统相互独立，有

$$W = \begin{bmatrix} W_M & 0 \\ 0 & W_S \end{bmatrix} \tag{6-5}$$

式中，W_M 和 W_S 分别为发输电量测 Z_M、配电量测 Z_S 的权系数阵。

式(6-3)展开后，有

$$\begin{bmatrix} H_{MM}^{\mathrm{T}}(x_M, x_B) & 0 \\ H_{MB}^{\mathrm{T}}(x_M, x_B) & H_{SB}^{\mathrm{T}}(x_B, x_S) \\ 0 & H_{SS}^{\mathrm{T}}(x_B, x_S) \end{bmatrix} \cdot \begin{bmatrix} W_M[Z_M - h_M(x_M, x_B)] \\ W_S[Z_S - h_S(x_B, x_S)] \end{bmatrix} = 0 \tag{6-6}$$

式中，h_M 和 h_S 分别为 Z_M、Z_S 的量测函数；H_{MM}、H_{MB}、H_{SB}、H_{SS} 分别为量测 Jacobi 阵中对应的子阵。

将式(6-6)表达成主从分裂的形式：

$$\begin{bmatrix} H_{MM}^{\mathrm{T}}(x_M, x_B) \\ H_{MB}^{\mathrm{T}}(x_M, x_B) \end{bmatrix} W_M \left[Z_M - h_M(x_M, x_B) \right] = \begin{bmatrix} 0 \\ y_B(x_B, x_S) \end{bmatrix} \quad (6\text{-}7\text{a})$$

$$H_{SS}^{\mathrm{T}}(x_B, x_S) W_S \left[Z_S - h_S(x_B, x_S) \right] = 0 \quad (6\text{-}7\text{b})$$

式中

$$y_B(x_B, x_S) = -H_{SB}^{\mathrm{T}}(x_B, x_S) W_S \left[Z_S - h_S(x_B, x_S) \right] \quad (6\text{-}7\text{c})$$

分别称式(6-7a)和式(6-7b)为发输电状态估计方程组、配电状态估计方程组，其中 y_B 为主从分裂迭代中间变量。显然，式(6-7)完全满足主从分裂迭代法对方程组在形式上的要求(参见第 2 章)。

(2) 计及 Z_B 量测。这时，量测空间由 $[Z_M \quad Z_B \quad Z_S]^{\mathrm{T}}$ 组成，同样考虑三类量测相互独立，有

$$W = \begin{bmatrix} W_M & & \\ & W_B & \\ & & W_S \end{bmatrix} \quad (6\text{-}8)$$

式中，W_B 为 Z_B 的量测权系数阵。

这时，将式(6-3)展开，可写成

$$\begin{bmatrix} H_{MM}^{\mathrm{T}}(x_M, x_B) & H_{BM}^{\mathrm{T}}(x_M, x_B) & 0 \\ H_{MB}^{\mathrm{T}}(x_M, x_B) & H_{BB}'^{\mathrm{T}}(x_M, x_B) + H_{BB}''^{\mathrm{T}}(x_B, x_S) & H_{SB}^{\mathrm{T}}(x_B, x_S) \\ 0 & H_{BS}^{\mathrm{T}}(x_B, x_S) & H_{SS}^{\mathrm{T}}(x_B, x_S) \end{bmatrix}$$

$$\cdot \begin{bmatrix} W_M[Z_M - h_M(x_M, x_B)] \\ W_B[Z_B - h_B'(x_M, x_B) - h_B''(x_B, x_S)] \\ W_S[Z_S - h_S(x_B, x_S)] \end{bmatrix} = 0 \quad (6\text{-}9)$$

式中，H_{BM}、H_{BS} 为对应的量测 Jacobi 子阵；h_B' 和 h_B'' 分别为边界节点流向发输电系统和配电系统的潮流和矢量；H_{BB}'、H_{BB}'' 分别为 h_B' 和 h_B'' 对边界状态 x_B 的 Jacobi 阵。

若引入虚拟量测 (Z_B', Z_B'')：

$$\begin{cases} Z'_B = Z_B - h''_B(x_B, x_B) \\ Z''_B = Z_B - h'_B(x_B, x_B) \end{cases} \quad (6\text{-}10)$$

则根据主从分裂思想和引入的虚拟量测 (Z'_B, Z''_B)，式(6-9)可由如下两个方程组联立来代替，即

$$\begin{bmatrix} H^{\mathrm{T}}_{MM}(x_M, x_B) & H^{\mathrm{T}}_{BM}(x_M, x_B) \\ H'^{\mathrm{T}}_{MB}(x_M, x_B) & H'^{\mathrm{T}}_{BB}(x_M, x_B) \end{bmatrix} \cdot \begin{bmatrix} W_M[Z_M - h_M(x_M, x_B)] \\ W_B[Z'_B - h'_B(x_M, x_B)] \end{bmatrix}$$
$$= \begin{bmatrix} 0 \\ y_B(x_B, x_S) \end{bmatrix} \quad (6\text{-}11\text{a})$$

$$\begin{bmatrix} H^{\mathrm{T}}_{BS}(x_B, x_S) & H^{\mathrm{T}}_{SS}(x_B, x_S) \end{bmatrix} \cdot \begin{bmatrix} W_B[Z''_B - h''_B(x_B, x_S)] \\ W_S[Z_S - h_S(x_B, x_S)] \end{bmatrix} = 0 \quad (6\text{-}11\text{b})$$

式中

$$y_B(x_B, x_S) = -H''^{\mathrm{T}}_{BB}(x_B, x_S) W_B[Z''_B - h''_B(x_B, x_S)] \\ - H^{\mathrm{T}}_{SB}(x_B, x_S) W_S[Z_S - h_S(x_B, x_S)] \quad (6\text{-}11\text{c})$$

在这里，与情形(1)相同，同样称式(6-11a)和式(6-11b)为发输电状态估计方程组与配电状态估计方程组，式(6-11)同样满足主从分裂迭代法对方程组在形式上的要求。

需要指出，由式(6-10)定义的虚拟量测是有明确物理意义的，示意见图6-2，Z'_B是虚拟的发输电系统边界上的广义负荷注入量测；而Z''_B是虚拟的配电系统根节点上的广义电源注入量测。

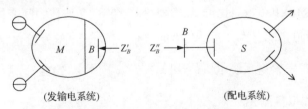

图 6-2　边界注入虚拟量测示意

进一步考察式(6-11)，不难发现，H_{BM} 和 H'_{BB} 正好是虚拟量测 Z'_B 对发输电系统状态 $[x_M, x_B]^{\mathrm{T}}$ 的量测 Jacobi 阵；而 H''_{BB} 和 H_{BS} 又正好是虚拟量测 Z''_B 分别对状态量 x_B 和 x_S 的量测 Jacobi 阵。由此可见，形成式(6-11)中所有的量测 Jacobi 阵均十分自然，将 Z'_B 量测并入发输电系统，而 Z''_B 量测归入配电系统，则发输电

状态估计方程组(式(6-11a))和配电状态估计方程组(式(6-11b))的形成与计算相互独立。

应当指出,尽管在式(6-11)中引入了虚拟量测,但满足式(6-11)的解即式(6-9)的解。

6.3.3 全局状态估计主从分裂迭代的基本格式与讨论

若将节点电压取为状态量,则由主从分裂形式下的全局状态估计方程组(式(6-7))或者式(6-11),直接可得全局状态估计主从分裂迭代法的基本格式。

对情形(1)的式(6-7),基本迭代步骤如下。

(1)边界电压 x_B 赋初值:$x_B^{(0)}$,$k = 0$。

(2)以边界电压 $x_B^{(k)}$ 为配电状态估计的参考电压,求解配电状态估计方程组(式(6-7b)),得配电系统电压估计 $x_S^{(k+1)}$,并给定 $x_B^{(k)}$ 和 $x_S^{(k+1)}$,由式(6-7c)计算迭代中间变量 $y_B^{(k+1)}$。

(3)边给定迭代中间变量 $y_B^{(k+1)}$,求解发输电状态估计方程组(式(6-7a)),得发输电系统电压估计 $\begin{bmatrix} x_M^{(k+1)} & x_B^{(k+1)} \end{bmatrix}^T$。

(4)判断相邻两次迭代边界电压差的模分量的最大值 $\max_{i \in C_B}(\Delta V_i)$ 是否小于给定的收敛指标 ε,若是,则全局状态估计收敛;否则,$k = k + 1$,转(2)。

对情形(2)的式(6-11),基本迭代格式如下。

(1)边界电压 x_B 赋初值,$x_B^{(0)}$;虚拟量测 Z_B'' 赋初值,$Z_B''^{(0)}$,$k = 0$。

(2)以边界电压 $x_B^{(k)}$ 为配电状态估计的参考电压,给定虚拟量测 $Z_B''^{(k)}$,求解配电状态估计方程组(式(6-11b)),得配电系统电压估计 $x_S^{(k+1)}$,给定 $x_B^{(k)}$、$x_S^{(k+1)}$ 和 $Z_B''^{(k)}$,由式(6-10)和式(6-11c)计算虚拟量测 $Z_B'^{(k+1)}$ 和迭代中间变量 $y_B^{(k+1)}$。

(3)给定虚拟量测 $Z_B'^{(k+1)}$ 和迭代中间变量 $y_B^{(k+1)}$,求解发输电状态估计方程组(式(6-11a)),得发输电系统电压估计 $\begin{bmatrix} x_M^{(k+1)} & x_B^{(k+1)} \end{bmatrix}^T$,给定 $\begin{bmatrix} x_M^{(k+1)} & x_B^{(k+1)} \end{bmatrix}^T$,由式(6-10)计算虚拟量测 $Z_B''^{(k+1)}$。

判断相邻两次迭代边界电压差的模分量的最大值 $\max_{i \in C_B}(\Delta V_i)$ 是否小于给定的收敛指标 ε,若是,则全局状态估计收敛;否则,$k = k + 1$,转(2)。

针对上述基本迭代格式,有以下几点讨论。

(1)主从分裂迭代中间变量 y_B 的物理意义。考察式(6-7c)和式(6-11c)可以知道,迭代中间变量 $y_B \in \mathbf{R}^{2N_B}$ 实质上是配电系统中相关的量测残差通过边界系统对发输电状态估计的扰动影响。对一般的量测系统，在迭代过程中，扰动量 y_B 对发输电状态估计的影响是较弱的，因此，全局状态估计问题与全局潮流计算问题类似，也是典型的主从式问题，十分适合采用主从分裂法来求解。

(2) 发输电状态估计与配电状态估计的分解。考察式(6-7)和式(6-11)，与全局潮流计算类似，全局状态估计问题(式(6-3))在主从分裂的框架下，被分解成两个部分：发输电状态估计和配电状态估计，降低了解题规模。

配电状态估计方程(式(6-7b)和式(6-11b))是人们所熟悉的完全独立于发输电系统的配电状态估计问题的最优性条件，其中以配电根节点电压为参考电压，它可以被还原成配电系统 WLS 状态估计的原问题，形如式(6-2)。这为特殊性强的配电状态估计子问题采用特殊的估计算法提供了理论保证。

另外，发输电状态估计方程组(式(6-7a)和式(6-11a))，也几乎是人们所熟悉的完全独立于配电系统的发输电状态估计问题的最优性条件，只是在最优性条件的右手项中增加了部分常数(即迭代中间变量 y_B)，可形式化地表达为

$$H^\mathrm{T} W [Z - h(x)] = y_B \tag{6-12}$$

常数项的引入不会对常规的发输电状态估计牛顿类算法的流程构成大的影响，以牛顿法为例，采用的迭代方程为

$$(H^\mathrm{T} W H) \Delta x = H^\mathrm{T} W [Z - h(x)] - y_B \tag{6-13}$$

与常规的 WLS 估计迭代方程：

$$(H^\mathrm{T} W H) \Delta x = H^\mathrm{T} W [Z - h(x)] \tag{6-14}$$

相比较，仅仅是在自由项中增加了部分常数，程序改造比较容易。

显然，该算法具有很好的开放性。一方面，主从分裂全局状态估计算法的构造具有明确的物理意义，迎合并极大程度地保护了常规的发输电系统和配电系统的状态估计软件，发输电状态估计和配电状态估计方程的形成与求解相互独立，中间的联系仅仅在于迭代时相互交换少量的数据，十分容易实现；另一方面，尤为重要的意义在于，由于这种主从分裂迭代没有对发输电状态估计和配电状态估计的求解在具体算法上提出任何要求，即主从分裂法将良好地支持不同估计算法的并存，在根本上保证了发输电系统和配电系统两种差异很大的状态估计可采用各自合适的算法来求解，为确保全局状态估计算法的良好性能创造了极为有利的条件。

(3) 虚拟量测 Z_B'' 初值的给定。非线性方程组的求解一般只具有局部收敛性，

全局状态估计主从分裂法也不例外，迭代初值给定的精度越高越好。

对于计及边界注入量测 Z_B 的情形(2)，在迭代前，需同时给出边界电压 x_B 和虚拟量测 Z_B'' 的初值。一般而言，边界电压幅值初值取为 1.0pu 即能满足要求。而 Z_B'' 的初值一般需要结合全局系统的量测配置来合理确定，Z_B'' 在物理上是边界节点流入配电系统的潮流和，也即发输电系统的"广义负荷"功率。而对一般的量测系统而言，由于对应的发输电系统的"广义负荷"功率或者配电变电站中馈线根节点流向配电系统的支路功率均拥有实时量测，取其中之一作为 Z_B'' 的初值，一般即能满足要求。而且，独立的发输电状态估计或配电状态估计结果均可提供满意的 Z_B'' 的初值。因此，Z_B'' 的初值给定一般能保证较高的精度，尤其是在线运行时，情形(2)下的主从分裂迭代法的局部收敛性可以得到保证。

6.3.4 配电状态估计问题的进一步分解

与全局潮流计算类似，规模庞大的配电状态估计问题仍可进一步分解为大量相互独立的配电子系统的状态估计问题，配电状态估计方程组(式(6-7b)和式(6-11b))可分别由以下 N_F' 个相互独立的配电子系统的状态估计方程组代替：

$$H_{S_iS_i}^\mathrm{T}\left(x_{B_i}, x_{S_i}\right) W_{S_i}\left[Z_{S_i} - h_{S_i}\left(x_{B_i}, x_{S_i}\right)\right] = 0, \quad i = 1, 2, \cdots, N_F' \tag{6-15a}$$

和

$$\left[H_{B_iS_i}^\mathrm{T}\left(x_{B_i}, x_{S_i}\right) \quad H_{S_iS_i}^\mathrm{T}\left(x_{B_i}, x_{S_i}\right)\right] \cdot \begin{bmatrix} W_{B_i}\left[Z_{B_i}'' - h_{B_i}''\left(x_{B_i}, x_{S_i}\right)\right] \\ W_{S_i}\left[Z_{S_i} - h_{S_i}\left(x_{B_i}, x_{S_i}\right)\right] \end{bmatrix} = 0, \quad i = 1, 2, \cdots, N_F' \tag{6-15b}$$

值得注意的是，全局状态估计中最小单元的配电子系统与全局潮流计算中最小单元的配电馈线可能不同。在全局状态估计中，由于虚拟量测 Z_B'' 和馈线根节点电压幅值量测的存在，同一馈线根节点下的不同馈线耦合在一起，换句话说，在全局状态估计中，同一馈线根节点下属的所有配电馈线属于同一个配电子系统，配电子系统个数一般小于全局潮流计算中的配电馈线数(即 $N_F' \leqslant N_F$)。

这样，本节达到了将一个大规模的全局状态估计问题转化为一系列小规模的状态估计问题的目的，大大降低了解题的规模，为全局一体化状态估计的有效计算奠定了基础。

同样，各配电子系统状态估计方程(式(6-15))均可被还原成各自独立的 WLS

状态估计的原问题,形如式(6-2)。因此,允许各配电子系统状态估计采用各自合适的不同算法、功率标幺基值和收敛精度。

6.3.5 对分布式计算的支持

到此为止,本章已经拥有了一个在集中式环境下能有效求解全局状态估计问题的基本方法。基于此方法本章又提出了可在实际中应用的分布式全局状态估计。

与全局潮流分布式计算相比,全局状态估计分布式计算在通信内容上有其特殊性,示意见图6-3。

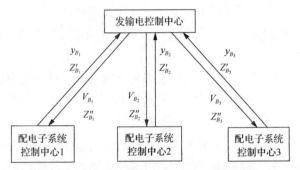

图6-3 全局状态估计分布式计算的通信模式

为了降低全局状态估计的通信数据量,迭代中间变量 y_B 可进一步分裂为

$$y_B(x_B, x_S) = \sum_{i=1}^{N_F'} y_{B_i}(x_{B_i}, x_{S_i}) \tag{6-16}$$

式中,对情形(1):

$$y_{B_i} = -H_{S_iB}^T(x_{B_i}, x_{S_i}) W_{S_i} \left[Z_{S_i} - h_{S_i}(x_{B_i}, x_{S_i}) \right] \tag{6-17}$$

对情形(2):

$$\begin{aligned} y_{B_i} = & -H_{B_iB}''^T(x_{B_i}, x_{S_i}) W_{B_i} \left[Z_{B_i}'' - h_{B_i}''(x_{B_i}, x_{S_i}) \right] \\ & -H_{S_iB}^T(x_{B_i}, x_{S_i}) W_{S_i} \left[Z_{S_i} - h_{S_i}(x_{B_i}, x_{S_i}) \right] \end{aligned} \tag{6-18}$$

N_F' 个 y_{B_i} 矢量分布在各配电子系统控制中心中完成计算。值得注意的是,在 y_{B_i} 矢量中只有与第 i 个配电子系统的根节点对应的分量非零,在分布式计算的通信中,只需传送 y_{B_i} 中非零的元素,通信数据量降至最低。

对不计边界注入量测的情形(1),发输电状态估计需向各配电子系统状态估计传送根节点的电压数据；而对计及边界注入量测的情形(2)，除了情形(1)所需的通信内容，还需传送对应边界上的虚拟量测。比较起来，情形(1)的通信量与全局潮流的大致相当，而情形(2)的通信量大约是情形(1)的二倍。

因此，主从分裂全局状态估计分布式计算的通信数据量同样很少，能满足要求。更细致的分析与全局潮流的相同，不再重复。

全局状态估计的分布式组织以及算法的基本框图与全局潮流计算基本相同，只是由于通信数据内容的不同，原有的全局潮流接口数据库应进行相应的修改，修改内容如下。

(1) G 接口：增加配电子系统广义电源虚拟量测数据。

(2) D 接口：将原来的广义负荷数据改成广义负荷虚拟量测数据；同时，增加了迭代中间变量。

虚拟量测数据采用约定单位的有名值进行通信，其量测权系数应在有名值下与边界注入量测的权系数相统一。另外，只要各子系统内量测的权系数均在各自标幺制下严格按 a^{-2} 产生，迭代中间变量 y_B 的计算和通信可以采用标幺值而不需要折算。这样，即使各子系统采用不同的功率标幺基值，也能保证得到全局最优估计的结果，从而为不同配电子系统采用不同的功率标幺基值创造了条件。

6.3.6 实用算法的构造

同样，由于主从分裂后得到的发输电状态估计和各配电子系统状态估计方程均为非线性方程组，它们的求解均需采用迭代法进行，具体的实用算法主要有单步交替迭代、多步交替迭代和收敛交替迭代三种，其构造方法和全局潮流计算的相同。

6.4 进一步的讨论

6.4.1 配电状态估计子问题

配电状态估计子问题方面已经有许多研究，本章提出了基于支路功率的配电状态估计方法，简称支路功率法，重点开发了配电网络辐射状的特点，提高了配电状态估计的计算效率。在总结前人文献(文献[10]~[13])的基础上，结合本章建立的映射分裂理论，提出了系统化的量测变换方法，作为配电状态估计算法构造和分析的指导与理论依据。理论分析和算例分析均表明，支路功率法具有收敛可靠快速、估计精度高、数值条件好、量测适应性好和编程简单等一系列优点，为全局状态估计的高效计算创造了必要条件，详见附录 A.7。

6.4.2 三相不平衡问题

在实时运行中,三相不平衡是配电系统有别于发输电系统的主要特点之一。必须指出,本章所提出的配电状态估计支路功率法能方便地推广至三相不平衡模型,其方法与支路电流法[14]类似,考虑到本章的重点,在此不再进一步展开。

与全局潮流计算类似,全局状态估计同样必须处理发输电状态估计和配电状态估计这种模型上的不同,分两种情况简单讨论如下。

(1) 发输配全局电力系统均采用三相模型,且拥有三相量测系统。这时,全局状态估计算法由单相模型向三相模型的推广十分自然,单相的边界电压、虚拟量测和迭代中间变量均扩展为三相量,发输电系统和配电系统均采用三相估计算法。

(2) 发输电系统采用单相模型,拥有单相(A 相)量测系统;而配电系统采用三相模型,拥有三相量测系统。这时全局状态估计的意义将只能在单相(A 相)系统中得到体现,几乎是一个纯粹的单相的全局状态估计问题,B、C 相的状态估计仅在配电系统中进行。在全局估计时,配电系统中,B、C 相估计与 A 相估计存在耦合,并且配电根节点的 B、C 相的电压相角以 A 相的相角为参考量,分别落后 120°和 240°。

由此可见,本章所提出的全局状态估计主从分裂法能方便地处理三相模型与单相模型的不同,具有很大的灵活性。

6.4.3 分布式异步计算问题

对于全局状态估计主从分裂法,分布式异步计算是进一步的课题,其讨论与全局潮流计算相同,不再重复。

6.5 算例分析

6.5.1 算法实现

本章用 C 语言编制了全局状态估计软件 GSE(全局状态估计,global state estimation),该软件中实现了本章提出的单步交替迭代、多步交替迭代和收敛交替迭代三种实用的主从分裂法,在计算中可计及边界注入量测也可不计及,软件具有很好的灵活性。

GSE 软件由发输电状态估计和配电状态估计两个独立模块组成,所有基础数据(包括电网结构、参数和量测数据等)均被分成发输电和配电两部分,模块之间通过数据通信完成全局状态估计的迭代计算,较真实地模拟了全局状态估计的分布式组织,其中,发输电估计模块采用了基于 WLS 的快速分解法,而配电估计模块采用了本章提出的支路功率法。图 6-4 给出了全局状态估计模拟试验的流程图,在图中,配电系统和发输电系统的量测模拟模块相互独立。在配电量测模拟时,考虑到配电负荷功率量测是由负荷预报而得的伪量测数据,其精度相对不高,因此,对其模拟的量测误差相对较大。

在本节的所有算例中,收敛精度门槛均取为 0.0001p.u.(两次相邻迭代间最大的电压变化量),采用的算例系统与全局潮流计算相同。

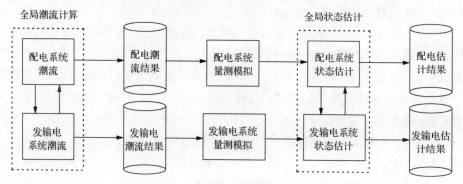

图 6-4 全局状态估计模拟试验的流程图

6.5.2 算例分析

为了进一步阐明开发全新的全局状态估计主从分裂法的必要性,本章首先以全局电力系统 5A 为实例(边界上均有零注入量测),对以下三种全局状态估计方法进行了算例比较。

(1) 发输电估计与配电估计完全独立(即传统的做法)。

(2) 不计边界注入量测的主从分裂收敛交替迭代。

(3) 计及边界注入量测的主从分裂收敛交替迭代(配电子系统广义电源虚拟量测数据 Z_B'' 的初值取为发输电系统中对应的广义负荷的量测数据)。

算例结果见表 6-1,其中,全局变量 $J(x)$ 为利用量测残渗统计出来的状态估计目标函数值。由表可知,在方法(1)中,边界上存在较大的电压失配量(无法提供全局一致的电力系统状态)和功率失配量,具有很大的局限性,不能满足全局状态估计的要求;方法(2)能提供全局一致的电力系统状态,但由于不考虑边界注入量测,在边界上尚存在较大的功率失配量,当对估计精度要求较高时,方法(2)也无法满足要求,应当指出,这种功率失配量主要是配电系统的量测精度较低所致,因此,方法(2)一般只适用于无边界注入量测或发输电系统和配电系统的量测精度均较高的情形;而方法(3)能提供全局一致的全局电力系统状态,计算精度高,能满足全局状态估计的要求。

表 6-1 全局状态估计三种不同方法的比较(算例系统 5A)

方法	边界估计最大电压失配量		边界估计最大功率失配量		全局目标$J(\hat{x})$	主从迭代次数/次	子迭代次数统计	
	幅值/p.u.	角度/(°)	有功/MW	无功/Mvar			输电	配电
(1)	0.002	24.3	11.6	10.8	255.5		(5,4)	(3,3,3)
(2)	<0.0001	<0.01	10.8	11.2	292.0	3	(8,7)	(5,7,7)
(3)	<0.0001	<0.01	0.02	0.2	340.5	3	(9,8)	(4,7,4)

另外,表 6-1 在统计全局目标时,对方法(3)计及了边界零注入量测的残差,因而其数值相对较大。

表 6-2 进一步给出了利用方法(3)进行全局状态估计的概况,各算例表明,全局状态估计主从分裂法的计算精度高、收敛可靠快速,一般只需主从迭代 2~3 次即可收敛,其总计算时间(不计通信时间)通常是方法(1)的 1~2 倍,而且通信数据量少,能满足在线分布式计算的要求。

表 6-2 全局状态估计主从分裂法(方法(3))的算例结果

系统名		5A	11A	14B	30D	30E	118C	118D
$J(\hat{x})$		340.5	55.6	74.6	61.2	137.3	121.7	179.1
主从迭代次数/次		3	2	2	3	3	2	2
子迭代次数统计	发输电	(9,8)	(5,5)	(6,5)	(8,7)	(8,7)	(7,6)	(7,6)
	配电	(4,7,4)	(4,5,4)	5	(6,4,6,5,6,6)	7	6	(4,2,4,5,4,4)
系统名		5A′	11A′	14B′	30D′	30E′	118C′	118D′
$J(\hat{x})$		344.2	55.6	74.1	61.5	136.9	122.2	179.4
主从迭代次数/次		7	2	2	3	3	2	2
子迭代次数统计	发输电	(16,14)	(6,5)	(6,5)	(8,7)	(8,7)	(7,6)	(7,6)
	配电	(4,11,12)	(4,5,4)	5	(6,4,6,5,6,6)	7	6	(4,2,4,5,4,4)

表 6-3 以 14B 全局系统为例,给出了计及边界注入量测时采用单步交替迭代和多步交替迭代(输 2 配 1)下的估计结果概况。通过比较,发现不同的主从分裂迭代格式有不同的计算量(指子迭代总次数不同)和不同的通信数据量(指主从迭代次数不同),但其计算结果相同(全局目标均为 74.6),这在实践上进一步证明了主从分裂状态估计方法是严格的,其结果是正确可靠的,也说明可通过选择最佳的迭代格式来获得最佳的计算效率。

表 6-3 全局状态估计两种主从分裂迭代格式下的算例结果(算例系统 14B)

迭代格式	$J(\hat{x})$	主从迭代次数/次	子迭代次数统计	
			发输电	配电
单步交替迭代	74.6	5	(5,5)	5
输 2 配 1 交替迭代	74.6	4	(8,8)	4

6.6 本章小结

本章研究了本章提出的全局状态估计问题,它也是发输配全局电力系统一体化分析的主要内容之一。

以第 2 章的主从分裂理论为指导,本章充分利用了全局电力系统主从式的物理特征,构造了数学上严格的全新的全局状态估计主从分裂法,通过引入边界上的虚拟量测,很自然地将全局状态估计问题分解成发输电状态估计和一系列小规模的配电子系统的状态估计子问题,大大降低了解题规模,同时允许发输电状态估计和配电子系统状态估计采用各自合适的不同的算法、不同的功率标幺值和不同的收敛精度。

本章构造并实现了多种不同特点的实用的全局状态估计主从分裂迭代算法,在实现中,发输电状态估计采用了基于 WLS 的快速分解法,而配电状态估计则采用了本章提出的支路功率法。

理论分析和算例结果均表明,传统的发输电状态估计和配电状态估计分开的做法无法满足要求,而全局状态估计主从分裂法估计精度高,收敛可靠快速,计算效率高,支持分布式计算,灵活性和开放性好,能满足在线应用的要求。

参 考 文 献

[1] 孙宏斌,张伯明,相年德. 基于支路功率的配电状态估计方法[J]. 电力系统自动化, 1998, 22(8): 12-16.
[2] 孙宏斌,张伯明,相年德. 发输配全局状态估计[J]. 清华大学学报(自然科学版), 1999, 39(7): 20-24.
[3] 孙宏斌,李大志,张伯明,等. 基于主从分裂法的交直流混合状态估计[J]. 中国电机工程学报, 2007, 27(31): 1-5.
[4] Sun H B, Zhang B M. Global state estimation for whole transmission and distribution networks[J]. Electric Power Systems Research, 2005, 74(2): 187-195.
[5] 吴文传,郭烨,张伯明. 指数型目标函数电力系统抗差状态估计[J]. 中国电机工程学报, 2011, 31(4): 67-71.
[6] 李青芯,孙宏斌,王晶,等. 变电站-调度中心两级分布式状态估计[J]. 电力系统自动化, 2012, 36(7): 44-50.
[7] 郑伟业,吴文传,张伯明,等. 基于内点法的交直流混联系统抗差状态估计[J]. 电力系统保护与控制, 2014, 42(21): 1-8.
[8] 郭烨,张伯明,吴文传,等. 实际电力系统状态估计可信度评价[J]. 电力系统自动化, 2017, 41(8): 155-160.
[9] Sun H B, Gao F, Strunz K, et al. Analog-Digital Power System State Estimation Based on Information Theory—Part I: Theory[J]. IEEE Transactions on Smart Grid, 2013, 4(3): 1640-1646.

[10] Sun H B, Zhang B M. Distribution Matching Power Flow: A New Technique For Distribution System State Estimation[J]. Power Engineering Review IEEE, 2002, 22(6): 45-47.

[11] Dopazo J F, Klitin O A, Stagg G W, et al. State Calculation of Power Systems From Line Flow Measurements[J]. IEEE Transactions on Power Apparatus & Systems, 1972, pas-89(7): 1698-1708.

[12] Dopazo J F, Klitin O A, Vanslyck L S. State Calculation of Power Systems from Line Flow Measurements, Part II[J], IEEE Transactions on Power Apparatus & Systems, 1972, pas-91(1): 145-151.

[13] Lu C N, Teng J H, Liu W H E. Distribution system state estimation[J]. IEEE Transactions on Power Systems, 1995, 10(1): 229-240.

[14] 宁辽逸, 孙宏斌, 吴文传, 等. 基于状态估计的电网支路参数估计方法[J]. 中国电机工程学报, 2009, 29(1): 7-13.

第7章 计及配电潮流响应的输电系统预想事故分析

7.1 概 述

首先,针对辐射状配电系统和含环配电系统这两种拓扑结构,本章从物理概念上分析了在发输电系统预想事故分析中考虑配电潮流响应的必要性。

其次,本章提出了考虑配电潮流响应的发输电系统预想事故分析(global-flow based transmission contingency analysis,GTCA)方法。该方法包含交流GTCA、直流GTCA、基于配电等值近似GTCA和考虑配电潮流响应的预想事故筛选等模块,以适应现场不同的精度需求和通信条件。本章基于前面建立的主从分裂理论研究了这些模块的分布式算法。

再次,本章对GTCA方法的特点进行了深入讨论,分析了GTCA的评估精度、通信代价、TCC与DCC之间数据隐私保护等问题。

最后,本章在不同规模仿真系统上进行了数值仿真,验证了采用GTCA方法的必要性,评估了GTCA各模块在计算精度、迭代次数和通信量等方面的差别。

7.2 物理概念分析

输电系统预想事故分析(transmission contingency analysis,TCA)的研究已经比较成熟。但是现有TCA方法忽略了配电潮流在发输电预想事故中可能发生的变化和影响,因此是一种输配割裂的计算模式。那么这种TCA计算模式的精度如何?本节首先从物理概念上分析了这个问题,在分析中考虑了辐射状配电系统和含环配电系统这两种拓扑结构,探究采用GTCA方法的必要性。

首先给出简单含环电力系统网络功率的近似分解公式,其推导过程可在大多数电力系统有关的教科书中查到(如文献[1]和[2]中)。对图7-1所示的含环电力系统,网络功率可分解为

$$S_{B_i} = S_{A,B_i} + S_{C,B_i}, \quad i=1,2$$

$$S_{A,B_i} = \frac{\sum_{m=1,2} S_m z_{\Sigma m,i}}{z_{\Sigma,\text{all}}}, \quad i=1,2 \quad (7\text{-}1)$$

$$S_{C,B_i} = \frac{U_N(U_{B_i} - U_{B_j})}{z_{\Sigma,\text{all}}}, \quad (i,j) = (1,2),(2,1)$$

式中，S_{B_1} 和 S_{B_2} 为输配边界节点(即配电根节点)B_1 和 B_2 上的复负荷功率，S_{A,B_1} 和 S_{A,B_2} 为 S_{B_1} 和 S_{B_2} 的自然功率部分，S_{C,B_1} 和 S_{C,B_2} 是 S_{B_1} 和 S_{B_2} 的循环功率部分，S_1 和 S_2 为节点 1 和 2 的外部功率，z_1、z_2、z_3 是线路阻抗，$z_{\Sigma,\text{all}}$ 为系统总阻抗，$z_{\Sigma m,i}$ 为从根节点 B_i 到节点 m 路径上的所有阻抗之和；U_{B_i} 为根节点复电压；U_N 为配电系统额定电压。

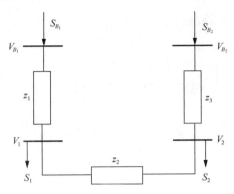

图 7-1 简单含环电力系统示意图

由式(7-1)可见，输配界面上的负荷功率可以拆为自然功率和循环功率两部分。自然功率主要受节点注入功率的变化影响，而循环功率主要受馈线根节点之间电压差的影响。配电系统辐射状拓扑结构相当于图 7-1 中 $z_2 = \infty$ 的情况，此时输配界面上的负荷功率只含自然功率部分。

基于以上结论，下面将针对配电系统辐射状运行和含环运行的两种情况，分别分析配电潮流在发输电事故后的变化和影响，即配电系统潮流响应特性。

7.2.1 配电系统辐射状运行

图 7-2 是配电系统辐射状运行时的全局系统示意图，其中 TB_1 和 TB_2 表示与馈线 DF_1 和 DF_2 相连的发输电系统节点。

首先考虑配电系统中与电压弱相关的情况。如果发输电系统中的某个线路或发电机退出运行，那么馈线 DF_1 和 DF_2 的根节点电压通常也将发生变化。由于配电系统中的节点注入功率与电压弱相关，事故后所发生的变化一般可忽略不计，配电系统注入 TB_1 和 TB_2 的功率在事故后变化主要是由配电系统网损引起的。由于网损在配电系统总功率的比例通常很小，此时配电潮流响应特性很弱，对输电系统而言可忽略不计。

再考虑配电系统中各节点的注入功率与电压强相关的情况，如存在可通过调节无功出力以维持机端电压的分布式电源或具有显著电压静特性的负荷功率。此时，若根节点电压在发输电事故后发生变化，那么配电系统各节点的注入功率也将发生相应变化,甚至是显著变化。所以配电系统注入 TB_1 和 TB_2 的负荷功率变化量既有配电系统内部网损的变化,又有节点注入功率的变化,配电潮流响应特性更加明显,在发输电侧的影响将变得不可忽略。

7.2.2 配电系统含强环运行

随着分布式电源大量接入,主动配电系统将会更多地处于弱环甚至强环的运行模式(即接入不同高压或中压配电站的馈线之间含环运行)[1-4]。图 7-3 给出了配电系统含强环运行时的全局系统示意图。在发输电侧,TB_1 和 TB_2 分别表示与馈线 DF_1 和 DF_2 相连的发输电系统节点,TB_1 和双回线路 TL_1 相连,TB_2 和单回线路 TL_2 相连;在配电侧,馈线 DF_1 和 DF_2 由开关相连。

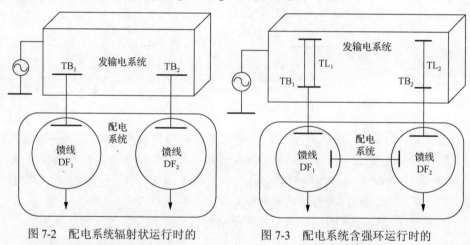

图 7-2 配电系统辐射状运行时的全局系统示意图

图 7-3 配电系统含强环运行时的全局系统示意图

当配电系统含强环运行时,由式(7-1)可知事故后配电潮流响应可分为自然功率响应和循环功率响应。鉴于 7.2.1 节中已经分析了自然功率的响应特性,因此这里主要分析循环功率的响应特性,分如下两种情况讨论。

(1)设想双回线路 TL_1 中的某一回开断。显然,事故后 TB_1 和 TB_2 的电压分布将发生变化。在配电侧,DF_1 和 DF_2 根节点电压差的变化将会引起配电系统内循环功率的变化,使得 DF_1 和 DF_2 注入 TB_1 和 TB_2 的负荷功率也发生变化(参见式(7-1))。如果 DF_1 和 DF_2 根节点电压差的变化较大,那么配电系统注入 TB_1 和 TB_2 的负荷功率变化也较大,配电潮流响应特性较明显,在 TCA 中贸然忽略这一部分可能会造成明显的误差。

(2)设想单回线路 TL_2 开断。因为 DF_1 和 DF_2 有开关相连,所以 TL_2 开断后馈线 DF_2 上的部分负荷将转由 DF_1 供电,从而导致 TL_1 上的潮流加重。极端情况下,TL_2 上事故前的潮流在事故后均转移到了 TL_1,此时配电系统内部潮流变化巨大,对发输电系统潮流影响相当显著。如果这一现象被 TCA 所忽略，那么不仅发输电系统，甚至连配电系统运行的安全性都将受到严重威胁。实际上，由 7.2.3 节的实例分析可知，这一情况正对应着 2011 年美国亚利桑那-南加利福尼亚州大停电事故。

值得注意，如果 TCC 只能获得各个配电馈线的拓扑连接信息(如哪些馈线成强环运行)，那么它仍然无法准确评估事故后的配电潮流响应特性。这一点可用图 7-4 中的例子说明。

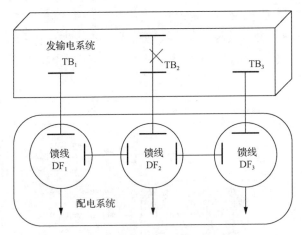

图 7-4　TB_2 所连线路断开后的系统示意图

在图 7-4 中，假设 TB_2 所连线路开断。因为 DF_2 同时与 DF_1 和 DF_3 相连，所以 DF_2 上的负荷在事故后将分别由 DF_1 和 DF_3 供电，此时配电系统在 TB_1 和 TB_3 上的负荷功率均可能发生变化，但具体变化量却无法仅通过配电馈线的拓扑连接信息算出，TCC 也就无法凭借这些信息评估事故后发输电系统状态。

总之，如果配电系统含强环运行，那么配电潮流响应可能比较显著，对发输电系统的影响也较大，通常需要在 TCA 中加以考虑，否则可能产生误警或漏警。

7.2.3　实际停电事故分析

在理论分析的基础上，本节对 2011 年的美国亚利桑那-南加利福尼亚州大停电事故进行实证分析，论证在 TCA 程序中考虑配电潮流响应的必要性。

2011 年 9 月 8 日，美国亚利桑那-南加利福尼亚州地区发生了一次重大的停电事故，大约 270 万人受到了这次事故的严重影响。由 FERC(联邦能源管理委员会，Federal Energy Regulatory Commission) 和 NERC(北美电力可靠公司，North American Electric Reliability Corporation) 撰写的事故调查报告(见文献[3])分析了事故的整个过程。报告指出，事故原因之一是现有 TCA 程序没有考虑含强环运行的配电系统在事故后的潮流响应,没有模拟出输配边界上负荷功率的变化,没有对事故后系统真实的潮流状态做出准确的判断并及时预警,从而导致了 TCC(发输电调控中心,Transmission Control Center)中的调度人员采取了不当操作。

图 7-5 给出了 2011 年美国亚利桑那-南加利大停电事故中由配电系统带来的发输电潮流转移。事故时,椭圆形框内的 92kV 高压配电系统恰好处于含强环运行状态,这使得红色框右侧区域的发输电系统潮流通过该配电系统转移到了左侧区域,造成了左侧区域内的线路过载和跳闸,使得事故区域扩大。但是,现场所用的 TCA 程序默认配电系统在输配界面上的注入功率不随事故变化,忽略了事故后大规模潮流转移,没有及时预警,最终酿成了灾难性的后果。该事故的调查报告指出,未来智能电网中的 TCA 程序必须考虑配电潮流响应,避免类似事件的再次发生[4-6]。

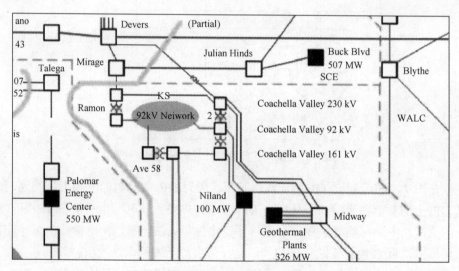

图 7-5　2011 年美国亚利桑那-南加利大停电事故中配电潮流响应对发输电潮流的影响

综合上述理论分析和实证分析可知,随着主动配电系统的普及,传统的 TCA 计算模式不再百分百地可靠,有必要采用 GTCA 方法以提高未来电力系统运行的安全性。

7.3　基于主从分裂理论的预想事故分析方法

7.3.1　预想事故下的全局潮流模型

根据正常运行状态下的输配全局协同潮流方程,即 GPF 方程,可建立任意预想事故 c 下的 GPF 方程[7-9]:

第7章 计及配电潮流响应的输电系统预想事故分析

$$\begin{cases} F_M(V_{M,c}) - F_{MM}(V_{M,c}) - F_{MB}(V_{M,c}, V_{B,c}) = 0 \\ F_B(V_{B,c}) - F_{BM}(V_{M,c}, V_{B,c}) - F_{BB}(V_{B,c}) = F_{BS}(V_{B,c}, V_{S,c}) \end{cases} \quad (7\text{-}2)$$

$$F_S(V_{S,c}) - F_{SB}(V_{B,c}, V_{S,c}) - F_{SS}(V_{S,c}) = 0 \quad (7\text{-}3)$$

式中，V 为节点的复电压向量；F 为在各系统节点之间流动的复功率向量，下标 M、B 和 S 分别表示主系统、边界系统和从系统所属的变量，下标 X、Y($X,Y = M, B, S$) 指示由系统 X 流向系统 Y 的复功率。例如，$F_M(V_{M,c})$ 表示在事故 c 下注入主系统各节点的复功率，$F_{MM}(V_{M,c})$ 表示在事故 c 下从主系统内部某节点流向主系统另一内部节点的复功率，$F_{MB}(V_{M,c}, V_{B,c})$ 表示在事故 c 下由主系统内部某节点流向边界系统内部节点的复功率。显然，电力系统正常运行状态下的 GPF 方程也可由上述方程代表，不妨令其对应 $c = 0$。

显然，式(7-2)和式(7-3)准确地代表了事故 c 下发输电系统和配电系统的潮流方程。如果基于式(7-2)和式(7-3)对事故后的全局电力系统状态进行分析，则所得结果无疑是准确的。

再来考虑现有的 TCA 方法。它忽略了配电潮流在事故后的变化，这相当于对任意 $c \neq 0$，均默认 $F_{BS}(V_{B,c}, V_{S,c}) = F_{BS}(V_{B,0}, V_{S,0})$，所以现有 TCA 所依据的潮流方程可用如下形式描述：

$$\begin{cases} F_M(V_{M,c}) - F_{MM}(V_{M,c}) - F_{MB}(V_{M,c}, V_{B,c}) = 0 \\ F_B(V_{B,c}) - F_{BM}(V_{M,c}, V_{B,c}) - F_{BB}(V_{B,c}) = F_{BS}(V_{B,0}, V_{S,0}) \end{cases} \quad (7\text{-}4)$$

由式(7-3)可知，基态下 $F_{BS}(V_{B,0}, V_{S,0}) = -F_{SB}(V_{B,0}, V_{S,0}) = F_{SS}(V_{S,0}) - F_S(V_{S,0})$，将其代入式(7-4)可得

$$\begin{cases} F_M(V_{M,c}) - F_{MM}(V_{M,c}) - F_{MB}(V_{M,c}, V_{B,c}) = 0 \\ F_B(V_{B,c}) - F_{BM}(V_{M,c}, V_{B,c}) - F_{BB}(V_{B,c}) = F_{SS}(V_{S,0}) - F_S(V_{S,0}) \end{cases} \quad (7\text{-}5)$$

所以，现有 TCA 方法和交流 GTCA 计算结果的区别就是式(7-2)、式(7-3)中联立方程组的解和式(7-5)中方程解的区别。比较式(7-2)、式(7-3)和式(7-5)可得以下情况。

(1) 如果 F_S 和节点电压弱相关，那么 $F_S(V_{S,0}) = F_S(V_{S,c})$，式(7-2)、式(7-3)和式(7-5)的区别就在于 $F_{SS}(V_{S,0})$ 和 $F_{SS}(V_{S,c})$ 的差别。

(2) 如果 F_S 和节点电压强相关，那么 $V_{S,0}$ 和 $V_{S,c}$ 之间的差别有可能导致 $F_S(V_{S,0})$ 和 $F_S(V_{S,c})$，$F_{SS}(V_{S,0})$ 和 $F_{SS}(V_{S,c})$ 均有显著差别。

(3) 如果配电系统含强环运行，那么 $V_{S,0}$ 和 $V_{S,c}$ 之间的差异可能导致 $F_{SS}(V_{S,0})$ 与 $F_{SS}(V_{S,c})$ 之间产生明显的差异。

显然，在后面两种情况下，TCA 和 GTCA 的计算结果可能会有比较明显的差别，TCA 的计算结果可能偏离系统的真实状态，甚至带来误警、漏警[10]。

7.3.2 分布式评估算法

根据基于配电响应等值的改进主从分裂法，分布式的交流 GTCA 算法如下[11, 12]。

(1) DCC (配电调控中心，Distribution Control Center) 计算配电系统网络等值，将结果发送给 TCC。

(2) TCC 将配电系统网络等值加入发输电潮流模型中。

(3) 对事故 c，检查其为发电机开断还是线路开断。如果为前者，则调整其余发电机功率。

(4) 采用基于 G-MSS 的分布式潮流算法求解事故 c 下的 GPF 方程。在第 k 次迭代中：①TCC 求解式(7-2)并向 DCC 传递所解得的 $V_{B,c}^{k+1}$。②DCC 从式(7-3)中解得 $F_{BS,c}^{k+1}$，并根据式(5-34)计算净注入功率 $F_{BS,c}'^{k+1}$，将之发送给 TCC。③比较 $V_{B,c}^{k}$ 和 $V_{B,c}^{k+1}$，如果两者之差已足够小，那么迭代停止，否则 $k=k+1$，进行下一次迭代。

(5) 如果步骤(4)的分布式算法计算收敛，则检查发输电系统和配电系统的运行状态，寻找是否存在约束越界，若有则报警。

(6) 如果步骤(4)的分布式算法计算不收敛，则将配电系统的注入功率固定为基态值，采用现有 TCA 方法对该事故进行检查。

(7) 检查是否遍历所有待分析的预想事故，如果是则终止算法，否则 $c=c+1$，回到步骤(3)对下一个预想事故进行计算。

该算法的特点如下[13-15]。

(1) 该算法基于主从分裂法，因此它具备主从分裂法所具备的特点。特别地，如果配电潮流模型采用三相模型而发输电系统采用单相潮流模型，那么可以按照如下方式进行输配界面上的单-三相数据转化：将发输电潮流解得的单相电压作为配电潮流三相电压中的 A 相电压，通过相角旋转 120°和 240°分别构造 B 相电压和 C 相电压；将配电潮流解得的三相负荷功率相加作为发输电潮流中的单相负荷功率。

(2) 每次计算时，步骤(1)的配电系统网络等值只有在配电系统拓扑发生变化时才需执行，否则 TCC 可沿用之前传来的等值模型。通常，配电系统网络拓扑变化的频率低于 GTCA 的启动频率，所以配电系统的网络等值可供多次 GTCA 使用，因此 TCC 和 DCC 之间无须频繁传递等值模型。这有助于减少交流 GTCA 算法的通信代价。

(3) 由算法流程可知，交流 GTCA 可以同时对发输电系统和配电系统的安全性进行检查。

7.3.3 进一步讨论

本节将进一步讨论 GTCA 的应用问题[16-20]。

首先，与传统 TCA 类似，分析所有的预想事故情景的计算量都非常大，导致的数据交换量和交换频率也非常高。在实际运用中，由于计算速度和通信容量的限制，需要设计能够减少计算成本和降低通信压力的算法。如果具备较好的计算和通信条件，这些方法也能进一步提升 GTCA 的应用效果。

其中，GTCA 收敛的鲁棒性问题可由主从分裂法的局部收敛性定理保证。事实上，即使在某些事故情况下 G-MSS 出现发散，GTCA 也能迅速切换成传统的 TCA 模式，并用传统的方法评价输电系统(transmission power system，TPS)的安全性。因此，GTCA 对所有预想事故总能给出评估结果，而且结果的精度不弱于现有 TCA 结果的精度。

再考虑 GTCA 算法在通信失败或发生严重通信时延情况下的鲁棒性。在这种情况下，TCC 和 DCC 需要使用上次更新的边界值进行潮流的求解。因为边界数值不是同步更新的，所以 GPF 精确性可能会受到影响，仅得到近似结果。由于上次更新的数据仍然可以部分反映输电网和配电网之间的交互，可以预期这一近似结果仍然优于传统 TCA 的结果。此外，即使主从分裂(master-slave-splitting，MSS)算法的收敛性受到数据延迟的损害，GTCA 仍然能够转换到传统的 TCA 模式，如图 7-6 所示。因此，本章提出的 GTCA 理论在通信失败或者时延情况下的鲁棒性仍然占优[21]。

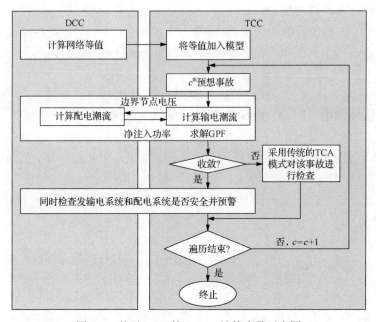

图 7-6 基于 MSS 的 GTCA 计算步骤示意图

7.4 快速分析技术

7.4.1 考虑配电潮流响应的输电系统预想事故筛选

预想事故筛选可以有效降低预想事故分析的计算量。现有的发输电系统预想事故筛选(transmission contingency selection，TCS)方法也通常忽略配电潮流响应的影响。如前所述，如果在输电预想事故的筛选中考虑配电潮流响应的影响，则有望更加准确地挑选出重要预想事故。对此本节提出两种考虑配电潮流响应的预想事故筛选方法，简称为 CS_1 和 CS_2。

7.4.1.1 CS_1：近似全局潮流法

CS_1 方法的关键在于将 G-MSS 算法的第一次迭代结果作为近似的输配全局潮流解筛选重要预想事故，具体计算步骤如下。

(1) DCC 计算配电系统的网络等值，将结果发送给 TCC。

(2) TCC 将配电系统等值加入发输电潮流模型中，并根据式(5-34)计算净注入功率基态值 S'_B。

(3) 对事故 c，检查其为发电机开断还是线路开断。如果为前者，则调整其余发电机功率。

(4) 对于每个预想事故，TCC 按照预设的迭代次数(通常为 1 次或 2 次)进行发输电潮流计算，算得的边界电压传给 DCC。

(5) DCC 按照预设的迭代次数(通常为 1 次或者 2 次)进行配电潮流计算，将所得边界负荷功率和配电系统安全指标 DPI(distribution performance index)返回给 TCC。

(6) 更新功率注入后，TCC 再进行步骤(4)中的近似潮流计算，之后计算该预想事故下的发输电系统安全指标 TPI(transmission performance index)和全局系统安全指标 GPI(global performance index)。

(7) 检查是否遍历所有待分析的预想事故，如果是对指标排序，则形成关键事故列表，完成筛选；否则 $c = c + 1$，回到步骤(3)对下一个预想事故进行筛选。

在上述算法中，配电系统安全指标 DPI 和发输电系统安全指标 TPI 可以按照式(7-5)计算[5]：

$$\mathrm{PI} = \sum_{\text{all lines } l} \left(\frac{P_{\text{flow},l}}{P_l^{\max}}\right)^{2n} + \sum_{\text{all buses } i} \left(\frac{\Delta |V_i|}{\Delta |V|^{\max}}\right)^{2m} \tag{7-6}$$

式中，$P_{\text{flow},l}$ 为线路 l 上的有功功率；$P_l^{\max}$ 为线路 l 上的容量；$\Delta|V_i|$ 为节点电压

在事故后发生变化的绝对值；$\Delta|V|^{max}$ 为调度人员允许的最大节点电压偏差；n 和 m 为整数，通常可选取为 5。

GPI 可取为 TPI 和 DPI 的加权和，其中权重可以选为 1.0，表示配电系统的安全性和发输电系统的安全性在确定全局系统安全性方面的权重相同。

上述算法的流程如图 7-7 所示。

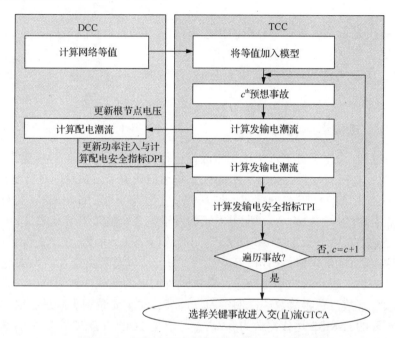

图 7-7 近似全局潮流筛选方法的计算流程

由上述算法可知，CS_1 方法在筛选中同时考虑了发输电系统与配电系统的运行约束。由于筛选过程对每个预想事故仅进行一次 TCC 和 DCC 间的迭代，所以总计算时间和通信代价小于对每个事故均进行详细输配协同潮流分析的交流 GTCA。如果输、配潮流子问题的预设迭代次数减少，则 CS_1 的计算时间还可以进一步降低。而在计算精度方面，由于近似考虑了配电潮流响应，CS_1 的精度优于现有的 TCS 方法。

7.4.1.2 CS_2：配电系统等值法

在 TCC 和 DCC 通信欠佳的情况下，输电系统预想事故筛选可以采用配电系统网络等值来近似体现配电潮流响应，即配电侧循环功率的影响。CS2 方法的具体计算步骤如下。

(1) DCC 计算配电系统的网络等值，将结果发送给 TCC。

(2) TCC 将配电系统网络等值加入发输电潮流模型中，并根据式 (5-25) 计算净

注入功率基态值 S'_B。

(3) 对事故 c，检查其为发电机开断还是线路开断。如果为前者，则调整其余发电机的功率。

(4) 基于净注入功率 S'_B 和加入配电系统等值的发输电系统模型，TCC 按照传统的 1P1Q 法进行计算，获得近似潮流解，之后计算该预想事故下的系统安全指标。

(5) 检查是否遍历所有待分析的预想事故，如果是则终止算法，否则 $c = c+1$，回到步骤(3)对下一个预想事故进行计算。

显然，CS_2 方法的计算时间和基于 1P1Q 法的现有 TCS 方法相当，但是精度更优。

7.4.1.3 通信量和计算量分析

容易想到，相比于对每个预想事故都进行详细分析的"穷举型"交流 GTCA，CS+CA 的计算模式通常将会有更小的计算和通信代价。下面对此进行定量分析。

首先分析 CS_1+GTCA 的模式。设有 N_{con} 个预想事故，G-MSS 算法对每个预想事故的平均迭代次数为 N_{it}，配电系统和发输电系统的边界节点数目为 N_{bs}。在穷举型交流 GTCA 中，TCC 和 DCC 之间的数据交换频率为 $N_{con}N_{it}$。由于每次交换 4 个浮点数（电压幅值、相角、有功、无功），所以总数据交互量为 $4N_{con}N_{it}N_{bs}$。若采用 CS_1 方法进行预想事故筛选，筛选过程需要的迭代次数为 N_{con}。设筛选出的重要预想事故占总事故数的比例约为 p，那么对重要预想事故进行输配协同潮流分析需要的 G-MSS 迭代次数为 $pN_{it}N_{con}$，于是 TCC 和 DCC 之间总的迭代次数为 $(pN_{it}+1)N_{con}$，总的数据交互量为 $4(pN_{it}+1)N_{con}N_{bs}$。若 $N_{it}=4$，$p=15\%$，那么经过 CS_1 方法筛选后交流 GTCA 的计算量和通信数据量将是穷举型的 35%。

对于 CS_2 方法，由于它仅需 DCC 上传等值模型，无须 TCC 和 DCC 之间进行迭代，所以算法的通信量和计算量与现有 TCS 方法接近，CS_2+GTCA 模式的通信和计算代价约为穷举型 GTCA 的 p 倍，对于上例，这种模式下的计算量和通信数据量将是穷举型的 15%。

7.4.2 基于直流潮流的快速分析方法

如果调度人员更加关心事故后系统线路有功潮流是否越界，那么可考虑采用直流 GTCA 模块。由于采用了直流潮流，它的计算代价比交流 GTCA 小。直流 GTCA 的模型和分布式算法步骤如下[22, 23]。

7.4.2.1 直流 GTCA 模型

在直流 GTCA 中，预想事故 c 下的输配协同潮流方程近似为如下形式：

$$\begin{cases} P_M - P_{MM}(\theta_{M,c}) - P_{MB}(\theta_{M,c},\theta_{B,c}) = 0 \\ P_B - P_{BM}(\theta_{M,c},\theta_{B,c}) - P_{BB}(\theta_{B,c}) = P_{BS}(\theta_{B,c},V_{S,c}) \end{cases} \quad (7\text{-}7)$$

$$F_S(V_{S,c}) - F_{SB}(\theta_{B,c},V_{S,c}) - F_{SS}(V_{S,c}) = 0 \quad (7\text{-}8)$$

式中，θ 为主系统和从系统中各节点的电压相角；P 为在主系统和从系统之间流动的有功功率，其余变量定义如 7.3.1 节所述。

和式 (7-2)、式 (7-3) 中的模型相比，式 (7-7)、式 (7-8) 在发输电系统潮流中采用直流潮流模型，即用 $1\angle\theta$ 取代真实的复电压 V，而在配电潮流方程中依然采用交流潮流形式。这是因为对发输电系统采用直流潮流方程仍有较好的精度，而配电系统通常具有较大的电阻电抗比，因此仍需要考虑电压幅值以保证计算精度。

7.4.2.2 直流 GTCA 算法

基于 G-MSS 理论，上述直流 GTCA 模型可在 TCC 和 DCC 中分布式地求解，具体步骤如下[24, 25]。

(1) DCC 计算配电系统网络等值，将结果发送给 TCC。

(2) TCC 将网络等值加入潮流模型中。

(3) 对事故 c，检查其为发电机开断还是线路开断。如果为前者，则调整其余发电机功率。

(4) 采用由 G-MSS 导出的算法求解事故后的 GPF 方程。其中，G-MSS 中的第 k 次迭代：①TCC 求解式 (7-7) 并向 DCC 传递所解得的 $\theta_{B,c}^{k+1}$；②DCC 从式 (7-8) 中解得 $P_{BS,c}^{k+1}$，并根据式 (5-34) 计算净注入功率 $P_{BS,c}'^{k+1}$，将之发送给 TCC；③比较 $\theta_{B,c}^{k}$ 和 $\theta_{B,c}^{k+1}$，如果二者之差已足够小，那么迭代停止，否则 $k=k+1$，进行下一次迭代。

(5) 如果步骤 (4) 的分布式算法收敛，则检查发输电系统的运行状态，寻找是否存在约束越界，如果有则报警。

(6) 如果步骤 (4) 的分布式算法不收敛，则将配电系统的注入功率固定为基态，采用传统的 TCA 模式对该事故进行检查。

(7) 检查是否遍历所有待分析的预想事故，如果是则终止算法，否则 $c=c+1$，回到步骤 (3) 对下一个预想事故进行计算。

由上述步骤可知，在直流 GTCA 迭代中，TCC 和 DCC 之间仅交互输配界面上的电压相角与负荷有功功率。由于直流潮流相比于交流潮流模型具有计算简单快速的特点，直流 GTCA 的计算代价有望低于交流 GTCA。后续仿真部分将进一步分析直流 GTCA 和交流 GTCA 在计算代价、通信量和计算精度上的差别。

7.4.3 基于配电等值的近似评估方法

如前所述，GTCA 需要 TCC 和 DCC 在计算时保持通信畅通以便交互输配界面的节点电压与负荷功率。如果 TCC 和 DCC 之间的通信条件欠佳，或者出现通信中断，那么该如何做呢？

由 7.2.1 节的分析可知，配电系统注入输配界面上的负荷功率可拆为自然功率和循环功率两部分。如果配电系统中的节点注入功率和电压弱相关，那么自然功率响应通常可以忽略，此时只需计算出循环功率的响应特性就能近似地表示配电潮流响应特性。由 5.4.4 节分析可知，一种工程上便捷的近似方法就是将配电系统的网络等值加入发输电系统潮流模型中。本书将这种方法称为配电等值近似 GTCA。

配电等值近似 GTCA 的基本想法为：将配电系统的网络等值加入发输电系统潮流模型中，然后对每个事故计算等值后的发输电系统潮流方程，检查是否有约束越界，判断系统的安全性。这一思路可由图 7-8 表示。结合图 7-8，配电等值近似 GTCA 的具体算法步骤如下。

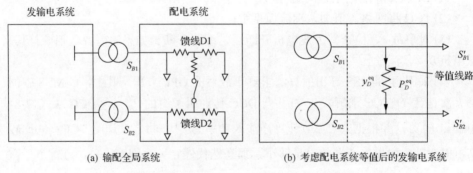

图 7-8 配电等值近似 GTCA 的思路示意图

(1) DCC 计算配电系统网络等值，将结果发送给 TCC。

(2) TCC 将配电等值加入发输电潮流模型中，并根据式(5-34)计算净注入功率基态值 S'_B。

(3) 对事故 c，检查其为发电机开断还是线路开断。如果为前者，则调整其余发电机功率。

(4) 基于净注入功率 S'_B 和加入配电系统等值的发输电系统模型，计算事故后的发输电系统潮流。

(5) 检查是否遍历所有待分析的预想事故，如果是则终止算法，否则 $c = c + 1$，回到步骤(3)对下一个预想事故进行计算。

在该算法中，步骤(1)的配电网络等值只有在配电系统拓扑发生变化时才需执行，否则可沿用上一次计算中使用到的配电系统等值模型。此外，该算法并不需要 TCC 和 DCC 进行多次迭代与数据交互,因此可用于 TCC 和 DCC 通信条件欠佳的情况,整个算法的计算量相当于现有的 TCA 方法。由于网络等值可以较为准确地代表配电系统循环功率响应,配电等值近似 GTCA 算法仍能在一定程度上近似代表配电潮流响应特性,所以可预期该算法的精度将高于现有的 TCA 方法,这一点将由后续仿真部分论证。

值得注意,如果交流 GTCA 算法中步骤(4)的迭代算法不收敛,那么也可以采用本节提出的配电等值近似 GTCA 对事故后的潮流进行检查,分析精度将优于采用 TCA 的结果。

7.5 算例分析

本书构造了若干不同规模的全局系统进行仿真验证。在构造全局系统时,为使来自于不同数据文件的发输电系统的功率和配电系统功率匹配,假定一个高压配电站上联有多个馈线。所构造的仿真系统如下。

(1) 6Ar 系统:发输电系统是文献[5]中的 6 节点系统,配电系统 A 是一个辐射的配电系统,有 3 个馈线、16 个节点、13 条线路[6]。配电馈线 F1、F2 和 F3 分别连接在发输电系统的 4 号、5 号和 6 号节点。每个节点联有 6 个同样的馈线。

(2) 6Al 系统:配置和 6Ar 系统几乎相同,只是在馈线 F1 和 F2 之间存在环。

(3) 30Dl 系统:发输电系统为 IEEE 30 节点系统,它接有两个配电系统 D。配电系统 D 是由文献[7]给出的六馈线系统,有 44 个节点和 38 条线路。此外,配电系统中存在两个合环开关,分别连接馈线 F1 和 F4、馈线 F2 和 F3。第一个配电系统 D 称为 D-1,它的 6 个馈线分别连接在发输电系统的 5 号、6 号、8 号、7 号、9 号和 11 号节点上。第二个配电系统 D 称为 D-2,它的 6 个馈线分别连接在发输电系统的 15 号、19 号、20 号、18 号、21 号和 17 号节点上。每个节点联有 4 个同样的馈线。

(4) 118Dl 系统:发输电系统为 IEEE 118 节点系统,它接有三个配电系统 D。每个配电系统中存在两个合环开关,分别连接馈线 F1 和 F4、馈线 F2 和 F5。这三个配电系统分别连接在发输电系统的 14 号、13 号、117 号、33 号、16 号、7 号、51 号、58 号、53 号、50 号、57 号、52 号、93 号、94 号、97 号、95 号、96 号和 98 号节点。每个节点联有 6 个同样的馈线。

7.5.1 6A 系统仿真结果

7.5.1.1 交流 GTCA 和 TCA 事故后潮流比较

首先,采用 6Ar 系统和 6Al 系统比较考虑配电潮流响应和未考虑配电潮流响应下的系统事故后潮流。所得结果如表 7-1 所示。

表 7-1　6A 系统中交流 GTCA 和 TCA 的事故后潮流计算差别

测试系统	发电机开断事故		线路开断事故	
	线路潮流最大偏差/p.u.（事故编号）	电压最大偏差/p.u.（事故编号）	线路潮流最大偏差/p.u.（事故编号）	电压最大偏差/p.u.（事故编号）
6Ar	0.000128（发电机 #1）	0.000038（发电机 #1）	$<10^{-6}$	$<10^{-6}$
6Al	0.049593（发电机 #3）	0.0014（发电机 #2）	0.105088（线路 #5）	0.0109（线路 #5）

由表 7-1 可知，如果配电系统辐射状运行，那么交流 GTCA 和 TCA 的事故后潮流计算差别非常小。换言之，TCA 的结果比较接近真实值，这也是传统电力系统一直以来采用 TCA 的原因。但是，如果配电系统含强环运行，那么交流 GTCA 和 TCA 的计算差别就比较明显了。例如，当 6Al 系统发输电侧 #5 线路（连接 2 号节点和 4 号节点）开断时，交流 GTCA 和 TCA 事故后的节点电压计算结果差别最大可达到 0.0109 p.u.，而线路潮流的计算差别最大可达到 0.105 p.u.。在这种情况下若依然沿用原先的 TCA 结果，那么可能会导致漏警或者误警，威胁电力系统安全运行，甚至引发类似于 2011 年美国那样的大停电事故。事实上，对 6Al 采用 TCA 方法将产生一个误警。

为进一步观察交流 GTCA 和 TCA 给出的事故后潮流结果差别，图 7-9 对比了当发输电系统的 5 号线路开断时，由这两种方法得到的系统潮流状态。由图 7-9 可知，事故发生后，交流 GTCA 和 TCA 给出的发输电系统 4 号节点和 5 号节点附近的输电线路的功率有着显著差别。由于配电系统含有强环，事故后由配电系统注入 4 号节点和 5 号节点上的功率与基态相比有着显著的变化，发输电系统的潮流也随之发生明显的变化。交流 GTCA 可以考虑这一变化，而 TCA 则忽略了这一变化。

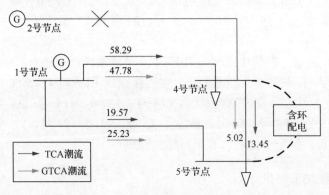

图 7-9　发输电系统 #5 线路断开，交流 GTCA 和 TCA 计算的事故后潮流对比（单位：p.u.）

图 7-10 给出了输电系统 #5 线路开断后，配电系统节点电压和基态时的对比。由图 7-10 可见，输电系统 #5 线路开断时，配电系统潮流也将发生较大的变化，

基态下原本安全的状态有可能在事故后变得不安全。这表明从全局电力系统安全性的角度出发，不仅需要检查发输电系统本身的运行安全，还需要检查配电系统的运行安全。本书所提出的交流 GTCA 方法可以满足这一要求，现有 TCA 方法却无法满足这一要求。

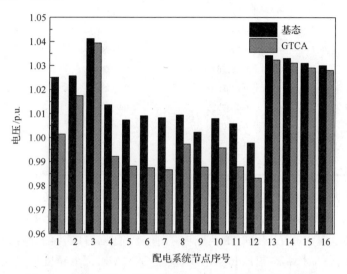

图 7-10　输电系统 5 号线路断开，配电系统节点电压变化

值得注意，事故后潮流的差别并不总会导致不同的报警结果，但是该差别越大，表明现有 TCA 方法面临越大的误警或者漏警的风险，越有必要采用 GTCA 方法，尤其对于如下情况。

(1) 配电系统中的节点注入功率和电压具有较强的相关性。对于 6Ar 系统，如果所有负荷具有文献[8]所给出的负荷电压静特性，那么事故后线路潮流偏差最大可达 0.00402 p.u.，而对于 6Al 系统，事故后线路潮流偏差最大可达 0.05781p.u.。

(2) 配电系统处于重负荷状态。这一点可由式 (7-2)、式 (7-3) 和式 (7-5) 得知，当系统负荷变重时，$F_{SS}(V_{S,0})$ 与 $F_{SS}(V_{S,c})$ 之间的差异将更加显著。

(3) 配电系统具有较多的强环。由 7.2.1 节中的分析过程可知，强环越多，GTCA 和 TCA 的评估结果差异越大。

7.5.1.2　交流 GTCA 和直流 GTCA 的潮流精度比较

用 6A1 系统比较交流 GTCA 和直流 GTCA 差别，结果如表 7-2 和表 7-3 所示。

表 7-2　6A1 系统中交流 GTCA 和直流 GTCA 中潮流计算结果的最大差别

测试系统	最大潮流计算差别/p.u.(发电机开断事故)	最大潮流计算差别/p.u.(线路开断事故)
6Al	0.023055(3 号发电机)	0.03621(#2 线路)

表 7-3　6A1 系统 3 号发电断开，交流 GTCA 和直流 GTCA 中潮流计算结果

线路	交流 GTCA/p.u.	直流 GTCA/p.u.	相对误差/%
1-2	0.22305	0.22673	2
1-4	0.45644	0.43517	−5
1-5	0.35194	0.32947	−6
2-3	0.15894	0.15214	−4
2-4	0.39384	0.41689	6
2-5	0.18176	0.17832	−2
2-6	0.24015	0.23652	−2
3-5	0.06377	0.05946	−7
3-6	0.09401	0.09268	−1
4-5	0.03177	0.02952	−7
5-6	0.02177	0.02064	−5

由表 7-2 可见，不同预想事故下线路有功功率的最大计算偏差在 0.023055~0.03621p.u.，而表 7-3 则表明最大线路功率计算的相对误差的绝对值不超过 7%。这种相对误差通常在工程运行的范围内[9]。此外，直流 GTCA 的计算只需要 51ms，而交流 GTCA 的计算需要 124ms，所以直流 GTCA 以部分精度损失换取了更短的计算时间。

观察表 7-3 还可以发现，具有较大计算误差的线路通常邻近高压配电站(本例中为发输电系统 4 号节点和 5 号节点)。其原因可能是配电系统中的电阻电抗比通常较大，这将影响发输电侧高压配电站所对应节点附近的直流潮流模型的精度，从而导致边界系统附近的线路功率计算偏差相对较大。

7.5.2　30Dl 系统仿真结果

7.5.2.1　GTCA 和 TCA 报警结果比较

本节采用 30Dl 系统比较了 GTCA 和 TCA 报警结果的区别。其中，关于发输电系统的报警结果如表 7-4 所示。由表 7-4 可见，由于忽略了配电潮流响应，TCA 既可能误警(如 #24 线路和 #25 线路开断)，也可能漏警(如 2 号发电机开断)。误警可能使调度人员误操作(这种操作有时反而会降低系统的安全性)，而漏警则使调度人员对那些严重事故不操作，两种情况下均严重影响了系统运行的安全性。作为对比，GTCA 则可以做出准确的预警。

值得注意，TCA 无法考虑配电系统的运行约束，将漏掉配电系统中可能发生的运行越界，而 GTCA 则可以检查输配系统中所有的运行约束。表 7-5 给出了 30Dl 系统中的配电系统越界报警，其中假定配电系统节点电压的运行范围在 0.95~1.05p.u.。由表 7-5 可见，在 3 号发电机、5 号发电机开断或 #30 线路开断的情况

第 7 章　计及配电潮流响应的输电系统预想事故分析

表 7-4　30DI 系统中 GTCA 和 TCA 的发输电系统的报警结果差别

GTCA		TCA	
预想事故	报警	预想事故	报警
2 号发电机	#30 线路	3 号发电机	#30 线路
3 号发电机	#30 线路	#24 线路	#22 线路
#38 线路	#30 母线	#25 线路	#19、#20 母线，#22 线路
		#38 线路	#30 母线

表 7-5　30DI 系统中的配电系统越界报警

预想事故编号	配电系统	配电系统中电压越界节点编号
3 号发电机	D-2	8
5 号发电机	D-2	8
#25 线路	D-2	8；9；10；11；21；22
#30 线路	D-2	8

下，配电系统 D-2 中的馈线 F3 的远端 8 号节点都会越电压下界（图 7-11）。在发输电系统 #25 线路开断的情况下，配电系统 D-2 中的馈线 F3 和 F4 的部分节点电压越下界。这些现象表明，在输电系统预想事故中，配电系统的运行状态可能也会越界，所以有必要采用交流 GTCA 方法对输配系统事故后的状态进行更加全面的检查。

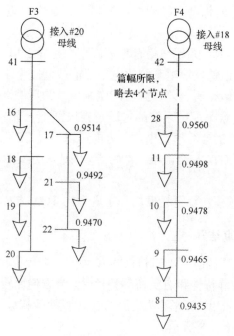

图 7-11　30DI 系统中 #5 线路开断后配电系统节点电压越界情况（单位：p.u.）

7.5.2.2 GTCA 各计算模块的分析精度比较

下面以考虑/不考虑配电负荷电压静特性为例，比较 GTCA 中各模块在节点功率和节点电压强/弱相关两种情况下的分析精度。

表 7-6 为不同 GTCA 模块针对 30Dl 系统给出的报警结果。为便于观察，表中列出了配电等值近似 GTCA、直流 GTCA、CS+交流 GTCA 和穷举型交流 GTCA 的结果差异。其中，对于配电等值近似 GTCA 和现有 TCA，仅比较发输电系统侧的结果；对于直流 GTCA，仅比较线路功率结果。

表 7-6 30Dl 系统，不同 GTCA 模块给出的报警结果

报警差异数目(输电侧；配电侧)	不考虑负荷电压静特性	考虑负荷电压静特性[8]
配电等值近似 GTCA	(0; /)	(1; /)
直流 GTCA	(0; 4)	(0; 0)
CS+交流 GTCA	(0; 1)	(0; 0)
现有 TCA	(5; /)	(6; /)

由表 7-6 可得以下结论。

(1) 在无负荷电压静特性的情况下，配电等值近似 GTCA 在输电侧的报警结果和"穷举型"交流 GTCA 一致，表明了该模块的分析精度此时可满足要求。但是，如果系统中的负荷电压静特性比较显著，那么该近似分析方法将产生 1 个误警。

(2) 如果仅关注事故后系统线路有功潮流是否越界，那么直流 GTCA 的精度通常可以满足要求。但是发输电系统的电压幅值被近似为 1.0p.u.，输配界面上的电压幅值结果和真实解有所偏差，因此配电系统事故后的潮流结果未必准确，所以直流 GTCA 遗漏了部分配电系统的电压越界报警。

(3) 在 CS+GTCA 的计算模式中，一方面可以通过 CS 保留重要预想事故，另一方面可以利用交流 GTCA 全面准确的特点，因此该方案的结果最接近"穷举型"交流 GTCA。

(4) GTCA 中的各模块计算精度均高于现有的 TCA 方法。

7.5.3 118Dl 系统仿真结果

本节选用 118Dl 系统研究不同 GTCA 模块的计算代价和通信代价。测试中考虑两种情况：无负荷静特性和有负荷静特性[8]。为方便比较，将各模块的计算时间、通信频率和通信量以"穷举型"交流 GTCA 模块的相应数值为基值进行标幺，所得结果如表 7-7 和表 7-8 所示。

表 7-7 118DI 系统，不同 GTCA 模块计算代价和通信代价对比（无负荷静特性）

模块	计算时间	输配迭代次数	通信次数	通信数据量
基于补偿法交流 GTCA	85%	376	100%	100%
配电等值近似 GTCA	27%	—	—	—
直流 GTCA	43%	690	184%	92%
CS+交流 GTCA	45%	254	68%	68%

表 7-8 118DI 系统，不同 GTCA 模块计算代价和通信代价对比（有负荷静特性）

模块	计算时间	输配迭代次数	通信次数	通信数据量
基于补偿法交流 GTCA	81%	1391	100%	100%
配电等值近似 GTCA	9%	0	0	0
直流 GTCA	21%	1153	83%	41%
CS+交流 GTCA	16%	267	19%	19%

从表 7-6、表 7-7 和表 7-8 可以得到以下结论。

(1) 配电等值近似 GTCA 的计算代价最小，通信代价最小。但是，其中配电潮流响应只是采用网络等值进行了近似评估，因此当配电系负荷静特性较明显时该方法可能漏警（表 7-6）。

(2) 直流 GTCA 和交流 GTCA 相比，输配迭代次数和通信次数并不总是减少，但是计算时间显著减少。

(3) CS+GTCA 模式可以减少计算时间和通信量，结果精度也很接近"穷举型"交流 GTCA。

此外，在不考虑负荷静特性和考虑负荷静特性两种情况下，"穷举型"交流 GTCA 的计算时间分别为 2562ms 和 7308ms，TCC 和 DCC 之间的通信次数分别为 376 次和 1391 次，总的通信数据量分别为 9014 个双精度浮点型数据和 33384 个双精度浮点型数据。如果 TCC 和 DCC 之间的通信带宽为 100Mbit/s[9]，那么通信时间分别为 5ms 和 20ms，这样的通信代价通常可以被工业现场所接受。

最后，对 118DI 系统的所有预想事故采用交流 GTCA 计算，TCC 和 DCC 之间的平均迭代次数为 3.79 次，无计算发散的情况，这表明了本书所提的分布式交流 GTCA 方法有着良好的计算鲁棒性。

7.6 本章小结

本章研究了考虑配电潮流响应特性的发输电系统预想事故分析，分析了在现有 TCA 方法中考虑配电系统潮流响应的必要性；建立了 GTCA 方法，它包括交流 GTCA、直流 GTCA、配电等值近似 GTCA 和考虑配电潮流响应的输电预想事故筛选等计算模块。基于 G-TDCM 和 G-MSS 理论，本章建立了这些模块的计算模型，提出了高效的分布式算法，此外，进一步分析了 GTCA 的评估精度、通信代价、TCC 和 DCC 之间的数据隐私等问题。最后，本章在不同规模的仿真系统上进行了数值仿真，验证了采用 GTCA 方法的重要性和必要性，评估了 GTCA 方法中各计算模块在计算精度、计算代价和通信代价上的差别。本章所做的系统事故预想基于文献[26]~[29]。

参 考 文 献

[1] 孙宏斌, 姜齐荣, 周荣光, 等. 电力系统分析讲义(上册)[M]. 北京: 清华大学电机工程与应用电子技术系, 2007.

[2] Heydt G T. The next generation of power distribution systems[J]. IEEE Transactions on Smart Grid, 2010, 1(3): 225-235.

[3] FERC. FERC/NERC staff report on the September 8, 2011 blackout[EB/OL]. [2012-04-27]. https://www.ferc.gov/legal/staff-reports/04-27-2012-ferc-nerc-report.pdf.

[4] Sun H B, Guo Q L, Zhang B M, et al. Master-slave-splitting based distributed global power flow method for integratedtran- smission and distribution analysis[J]. IEEE Transactions on Smart Grid, 2015, 6(3): 1484-1492.

[5] Wood A J, Wollenberg B F. Power Generation, Operation and Control[M]. 2nd ed. New York: John Wiley and Sons, 1996.

[6] Civanlar S, Grainger J J, Yin H, et al. Distribution feeder reconfiguration for loss reduction[J]. IEEE Transactions on Power Delivery, 1988, 3(3): 1217-1223.

[7] Wagner T P, Chikhani A Y, Hackam R. Feeder reconfiguration for loss reduction: An application of distribution automation[J]. IEEE Transactions on Power Delivery, 1991, 6(4): 1922-1933.

[8] Sun H B, Zhang B M. Distributed power flow calculation for whole networks including transmission and distribution[J]. IEEE/PES Transmission and Distribution Conference Exposition, Chicago, IL, 2008: 1-6.

[9] 张伯明, 陈寿孙, 严正. 高等电力网络分析[M]. 2 版. 北京: 清华大学出版社, 2007.

[10] Yang T, Sun H B, Bose A. Transition to a two-level linear state estimator-Part I: Architecture[J]. IEEE Tranactions on Power Systems, 2011, 26(1): 46-53.

[11] 孙宏斌. 电力系统全局无功优化控制的研究[D]. 北京: 清华大学, 1996.

[12] 孙宏斌, 张伯明, 相年德. 发输配全局潮流计算: 第一部分: 数学模型和基本算法[J]. 电网技术, 1998, 22(12): 41-44.

[13] Li Z S, Guo Q L, Sun H B, et al. Sufficient conditions for exact relaxation of complementarity constraints for storage-concerned economic dispatch[J]. IEEE Transactions on Power Systems, 2016, 31(2): 1653-1654.

[14] Li Z S, Wang J H, Guo Q L, et al. Transmission contingency screening considering impacts of distribution grids[J]. IEEE Transactions on Power Systems, 2016, 31(2): 1659-1660.

[15] Li Z S, Wang J H, Sun H B, et al. Transmission contingency analysis based on integrated transmission and distribution power flow in smart grid[J]. IEEE Transactions on Power Systems, 2015, 30(6): 3356-3367.

[16] Li Z S, Guo Q L, Sun H B, et al. Storage-like devices in load leveling: Complementarity constraints and a new and exact relaxation method[J]. Applied Energy, 2015, 151: 13-22.

[17] Li Z S, Guo Q L, Sun H B, et al. Emission-concerned wind-EV coordination on the transmission grid side with network constraints: Concept and case study[J]. IEEE Transactions on Smart Grid, 2013, 4(3): 1692-1704.

[18] Li Z S, Guo Q L, Sun H B, et al. A new LMP-sensitivity-based heterogeneous decomposition for transmission and distribution coordinated economic dispatch[J]. IEEE Transactions on Smart Grid, 2018, 9(2): 931-941.

[19] Li Z S, Guo Q L, Sun H B, et al. Coordinated economic dispatch of coupled transmission and distribution systems using heterogeneous decomposition[J]. IEEE Transactions on Power Systems, 2016, 31(6): 4817-4830.

[20] Li Z S, Guo Q L, Sun H B, et al. A distributed transmission-distribution-coupled static voltage stability assessment method considering distributed generation[J]. IEEE Transactions on Power Systems, 2018, 33(3): 2621-2632.

[21] 李正烁. 基于广义主从分裂理论的分布式输配协同能量管理研究[D]. 北京, 清华大学, 2016.

[22] 孙宏斌, 张伯明, 相年德, 等. 发输配全局潮流计算——第二部分: 收敛性、实用算法和算例[J]. 电网技术, 1999, 23(1): 50-53.

[23] 孙宏斌, 张伯明, 相年德. 发输配全局电力系统分析[J]. 电力系统自动化, 2000, 24(1): 17-20.

[24] 孙宏斌, 张伯明. 全局电力管理系统(GEMS)的新构想[J]. 电力自动化设备, 2001, 21(5): 6-8.

[25] 孙宏斌, 郭烨, 张伯明. 含环状配电网的输配电全局潮流分布式计算[J]. 电力系统自动化, 2008, 32(13): 11-15.

[26] 王守相, 张伯明, 刘映尚. 事故临界切除时区计算及其在事故扫描中的应用[J]. 电网技术, 2003, 27(10): 72-77.

[27] 张伯明. 智能安全预警——美加停电事故对调度自动化的启示[J]. 电力系统安全及其战略防御高级学术研讨会, 北京, 2004.

[28] 王守相, 张伯明, 郭琦. 在线动态安全评估中事故扫描的综合性能指标法[J]. 电网技术, 2005, 29(1), 60-64.

[29] 刘映尚, 吴文传, 冯永青, 等. 基于自组织临界理论的南方电网停电事故宏观规律研究[J]. 中国电力, 2007, 40(7): 37-41.

第8章　分布式输配协同电压稳定评估

8.1　概　　述

首先，本章基于 G-TDCM 建立了输配协同参数化潮流方程，分析了输配系统间的相互作用对静态电压稳定评估的影响，在不同分布式电源渗透率下进行了数值仿真，验证了进行输配协同静态电压稳定评估(transmission-distribution voltage stability assessment，TDVSA)的必要性。

其次，本章借助三节点系统，在理论上分析了分布式电源低压脱网对全局电力系统静态电压稳定的影响。

再次，本章基于 G-TDCM 建立了考虑分布式电源低压脱网的输配协同参数化潮流方程；基于 G-MSS 理论，提出了可以考虑分布式电源低压脱网的分布式 TDVSA 算法，分析了在濒临系统电压崩溃点处分布式矫正可能遇到的计算失败问题和原因，给出了解决方案。

最后，本章仿真验证了不同分布式电源渗透率下分布式电源低压脱网对系统电压稳定性的影响，论证了采用考虑分布式电压低压脱网 TDVSA 的必要性。

8.2　输配协同电压稳定评估必要性分析

发输电系统的电压稳定评估(transmission voltage stability assessment，T-VSA)和配电系统的电压稳定评估(distribution voltage stability assessment，D-VSA)均已有不少研究。但无论 T-VSA 还是 D-VSA，它们都是独立计算的。在计算 T-VSA 时，配电系统被近似为输配界面的负荷功率，而在计算 D-VSA 时，发输电系统被视为电压源。随着主动配电系统的普及，T-VSA 和 D-VSA 将面临挑战，因为它们没有考虑输配系统之间的相互作用。

(1) 计算 T-VSA 时没有考虑具有电压支撑功能的分布式电源对系统电压稳定裕度的影响。

(2) 计算 T-VSA 时没有考虑配电系统内部的电气距离。

(3) 计算 D-VSA 时没有考虑发输电系统发电机无功撬界对配电系统电压稳定性的影响。

(4) 计算 D-VSA 时没有考虑发输电系统和其他配电系统负荷增长的影响。

这些因素使得现有 T-VSA 和 D-VSA 的评估结果偏于乐观或者悲观。下面将结合输配协同参数化潮流方程对此进行更详尽的理论分析。

8.2.1 理论分析

本节基于 G-TDCM 建立了正常运行状态下的输配协同潮流方程，引入连续化参数 λ，可得具有如下形式的输配协同参数化潮流方程：

$$S_M(V_M,\lambda) - S_{MM}(V_M) - S_{MB}(V_M,V_B) = 0 \tag{8-1}$$

$$S_B(V_B,\lambda) - S_{BM}(V_M,V_B) - S_{BB}(V_B) = S_{BS}(V_B,V_S) \tag{8-2}$$

$$S_S(V_S,\lambda) + S_{BS}(V_B,V_S) - S_{SS}(V_S) = 0 \tag{8-3}$$

式中，λ 为连续化参数，通常代表系统的负荷增长程度；V 为节点复电压向量；S 为在各系统节点之间流动的复功率向量；下标 M、B 和 S 表示主系统、边界系统和从系统所属的变量，下标 X、$Y(X,Y = M, B, S)$ 指示由系统 X 流向系统 Y 的复功率。例如，$S_M(V_M,\lambda)$ 表示在系统负荷增长程度为 λ 的情况下注入主系统各节点的外部复功率，$S_{MM}(V_M)$ 表示由主系统内部某节点流向主系统另一内部节点的复功率。显然，电力系统正常运行状态下的 GPF 方程也可由上述方程代表，其中 $\lambda = 0$。

在同样的符号下，现有 T-VSA 所依据的发输电参数化潮流方程可建立如下：

$$S_M(V_M,\lambda) - S_{MM}(V_M) - S_{MB}(V_M,V_B) = 0 \tag{8-4}$$

$$S_B(V_B,\lambda) - S_{BM}(V_M,V_B) - S_{BB}(V_B) = S_{BS}(V_B,\lambda) \tag{8-5}$$

而 D-VSA 中的配电参数化潮流方程可以建立如下：

$$S_S(V_S,\lambda) + S_{BS}(V_B,V_S) - S_{SS}(V_S) = 0 \tag{8-6}$$

下面基于式(8-1)～式(8-6)分析在电压稳定评估中考虑输配系统相互作用的必要性。

首先比较由式(8-1)～式(8-3)所表示的输配协同参数化潮流方程和 T-VSA 中的发输电参数化潮流方程(式(8-4)、式(8-5))。容易看出，二者的区别在于如何建模配电系统注入输配界面上的复功率 S_{BS}。在 T-VSA 中，由于配电系统内部状态不可观，只能凭借调度人员经验人工指定 S_{BS} 的增长方向；在 TDVSA 中，S_{BS} 由配电系统内部运行状态确定，包含了分布式电源的无功功率变化、并联电容器无功功率变化等因素。假设配电系统分布式电源在无功出力未搭界时具有维持机端电压的能力，随着 λ 增长，分布式电源无功出力首先将跟随变化到出力搭界，之后无功出力不变，分布式电源机端电压下降。由于配电系统中往往存在多个分布式电源，S_{BS} 随 λ 的变化规律比较复杂，T-VSA 中由人工指定的增长方向通常难以准确地贴合

S_{BS} 的真实变化,因此基于式(8-4)、式(8-5)的 T-VSA 有可能产生不可靠的评估结果。

再来比较由式(8-1)～式(8-3)所表示的输配协同参数化潮流方程和 D-VSA 中的配电参数化潮流方程(式(8-6))。容易看出,在式(8-6)中,配电系统根节点被视为松弛节点,电压 V_B 在计算中始终为基态值。但是,由式(8-1)、式(8-2)可知,输配界面节点电压在 λ 增长过程中并非不变,它会受到发输电系统中的发电机是否无功搭界、配电系统的负荷增长情况和分布式电源运行状态等因素的影响。具体来说,伴随着配电系统的负荷增长,发输电系统中的发电机出力也将发生变化。如果有若干发电机无功搭界,那么发输电潮流将发生较明显的变化,于是输配界面节点电压在配电系统负荷增长的过程中也将发生显著变化。显然,此时 D-VSA 给出的评估结果不可靠。

8.2.2 仿真验证

为进一步验证上述分析,本书构造了由 IEEE 14 节点作为发输电系统、并联有 5 个主动配电系统的全局电力系统,如图 8-1 所示。在发输电系统上半部分为发电区域,下半部分为负荷区,具有从上向下的送电结构(上端为送端,下端为受端)。在受端的 5 个节点上,分别接入 5 个主动配电系统。这 5 个配电系统分别被记为 D1、D2、D3、D4、D5,接入发输电系统的 10 号节点、11 号节点、12 号节点、13 号节点和 14 号节点。这 5 个配电系统的结构参数见文献[1]。基态下全局系统的总负荷为 279.70MW,而 5 个配电系统的总负荷为 64.7MW。系统的功率基值为 100MW。

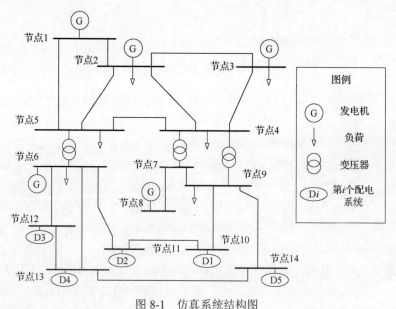

图 8-1 仿真系统结构图

本节仿真了分布式电源渗透率逐次递增的三种场景 S1、S2 和 S3。在场景 S1 中，每个配电系统都接有 1 个分布式电源，系统共有 5 个分布式电源；在场景 S2 中，每个配电系统都接有 2 个分布式电源，系统共有 10 个分布式电源；在场景 S3 中，每个配电系统都接有 4 个分布式电源，系统共有 20 个分布式电源。假设每个分布式电源在无功未搭界的状态下均能够维持机端电压，所在节点为 PV 节点，其中电压为 1.0p.u.，无功功率容量最大为 1.2Mvar。此外，进一步考虑 2 个案例：在案例 C1 中，每个分布式电源的基态有功出力为 0.7MW，在案例 C2 中，每个分布式电源的基态有功出力为 1.3MW。在 S1 和 S2 中分别考虑 C1 和 C2 两种案例，在 S3 中仅考虑案例 C2。

为获得更加公平的比较，无论式(8-1)～式(8-3)所表示的 TDVSA，式(8-4)、式(8-5)所表示的 T-VSA，还是式(8-6)所表示的 D-VSA，均采用 PSAT[2]求解 λ 的最大值，并保证三种模式在输配界面的基态电压和功率一致。在 PSAT 中采用垂直矫正。对于负荷增长方向，采用定功率因数模式，并且通过标幺使得所有负荷有功增长方向之和为 1.0p.u.，因此 λ 的最大值就代表系统电压稳定的负荷裕度。假定发输电系统的发电机的有功增长方向和剩余的发电容量成正比，分布式电源的有功出力在评估中认为不可调，增长方向为零。

表 8-1 给出了 TDVSA 和 T-VSA 在不同场景、不同案例下的电压稳定负荷裕度。由该表可得以下结论。

表 8-1　发输电系统负荷裕度比较　　　　　　　（单位：p.u.）

场景	无分布式电源	(S1, C1)	(S1, C2)	(S2, C1)	(S2, C2)	(S3, C2)
TDVSA	2.241	2.431	2.481	2.614	2.710	3.191
T-VSA	3.103	3.253	3.262	3.298	3.300	3.089

(1) 随着具有电压支撑能力的分布式电源增加，发输电系统电压稳定负荷裕度增加(可由表 8-1 的第二行看出)。这是因为分布式电源可提供无功，实现本地电压支撑，这使得配电系统的无功平衡水平改善，发输电系统从送端到受端的远距离无功输送需求减少，电压稳定裕度也随之提高。

(2) 分布式电源基态有功出力增加有助于提高发输电系统电压稳定负荷裕度，而且这一作用具有放大性(即负荷裕度增加量大于分布式电源基态有功出力增加量)。例如，在场景 S2 中，分布式电源基态有功功率增加 6MW，发输电系统负荷裕度增加了 10MW。这是因为分布式电源基态有功功率增加改善了基态下配电系统电压水平，并影响到了分布式电源基态下的无功出力。

显然，T-VSA 无法考虑上述输配系统的相互作用。通过比较表 8-1 的第二行和第三行可知，在不同的分布式电源渗透率下，T-VSA 既可能高估也可能低估系统的电压稳定负荷裕度：如果全局系统中分布式电源的渗透率不高(如场景 S1)，由于 T-VSA 忽略了配电系统内部的电气距离，那么它可能高估发输电系统的负荷裕度；如果全局系统中分布式电源的渗透率较高(如场景 S3)，由于 T-VSA 忽略了分布式电源的电压支撑能力，那么它可能低估发输电系统的负荷裕度。无论哪种情况，T-VSA 的结果都不够可靠，会对电力系统运行的安全性、经济性造成不良影响。

比较 TDVSA 和 D-VSA 的评估结果。表 8-2 给出了 TDVSA 和 D-VSA 在 (S1, C1) 场景下的评估结果。

表 8-2 (S1, C1)情景下配电系统负荷裕度比较   (单位：p.u.)

场景	D1	D2	D3	D4	D5
TDVSA	0.119	0.106	0.089	0.132	0.123
D-VSA(不考虑根节点功率容量约束)	1.145	1.130	1.109	0.841	0.766
D-VSA(考虑根节点功率容量约束)	0.183	0.173	0.212	0.135	0.166

由表 8-2 可知，无论是否考虑配电系统根节点的功率容量约束，D-VSA 所给出的配电系统电压稳定负荷裕度总是大于 TDVSA 的结果。这是由于 D-VSA 中假定根节点电压在负荷增长的过程中不变，而真实的物理图像必然是根节点电压会受到发输电系统和配电系统负荷增长、发输电系统发电机无功搭界等因素的影响，尤其是在全局系统负荷较重、邻近电压崩溃点时，根节点电压也会远离基态时的设定值。由此可知，D-VSA 的结果难言可靠。

上述数值仿真结果表明，在电压稳定评估中必须考虑输配系统的相互作用。

8.3 分布式电源低压脱网对全局电力系统电压稳定性影响分析

8.2 节分析了在电压稳定评估中考虑输配相互作用的必要性。实际上，配电侧通常还面临着分布式电源低压脱网(指的是当并网点电压低于一定程度，如额定值的 10%以下时，分布式电源中的保护装置自动将其从电网切除)的问题，这使得输配协同电压稳定评估更加复杂。本节首先从物理机理出发，借助一个简单的三节点全局系统分析分布式电源低压脱网对全局电力系统电压稳定性的影响[3-6]。

该全局系统如图 8-2 所示，其中，V_T 代表输电系统节点的电压，V_D 代表配电系统节点的电压，V_B 表示二者边界节点的电压。配电系统节点接入分布式电源(由符号 DG 表示)和负荷，输电系统节点接入发电机(由符号 TG 表示)。不失一般性，假设输电系统节点为松弛节点，而配电系统节点为 PQ 节点[7,8]。

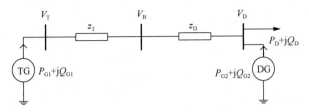

图 8-2 三节点全局系统示意图

为便于分析，图 8-2 中的系统可进一步简化为图 8-3 中的两节点系统，其中各个发电机的有功功率和无功功率符号、负荷有功功率和无功功率符号、线路参数符号和各节点电压符号均已按惯用方式标出[9]。

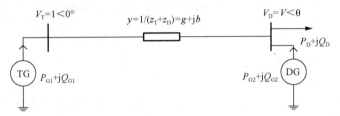

图 8-3 三节点全局系统的简化后的等值系统示意图

对图 8-3 的系统，可列写配电系统节点潮流方程如下：

$$P = P_{G2} - P_D = g(V^2 - V\cos\theta) - b \cdot V\sin\theta \\ Q = Q_{G2} - Q_D = -b(V^2 - V\cos\theta) - g \cdot V\sin\theta \tag{8-7}$$

式中，P 和 Q 分别为配电系统节点的外部有功和无功注入。

于是，式(8-7)的 Jacobi 阵为

$$J = \begin{bmatrix} J_{11} & J_{12} \\ J_{21} & J_{22} \end{bmatrix} \tag{8-8}$$

$$\begin{aligned} J_{11} &= -g \cdot V\sin\theta + b \cdot V\cos\theta \\ J_{12} &= V(-2g \cdot V + g \cdot \cos\theta + b \cdot \sin\theta) \\ J_{21} &= g \cdot V\cos\theta + b \cdot V\sin\theta \\ J_{22} &= V(2b \cdot V - b \cdot \cos\theta + g \cdot \sin\theta) \end{aligned} \tag{8-9}$$

若式(8-8)中的 J 奇异，则有

$$|J| = \begin{vmatrix} J_{11} & J_{12} \\ J_{21} & J_{22} \end{vmatrix} = J_{11}J_{22} - J_{12}J_{21} = 0 \tag{8-10}$$

将式(8-9)代入式(8-10)，并令

$$g = |y|\cos\phi \\ b = |y|\sin\phi \tag{8-11}$$

可得

$$V^2|y|^2(2V\sin(\phi-\theta)\sin\phi + 2V\cos(\phi-\theta)\cos\phi - 1) = 0 \tag{8-12}$$

$V^2|y|^2 \neq 0$，因此

$$2V\sin(\phi-\theta)\sin\phi + 2V\cos(\phi-\theta)\cos\phi = 1 \tag{8-13}$$

即

$$2V\cos\theta = 1 \tag{8-14}$$

因此，式(8-14)就是式(8-8)中矩阵 J 奇异时 V 和 θ 应满足的关系。为求得此时 P 和 Q 应满足的关系，将式(8-14)代入式(8-7)可得

$$4P = g(\tan^2\theta - 1) - 2b\cdot\tan\theta \\ 4Q = -b(\tan^2\theta - 1) - 2g\cdot\tan\theta \tag{8-15}$$

消去式(8-15)中的 $\tan\theta$，便可得到式(8-8)中的 J 奇异时 P 和 Q 应满足的关系：

$$\frac{4P\cdot g - 4Q\cdot b}{g^2 + b^2} = \left(\frac{2Q\cdot g + 2P\cdot b}{g^2 + b^2}\right)^2 - 1 \tag{8-16}$$

为便于之后的分析，假设 g 远小于 b，则式(8-16)可简化为

$$Q = \frac{b}{4} - \frac{P^2}{b} \tag{8-17}$$

将 $P = P_{G2} - P_D$，$Q = Q_{G2} - Q_D$ 代入式(8-17)可得

$$Q_D = Q_{G2} - \frac{b}{4} + \frac{1}{b}(P_D - P_{G2})^2 \tag{8-18}$$

这是一条关于 P_D 和 Q_D 的抛物线。

首先，假设分布式电源有着很强的低电压穿越能力，直到电压崩溃点处(矩阵 J 的奇异点)依然并网运行。令电压崩溃点处配电系统节点接入的负荷功率及分布式电源功率分别为 $P_{D,c1}$、$Q_{D,c1}$、$P_{G2,c1}$ 和 $Q_{G2,c1}$，由式(8-18)可得

$$\Sigma_{c1}: Q_{D,c1} = Q_{G2,c1} - \frac{b}{4} + \frac{1}{b}(P_{D,c1} - P_{G2,c1})^2 \quad (8\text{-}19)$$

式中，Σ_{c1} 表示系统电压崩溃处 $P_{D,c1}$ 和 $Q_{D,c1}$ 应满足的抛物线方程。

其次，考虑分布式电源在到达电压崩溃点之前便已经低压脱网。令崩溃点处配电系统节点接入的负荷功率为 $P_{D,c2}$、$Q_{D,c2}$，由式(8-18)可得

$$\Sigma_{c2}: Q_{D,c2} = -\frac{b}{4} + \frac{1}{b}P_{D,c2}^2 \quad (8\text{-}20)$$

式中，Σ_{c2} 表示系统电压崩溃处 $P_{D,c2}$ 和 $Q_{D,c2}$ 应满足的抛物线方程。

为便于比较，在图 8-4 的 P_D-Q_D 平面中画出曲线 Σ_{c1} 和 Σ_{c2}（$b<0$，因此抛物线开口向下）。对于抛物线 Σ_{c1}，横轴截距为 $P_{G2,c1} + \frac{|b|}{2}\sqrt{1 + \frac{4Q_{G2,c1}}{|b|}}$，纵轴截距为 $\frac{|b|}{4} + Q_{G2,c1}$。对于抛物线 Σ_{c2}，横轴截距为 $\frac{|b|}{2}$，纵轴截距为 $\frac{|b|}{4}$。在电压崩溃点处通常总有 $P_{G2,c1}, Q_{G2,c1} > 0$，因此 $\sqrt{1 + \frac{4Q_{G2,c1}}{|b|}} > 1$。此外，考虑到 Σ_{c1} 和 Σ_{c2} 中与 P 相关的二次项系数均为 $\frac{1}{b}$，所以可以断言 Σ_{c1} 几乎总是"包住" Σ_{c2} 的。这一点也可以从图 8-4 中看出。

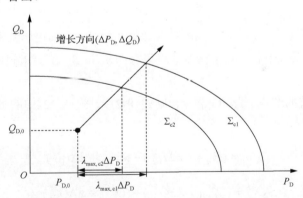

图 8-4 分布式电源脱网和并网情况下，电压崩溃点处 P_D 和 Q_D 所满足的抛物线方程

假设负荷从基态的 $(P_{D,0}, Q_{D,0})$ 处开始增长。由以上分析可知，若分布式电源有着很强的低电压穿越能力，那么此时负荷裕度 $\lambda_{max,c1}$ 由代表负荷增长方向的射线和抛物线 Σ_{c1} 的交点确定；若分布式电源低压脱网，那么此时负荷裕度 $\lambda_{max,c2}$ 由代表负荷增长方向的射线和抛物线 Σ_{c2} 的交点确定。显然，$\lambda_{max,c1}$ 几乎总是大于 $\lambda_{max,c2}$。这表明分布式电源低压脱网将降低全局电力系统电压稳定负荷裕度。如果

在 TDVSA 中没有考虑分布式电源低压脱网，那么所得结果可能不可靠，因此必须在 TDVSA 中考虑这一现象[10, 11]。

8.4 考虑分布式电源低压脱网的分布式评估方法

8.4.1 参数化潮流方程

8.4.1.1 主系统参数化方程

主系统中任意节点 i 的参数化潮流方程如下[12-14]：

$$P_i^M - V_i^M \sum_{j \in M} V_j^M \left[G_{ij} \cos(\theta_i^M - \theta_j^M) + B_{ij} \sin(\theta_i^M - \theta_j^M) \right] \\ - V_i^M \sum_{j \in B} V_j^B \left[G_{ij} \cos(\theta_i^M - \theta_j^B) + B_{ij} \sin(\theta_i^M - \theta_j^B) \right] = 0 \quad (8\text{-}21)$$

$$Q_i^M - V_i^M \sum_{j \in M} V_j^M \left[G_{ij} \sin(\theta_i^M - \theta_j^M) - B_{ij} \cos(\theta_i^M - \theta_j^M) \right] \\ - V_i^M \sum_{j \in B} V_j^B \left[G_{ij} \sin(\theta_i^M - \theta_j^B) - B_{ij} \cos(\theta_i^M - \theta_j^B) \right] = 0 \quad (8\text{-}22)$$

式中，P_i^M 和 Q_i^M 为主系统节点 i 的注入功率；V_i^M 和 θ_i^M 为主系统节点 j 的电压幅值和相角；V_j^M 和 θ_j^M 为主系统节点 j 的电压幅值和相角，其中 $j \in M$ 表示主系统中和节点 i 相连节点集合；V_j^B 和 θ_j^B 为边界系统节点 j 的电压幅值和相角，其中 $j \in B$ 表示边界系统中和节点 i 相连节点集合；G_{ij} 和 B_{ij} 为导纳阵中第 (i, j) 位置元素的数值。

如果主系统的节点 i 为 PQ 节点，则式 (8-21)、式 (8-22) 中的参数化功率注入可以表示为[15, 16]

$$P_i^M = (P_{Gi,0}^M + \lambda \Delta P_{Gi}^M) - (P_{Di,0}^M + \lambda \Delta P_{Di}^M) \quad (8\text{-}23)$$

$$Q_i^M = (Q_{Gi,0}^M + \lambda \Delta Q_{Gi}^M) - (Q_{Di,0}^M + \lambda \Delta Q_{Di}^M) \quad (8\text{-}24)$$

式中，$P_{Gi,0}^M$、$Q_{Gi,0}^M$、$P_{Di,0}^M$ 和 $Q_{Di,0}^M$ 分别为基态下发电机与负荷的有功功率及无功功率；ΔP_{Gi}^M、ΔQ_{Gi}^M、ΔP_{Di}^M 和 ΔQ_{Di}^M 分别为发电与负荷的功率增长方向。

如果主系统的节点 i 为 PV 节点，那么节点的参数化有功注入仍如式 (8-23) 所示，而无功功率表示为

$$Q_i^M = Q_{Gi}^M - (Q_{Di,0}^M + \lambda \Delta Q_{Di}^M)$$

$$Q_{Gi,\min}^M \leqslant Q_{Gi}^M \leqslant Q_{Gi,\max}^M \tag{8-25}$$

式中，Q_{Gi}^M 为发电机的无功出力；$Q_{Gi,\min}^M$ 和 $Q_{Gi,\max}^M$ 分别为 Q_{Gi}^M 的下界和上界。边界系统参数化方程

边界系统中任意节点 i 的参数化潮流方程如下[17]：

$$\begin{aligned}
P_i^B - V_i^B &\sum_{j \in M} V_j^M \left[G_{ij} \cos(\theta_i^B - \theta_j^M) + B_{ij} \sin(\theta_i^B - \theta_j^M) \right] \\
- V_i^B &\sum_{j \in B} V_j^B \left[G_{ij} \cos(\theta_i^B - \theta_j^B) + B_{ij} \sin(\theta_i^B - \theta_j^B) \right] \\
- V_i^B &\sum_{j \in S} V_j^S \left[G_{ij} \cos(\theta_i^B - \theta_j^S) + B_{ij} \sin(\theta_i^B - \theta_j^S) \right] = 0
\end{aligned} \tag{8-26}$$

$$\begin{aligned}
Q_i^B - V_i^B &\sum_{j \in M} V_j^M \left[G_{ij} \sin(\theta_i^B - \theta_j^M) - B_{ij} \cos(\theta_i^B - \theta_j^M) \right] \\
- V_i^B &\sum_{j \in B} V_j^B \left[G_{ij} \sin(\theta_i^B - \theta_j^B) - B_{ij} \cos(\theta_i^B - \theta_j^B) \right] \\
- V_i^B &\sum_{j \in S} V_j^S \left[G_{ij} \sin(\theta_i^B - \theta_j^S) - B_{ij} \cos(\theta_i^B - \theta_j^S) \right] = 0
\end{aligned} \tag{8-27}$$

式中，下标 S 表示从系统变量，$j \in S$ 表示所有属于从系统的节点，其余记号和式(8-21)、式(8-22)中的相同。

值得注意，边界系统为输配系统的连接节点，因此通常为 PQ 类型，并且 $P_i^B = 0$，$Q_i^B = 0$[18]。

8.4.1.2 从系统参数化方程

从系统中任意节点 i 的参数化潮流方程如下[19, 20]：

$$\begin{aligned}
P_i^S - V_i^S &\sum_{j \in B} V_j^B \left[G_{ij} \cos(\theta_i^S - \theta_j^B) + B_{ij} \sin(\theta_i^S - \theta_j^B) \right] \\
- V_i^S &\sum_{j \in S} V_j^S \left[G_{ij} \cos(\theta_i^S - \theta_j^S) + B_{ij} \sin(\theta_i^S - \theta_j^S) \right] = 0
\end{aligned} \tag{8-28}$$

$$\begin{aligned}
Q_i^S - V_i^S &\sum_{j \in B} V_j^B \left[G_{ij} \sin(\theta_i^S - \theta_j^B) - B_{ij} \cos(\theta_i^S - \theta_j^B) \right] \\
- V_i^S &\sum_{j \in S} V_j^S \left[G_{ij} \sin(\theta_i^S - \theta_j^S) - B_{ij} \cos(\theta_i^S - \theta_j^S) \right] = 0
\end{aligned} \tag{8-29}$$

式中所有变量已在式(8-21)、式(8-22)、式(8-26)和式(8-27)中定义。

如果从系统的节点 i 为 PQ 节点，则式(8-28)、式(8-29)中的参数化功率注入可以表示为

$$P_i^S = u_i^S (P_{Gi,0}^S + \lambda \Delta P_{Gi}^S) - (P_{Di,0}^S + \lambda \Delta P_{Di}^S) \tag{8-30}$$

$$Q_i^S = u_i^S (Q_{Gi,0}^S + \lambda \Delta Q_{Gi}^S) - (Q_{Di,0}^S + \lambda \Delta Q_{Di}^S) \tag{8-31}$$

式中，u_i^S 为从系统节点 i 的分布式电源并网/脱网状态，$u_i^S = 1$ 表示分布式电源处于并网运行状态，$u_i^S = 0$ 表示分布式电源已经脱网；其余变量和式(8-23)、式(8-24)中类似，分别表示基态下发电机和负荷的有功功率及无功功率，以及发电和负荷的功率增长方向。而确定 u_i^S 数值的逻辑可由下面约束表示：

$$u_i^S = \begin{cases} 1, & V_i^S \geq V_{Gi,\text{cut}}^S \\ 0, & V_i^S < V_{Gi,\text{cut}}^S \end{cases} \tag{8-32}$$

式中，$V_{Gi,\text{cut}}^S$ 为分布式电源脱网阈值电压。式(8-32)表示当分布式电源所在节点电压低于阈值电压时，它便脱网。

如果从系统的节点 i 为 PV 节点，则式(8-28)、式(8-29)中的参数化功率注入可以表示为

$$P_i^S = (P_{Gi,0}^S + \lambda \Delta P_{Gi}^S) - (P_{Di,0}^S + \lambda \Delta P_{Di}^S) \tag{8-33}$$

$$Q_i^S = Q_{Gi}^S - (Q_{Di,0}^S + \lambda \Delta Q_{Di}^S)$$

$$Q_{Gi,\min}^S \leq Q_{Gi}^S \leq Q_{Gi,\max}^S \tag{8-34}$$

这一关系和式(8-23)、式(8-25)类似，不再赘述。

8.4.1.3 向量形式的全局参数化方程

在式(8-1)～式(8-3)的基础上，上述计及分布式电源低压脱网的主系统、边界系统和从系统的参数化方程可以表示为如下形式[21,22]：

$$S_M(V_M, \lambda) - S_{MM}(V_M) - S_{MB}(V_M, V_B) = 0 \tag{8-35}$$

$$S_B(V_B, \lambda) - S_{BM}(V_M, V_B) - S_{BB}(V_B) = S_{BS}(V_B, V_S) \tag{8-36}$$

$$S_S(V_S, \lambda, u_S) + S_{BS}(V_B, V_S) - S_{SS}(V_S) = 0 \tag{8-37}$$

式中，u_S 为由各个从系统节点的 u_i^S 所构成的向量；其他变量意义同式(8-1)～

式(8-3)中的解释。在式(8-36)中，$S_{BS}(V_B,V_S) = P_{BS} + jQ_{BS}$代表了从边界系统流向配电系统的复功率，其中

$$P_{BS} = V_i^B \sum_{j \in S} V_j^S \left[G_{ij} \cos(\theta_i^B - \theta_j^S) + B_{ij} \sin(\theta_i^B - \theta_j^S) \right] \qquad (8-38)$$

$$Q_{BS} = V_i^B \sum_{j \in S} V_j^S \left[G_{ij} \sin(\theta_i^B - \theta_j^S) - B_{ij} \cos(\theta_i^B - \theta_j^S) \right] \qquad (8-39)$$

显然，如果将连续化参数λ视为扩展边界状态量的一部分，u_S视为扩展从系统变量的一部分，设目标函数为最大化λ，那么由式(8-35)~式(8-37)构成的参数化方程可以直接写成前面的G-TDCM形式，进而采用G-MSS理论分布式地求解系统的最大负荷裕度。具体的计算方法将在8.4.2节进行论述。

此外，如前面所讨论的，在式(8-35)~式(8-37)的参数化方程中，分解后的输电及配电子问题可以分别采用单相模型和三相模型，并采用之前提出的单-三相转换策略完成输配边界处的数据匹配[23]。

8.4.2 分布式算法

由8.4.1.4小节的论述可以看出，式(8-35)~式(8-37)的参数化方程也是G-TDCM优化模型的特例。它的本质是在指定负荷和发电增长方向的基础上，对连续化参数λ进行一维最大化寻优，直到式(8-35)~式(8-37)中的潮流方程恰好无解。基于"预测－矫正"方式的连续潮流和重复计算常规潮流是对这一问题的常用解法。此外，在工业现场应用中，有时也需要刻画出系统各节点电压随负荷程度的变化曲线，即λ-V曲线，而"预测－矫正"方法也可以满足这一要求，因此本书采用"预测－矫正"方法求解式(8-35)~式(8-37)中的输配协同参数化潮流方程[24, 25]。

在这一计算模式中，首先为预测步，在当前的潮流解处确定变量的预测方向（如切线方向），再通过预测步长确定预测点。在接下来的矫正步中，从预测点出发，通过求解扩展潮流方程或者常规潮流方程获得涨负荷后真实的系统状态。由于预测步只需要提供一个近似的预测点，因此可以采用近似计算式(8-35)~式(8-37)中参数化方程的预测方向。而矫正步则需要对基于式(8-35)~式(8-37)的扩展潮流方程进行准确的求解，此时可以采用基于G-MSS理论的分布式矫正算法。

基于上述思想设计的分布式TDVSA算法框图如图8-5所示，其中灰色框图标出了由于处理分布式电源低压脱网而加入的计算步骤。下面对图8-5中的算法步骤进行更详细的解释。

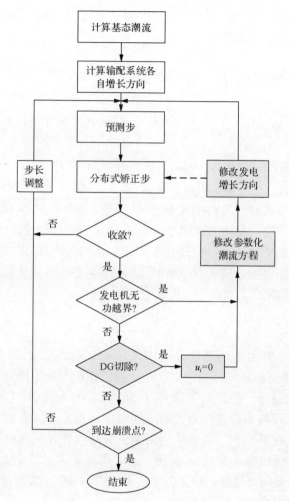

图 8-5　考虑分布式电源低压脱网的 TDVSA 计算框图

(1) 计算基态全局潮流。基态下,$\lambda=0$,于是,式(8-35)~式(8-37)退化成 GPF 方程,可以用由 G-MSS 理论导出的分布式潮流算法求解。

(2) 计算输配系统内的负荷和发电的增长方向。这一步计算分为如下三个子步骤(以负荷按定功率因数增长,发电按剩余可调容量来确定有功增长方向为例进行说明)。

① 各配电系统 m 的 DCC 向 TCC 发送本系统的总负荷 $Load_{Dm}$ 和总剩余可调发电容量 Gen_{Dm}。

② TCC 根据从 DCC 传来的 $Load_{Dm}$ 和 Gen_{Dm},和直接接入发输电系统所有负荷的总基态负荷 $Load_T$ 和所有发电机的剩余可调容量 Gen_T,计算全局电力系统的总负荷和发电可调容量:

第8章　分布式输配协同电压稳定评估

$$\begin{aligned} \text{Load}_{T\&D} &= \text{Load}_T + \sum_m \text{Load}_{Dm} \\ \text{Gen}_{T\&D} &= \text{Gen}_T + \sum_m \text{Gen}_{Dm} \end{aligned} \quad (8\text{-}40)$$

之后，将 $\text{Load}_{T\&D}$ 和 $\text{Gen}_{T\&D}$ 广播给各个 DCC。

③TCC 和各 DCC 根据 $\text{Load}_{T\&D}$ 和 $\text{Gen}_{T\&D}$，就可以分布式地计算出各自幺后的功率增长方向。

(3) 预测步。预测步只需要提供一个近似的预测点，因此希望这一步的计算尽量简单。出于这个目的，至少有两种预测步方案。

方案一[5]：不考虑配电潮流响应，根据发输电系统参数化潮流方程确定变量的预测方向。

方案二[26,27]：类似于7.4.3节中的等值方案，在发输电系统参数化潮流方程中加入配电系统网络等值（如 Ward 等值、REI（辐射状等值独立电源，radial equivalent independent）等值等），之后根据等值后的发输电系统参数化潮流方程确定变量的预测方向。

(4) 分布式矫正步。可以有两种矫正模式。

方案一[3]：如图 8-6 所示。每次矫正时，由 TCC 或某个 DCC 求解本区域内的扩展潮流问题确定矫正后的 λ 数值，其余调控中心求解本区域内的常规潮流子问题，待子问题计算结束后，TCC 和 DCC 交互输配界面上的电压、功率和 λ 的数值，完成一次迭代。如果两次迭代间各个交互量的数值变化小于收敛阈值，则迭代收敛，完成分布式矫正；否则认为计算失败，转向步骤(8)，调整预测步长，进行重新预测。

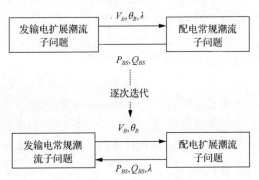

图 8-6　文献[5]提出的分布式连续潮流计算框图

方案二：如果调度人员只关心 P-V 曲线或 λ-V 曲线的上半支，那么根据文献[6]中的建议，可以采用重复算常规潮流的方式。将 λ 固定为预测步中给出的数值，从而式(8-35)～式(8-37)退化成 GPF 方程，进而采用由 G-MSS 导出的分布式输配协同潮流算法分布式求解(如果某个潮流子问题病态,则可以采用乘子法求解该潮流子问题)。如果在给定的 λ 下 GPF 方程无解(或某个子问题无解),即计算失败,那么就需要转向步骤(8),调整预测步长,进行重新预测。

需要说明的是,按照文献[6]中的建议,重复算常规潮流的方式通常可以更快地画出 P-V 曲线或 λ-V 曲线的上半支。因此本书建议在实际的现场应用中,可以按照需要选择方案一或方案二,或者将方案一和方案二相结合(即互补模式),在濒临电压崩溃点前由方案二计算 P-V 曲线或 λ-V 曲线,之后由方案一计算 P-V 曲线或 λ-V 曲线的拐点和下半支。

(5)判断系统中是否存在发电机无功搭界。如果没有,则进入下一步;否则将发电机所在的 PV 型节点转化为 PQ 型节点,修正式(8-35)~式(8-37)中参数化方程的对应部分,回到步骤(4)进行计算。

(6)检查是否存在某个分布式电源电压低于其脱网阈值电压。如果没有,则进入下一步;否则根据式(8-32)中的逻辑修改 u_i^S 的取值,并修正式(8-35)~式(8-37)中参数化方程的对应部分,并根据步骤(2)分布式地修正功率增长方向,回到步骤(3)进行计算。如果无须修正功率增长方向(如分布式电源脱网对原先功率增长方向的影响较小),则可直接回到步骤(4)进行计算(图 8-5 中用虚线表示)。

(7)判断是否已经达到电压崩溃点或需要调整预测步长。如果已经找到系统的崩溃点,原则上就已经可以终止计算,但是也可以按照现场需求再计算 P-V 曲线或 λ-V 曲线下半支上的若干点。

(8)预测步长调整。当矫正步发散时,将原先的预测步长减半。如果算法从 $\lambda=0$ 启动,那么在这样的调整策略下,使矫正步收敛的 λ 序列必然是严格递增序列,而使矫正步发散的 λ 序列必然是严格单调递减的序列。因此只要进行有限次的计算,必然可以在收敛精度内找到系统的电压崩溃点。

8.4.3 进一步讨论

如前所述,分布式矫正步有可能计算失败。实际上,本节的理论分析将表明,无论矫正步中的方案一还是方案二,当邻近系统崩溃点时,均有可能面临由子问题无解造成的计算失败,此时需要减少预测步长得到新的预测点,重新矫正[28]。

首先证明:全局系统的 Jacobi 阵奇异通常伴随着其发输电部分的 Jacobi 阵奇异或配电部分的 Jacobi 阵奇异。

证明:

只需证明等价命题:若全局系统中发输电部分的 Jacobi 阵奇异和配电部分的 Jacobi 阵奇异均不奇异,那么全局系统的 Jacobi 阵不奇异。

给定 λ 和 u_S 的情况下,令 J_{glb} 表示式(8-35)~式(8-37)方程中的 Jacobi 阵,它可以写为如下形式:

$$J_{\text{glb}} = \begin{bmatrix} J_{MM} & J_{MB} & 0 \\ J_{BM} & J_{BB} & J_{BS} \\ 0 & J_{BS} & J_{SS} \end{bmatrix} \tag{8-41}$$

式中，J_{XY} 表示 X 系统的方程对于 Y 系统状态变量的偏导数。

假设发输电部分的 Jacobi 阵和配电部分的 Jacobi 阵奇异均不奇异，那么由式 (8-41) 可知，关于矩阵 J_{glb} 的行列式有如下恒等式：

$$|J_{\text{glb}}| = \begin{vmatrix} J_{MM} & J_{MB} \\ J_{BM} & J'_{BB} - J''_{BB} - J_{BS}J_{SS}^{-1}J_{SB} \end{vmatrix} \cdot |J_{SS}| \tag{8-42}$$

式中，J'_{BB} 和 J''_{BB} 分别对应着 S_{BM} 与 S_{BS} 关于 V_B 及 θ_B 的偏导数。

为便于说明，用 $\partial S_{BS}/\partial \dot{V}_B$ 表示 S_{BS} 关于 V_B 和 θ_B 的偏导数，$\partial S_{BS}/\partial \dot{V}_S$ 表示 S_{BS} 关于 V_S 和 θ_S 的偏导数，$\partial S_S/\partial \dot{V}_S$ 表示 S_S 关于 V_S 和 θ_S 的偏导数，$\partial S_S/\partial \dot{V}_B$ 表示 S_S 关于 V_B 和 θ_B 的偏导数，于是可获得如下关系：

$$\begin{aligned} J''_{BB} + J_{BS}J_{SS}^{-1}J_{SB} &= \frac{\partial S_{BS}}{\partial \dot{V}_B} + \frac{\partial S_{BS}}{\partial \dot{V}_S}\left(\frac{\partial S_S}{\partial \dot{V}_S}\right)^{-1}\frac{\partial S_S}{\partial \dot{V}_B} \\ &= \frac{\mathrm{d}S_{BS}(\dot{V}_B, \dot{V}_S(\dot{V}_B))}{\mathrm{d}\dot{V}_B} \end{aligned} \tag{8-43}$$

即 $J''_{BB} + J_{BS}J_{SS}^{-1}J_{SB}$ 表示 S_{BS} 关于 V_B 和 θ_B 的全微分，它代表了从发输电系统流向配电系统的功率随输配界面节点电压的变化，可视为挂靠在输配界面上的等值并联支路。

如果发输电系统的 Jacobi 阵 $\begin{bmatrix} J_{MM} & J_{MB} \\ J_{BM} & J'_{BB} \end{bmatrix}$ 不奇异，即 $\begin{vmatrix} J_{MM} & J_{MB} \\ J_{BM} & J'_{BB} \end{vmatrix} \neq 0$，由于式 (8-42) 中的矩阵 $\begin{bmatrix} J_{MM} & J_{MB} \\ J_{BM} & J'_{BB} - J''_{BB} - J_{BS}J_{SS}^{-1}J_{SB} \end{bmatrix}$ 相当于在输配界面对应位置上加入了 $J''_{BB} + J_{BS}J_{SS}^{-1}J_{SB}$（等值并联支路），因此 $\begin{vmatrix} J_{MM} & J_{MB} \\ J_{BM} & J'_{BB} - J''_{BB} - J_{BS}J_{SS}^{-1}J_{SB} \end{vmatrix}$ 此时通常也不奇异。所以，$|J_{\text{glb}}| \neq 0$，J_{glb} 不奇异。

所以全局系统的 Jacobi 阵奇异通常伴随着其发输电部分的 Jacobi 阵奇异或配电部分的 Jacobi 阵奇异。

证毕

上述定理表明了一个重要的事实：当全局系统邻近电压崩溃点时，发输电系统或者某些配电系统也邻近自身系统的崩溃点。无论哪种分布式矫正步计算方案，最多都只有一个子问题采用扩展潮流形式，而其余的子问题均为常规潮流子问题。在这些常规潮流子问题中，如果有超过一个系统在全局系统邻近电压崩溃点的同时邻近自身的崩溃点，那么分布式矫正就可能计算失败[29]。

为便于说明，假设发输电系统 A 在全局系统靠近电压崩溃点的同时濒临自身的电压崩溃点，即其自身潮流方程的 Jacobi 阵 J_A 接近奇异。由式(8-17)，在输配界面有功和无功平面上画出 J_A 奇异时 P_B 和 Q_B 所需满足的抛物线关系 Σ_c（为便于理解，仅考虑一个输配界面的情况），如图 8-7 所示。由 8.2.1 节中的分析可知，Σ_c 将 P_B–Q_B 平面分割成关于系统 A 潮流方程的有解区域和无解区域。假设 $\lambda=\lambda_k$ 时矫正后真实的潮流解为 $(P_{B,k,c}, Q_{B,k,c})$。图 8-7 中的双线箭头表示若矫正步计算成功，那么矫正步的中间迭代结果就构成了一条从预测步所给出的初值到 $(P_{B,k,c}, Q_{B,k,c})$ 的路径(称为迭代路径)，并且整个路径均处于系统 A 的潮流可解区域内。当系统 A 邻近自身电压崩溃点时，由预测步给出的初始解和矫正后的真实解 $(P_{B,k,c}, Q_{B,k,c})$ 有可能均邻近潮流有解区域边界 Σ_c，此时在矫正步某次迭代中由 DCC 送来的 (P_B, Q_B) 可能落在系统 A 的潮流无解区域，迭代路径"跳"出潮流有解区域(如图 8-7 中虚线箭头所示)，矫正步计算失败。此时，必须缩小预测步长，给出新的预测解，重新计算矫正步[30]。

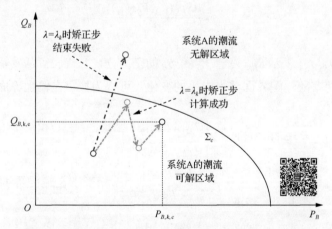

图 8-7 分布式矫正步计算失败示意图(彩图请扫二维码)

8.5 算 例 分 析

8.5.1 仿真设定

本节仍采用 8.2.2 节中所构造的全局电力系统进行仿真，系统结构图如图 8-1

所示。基态下系统的总负荷为 279.70MW，五个配电系统的总负荷为 64MW。系统的功率基值为 100MW[31,32]。

这里仿真分布式电源渗透率逐次递增的两种场景 S1 和 S2。在 S1 中，基态下系统共接有五个分布式电源，每个分布式电源基态有功出力为 0.7MW，它们的总有功出力占配电系统基态总负荷的 5.41%。在 S2 中，基态下系统共有十个分布式电源接入，每个分布式电源基态的有功出力为 1.3MW，它们的总有功出力占配电系统基态总负荷的 20.01%。因此，场景 S1 代表了分布式电源低渗透的情况，S2 代表了分布式电源高渗透率的情况。此外，在 S1 和 S2 中，每个分布式电源的无功出力容量均为 1.2Mvar 并且在无功未搭界的状态下均能够维持机端电压，即潮流分析中的 PV 节点，其中 V=1.0p.u.；分布式电源无功搭界后则视为 PQ 节点。此外，分布式电源的脱网阈值电压设为 0.85p.u.。

对于负荷增长方向，采用定功率因数模式，并且通过标幺使得所有负荷有功增长方向之和为 1.0p.u.，因此 λ 的最大值代表了系统电压稳定负荷裕度；对于发电增长方向，假定发输电系统的发电机有功增长方向和剩余的发电容量成正比，分布式电源有功出力不可调，增长方向为零。预测步长的初值选取为 0.001，矫正步计算采用互补模式，在濒临崩溃点前由方案二计算 λ-V 曲线，在此之后由方案一计算 λ-V 曲线的下半支。

8.5.2 分布式电源低渗透率场景下的仿真结果

首先，研究较低渗透率下的分布式电源低压脱网对 TDVSA 的影响。图 8-8 给出了考虑和不考虑分布式电源低压脱网的系统 λ-V 曲线，其中 Tbus#10、Tbus#11、Tbus#12、Tbus#13、Tbus#14 分别代表发输电系统的第 10 号、11 号、

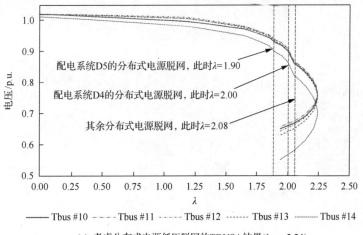

(a) 考虑分布式电源低压脱网的TDVSA结果(λ_{max}=2.24)

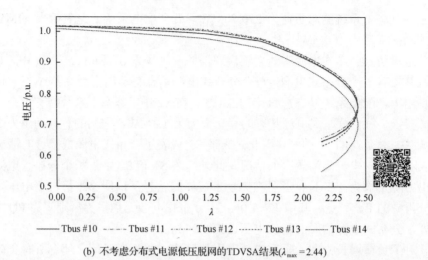

(b) 不考虑分布式电源低压脱网的TDVSA结果($\lambda_{max}=2.44$)

图 8-8　场景 S1 中，发输电系统 10~14 号节点的 λ-V 曲线（彩图请扫二维码）

12 号、13 号和 14 号节点。图 8-9 给出了分布式电源脱网过程和对 λ-V 曲线的影响，符号 DG 代表分布式电源。

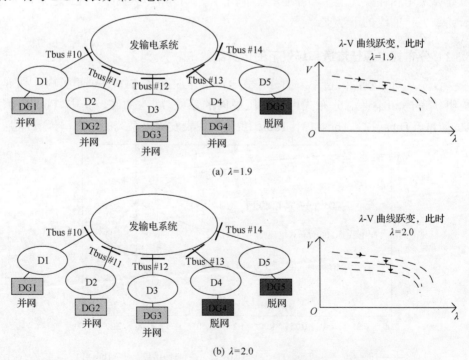

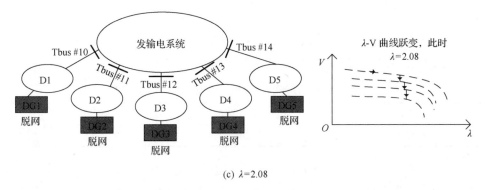

(c) $\lambda=2.08$

图 8-9 场景 S1 中，分布式电源脱网过程和对 λ-V 曲线的影响

从图 8-8 和图 8-9 得到以下结论。

(1) 分布式电源脱网将会显著降低电压稳定负荷裕度。在图 8-8(a) 中，所有分布式电源在电压崩溃点前均已脱网，电压稳定负荷裕度为 2.24p.u.，在图 8-8(b) 中，若不考虑分布式电源低压脱网，则所得的负荷裕度为 2.44p.u.，由此可见，忽略分布式电源脱网将会导致 20MW 的负荷裕度评估误差，对电力系统的安全运行带来严重风险。同时，这一结果亦验证了 8.4 节中的理论分析。

(2) 某一配电系统中的分布式电源脱网可能会"诱导"其他配电系统中的分布式电源接连脱网。在图 8-9 中，配电系统 D5 的分布式电源 DG5 在 $\lambda=1.90$ 时率先脱网，这导致其他配电系统(D1~D4)的电压突降，λ-V 曲线发生跃变，跃变后的 λ-V 曲线位于原曲线的下方(图 8-9(a))。这一电压突降使得配电系统 D4 的分布式电源 DG4 在 $\lambda=2.00$ 时脱网，而 DG4 脱网导致其他配电系统(D1~D3) 的 λ-V 曲线再次向下发生跃变(图 8-9(b))。而这次跃变也使得配电系统 D1~D3 中剩余的并网分布式电源在 $\lambda=2.08$ 时全部脱网。回顾这一过程可知，从第二个分布式电源开始，每个分布式电源的脱网不仅可能由于当前负荷增长导致，而且还受到其他配电系统的分布式电源脱网的影响。这一连锁脱网严重降低了电压稳定负荷裕度。

(3) 分布式电源脱网使负荷裕度降低了约 20MW，而这个数值显著大于所有分布式电源基态下的总有功出力。这说明分布式电源脱网带来的影响具有"放大"作用。因此，即使分布式电源渗透率较低(在 S1 中，仅占配电系统基态总负荷的 5.41%)，仍然需要在评估中考虑分布式电压低压脱网的影响。

其次，比较本书所提出的考虑分布式电源脱网的 TDVSA、现有的 T-VSA 和 D-VSA 方法所得结果。为获得更加公平的比较，仿真中，TDVSA、T-VSA 和 D-VSA 三种模式在输配界面上的基态结果匹配。

由 TDVSA 和 T-VSA 所给出的电压稳定负荷裕度如表 8-3 所示。表 8-3 中还列出了当系统无分布式电源接入时由 TDVSA 给出的电压稳定负荷裕度。由表 8-3 可知,T-VSA 给出的结果过于乐观,很不可靠。这是由于在 T-VSA 中,TCC 仅能获知基态时输配界面上的负荷功率,而无法准确获知配电系统内的电气传输距离、分布式电源的电压支撑能力和低压脱网等因素。

表 8-3 场景 S1 下,发输电系统电压稳定负荷裕度

计算模式	无分布式电源接入	TDVSA	T-VSA
负荷裕度/p.u.	2.24	2.24	3.31

表 8-4 给出了 TDVSA 和 D-VSA 在评估配电系统电压稳定负荷裕度上的结果。类似于 8.2.2 节中的分析,由于在全局系统负荷较重、邻近电压崩溃点时,根节点电压也会远离基态时的设定值,设定根节点电压不变的 D-VSA 的评估结果总是偏向乐观,难言可靠,而由 TDVSA 给出的结果更加可信。

表 8-4 场景 S1 下,配电系统电压稳定负荷裕度

配电系统	D1	D2	D3	D4	D5
TDVSA	0.109	0.098	0.081	0.121	0.113
D-VSA	1.128	1.116	1.095	0.828	0.753

8.5.3 分布式电源高渗透率场景下的仿真结果

本节将研究在分布式电源渗透率较高的场景下,分布式电源低压脱网对 TDVSA 的影响。在仿真中,假设有一半的分布式电源具有低压穿越能力,在电压崩溃点处仍能够保持并网运行。

图 8-10 给出了考虑和不考虑分布式电源低压脱网的系统 λ-V 曲线。类似于 8.5.2 节的分析,随着五个分布式电源低压脱网,系统损失了 6.5MW 的有功功率和 6.0Mvar 的无功功率,全局系统的负荷裕度从 271MW 下降到了 249MW,这表明分布式电源低压脱网严重降低了系统电压稳定负荷裕度。此外,如图 8-10(a)所示,在脱网的过程中,首先是位于配电系统 D4 和 D5 的两个分布式电源在 $\lambda=2.26$ 时脱网,之后位于配电系统 D1 和 D2 的分布式电源在 $\lambda=2.28$ 时脱网,最后配电系统 D3 的分布式电源在 $\lambda=2.33$ 时脱网。在整个过程中,全局系统仅有 5MW 的总负荷增长,但是所有分布式电源都脱网。这一现象的原因和 8.5.2 节对图 8-9 中的连锁脱网现象的分析相同。

表 8-5 给出了场景 S2 中由不同计算模式给出的发输电系统电压稳定负荷裕度。类似于场景 S1 中的结论,由于 T-VSA 仅能获知基态时输配界面上的负荷功率,T-VSA 的结果最乐观,也最有风险,而忽略了分布式电源低压脱网的 TDVSA 的结果也偏向于乐观。此外,由于系统中的部分分布式电源具有低压穿越能力,考虑分布式电源脱网的 TDVSA 的结果不同于无分布式电源接入的结果。在工业

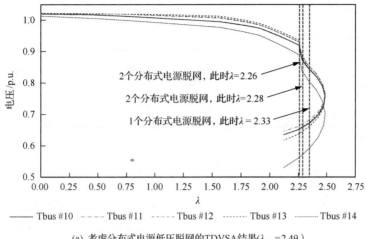

(a) 考虑分布式电源低压脱网的TDVSA结果(λ_{max}=2.49)

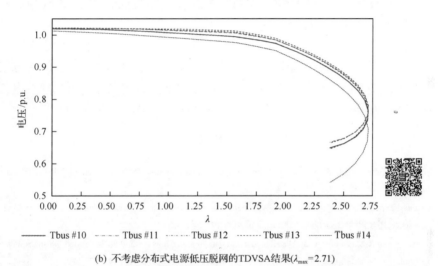

(b) 不考虑分布式电源低压脱网的TDVSA结果(λ_{max}=2.71)

图 8-10 场景 S2 中，发输电系统 10 号到 14 号节点的 λ-V 曲线（彩图请扫二维码）

表 8-5 场景 S2 下，发输电系统电压稳定负荷裕度

计算模式	无分布式电源接入	TDVSA	TDVSA（忽略分布式电源脱网）	T-VSA
负荷裕度/p.u.	2.24	2.49	2.71	3.26

现场中，TCC 很难预先知道在配电系统众多的分布式电源中哪些电源具有低压穿越能力、哪些将会脱网，以及何时脱网，因此有必要采用本书所提出的 TDVSA 方法对全局系统的电压稳定性进行准确评估。

表 8-6 给出了场景 S1 和 S2 中为计算 λ-V 曲线，矫正步所需要的迭代次数。由表可见，在场景 S1 和 S2 下，平均迭代次数均少于 9 次，这样的通信负担通常

可以被工业现场所接受。

表 8-6 分布式矫正步中输配子问题之间的迭代次数　　　　　　（单位：次）

场景	λ=0.5	λ=1.0	λ=1.5	λ=2.0	λ=2.2	为计算 λ-V 曲线所需要平均迭代次数
场景 S1	3	4	5	13	12	7.29
场景 S2	15	15	4	6	5	8.60

8.6 本章小结

本章研究了考虑分布式电源低压脱网的输配协同静态电压稳定评估，分析论证了考虑输配系统间相互作用的必要性。在此基础上，本章进一步分析了分布式电源低压脱网对系统静态电压稳定的影响；基于 G-TDCM 和 G-MSS 理论，建立了考虑分布式电源低压脱网的输配协同参数化潮流方程，提出了可以考虑分布式电源低电压脱网的分布式输配协同静态电压稳定评估方法，并分析了在濒临电压崩溃点处分布式矫正步可能遇到的计算失败问题和原因，并给出了解决方案。最后，本章仿真验证了在不同分布式电源渗透率下分布式电源低压脱网对电压稳定性的影响，论证了采用考虑分布式电压低压脱网 TDVSA 的必要性。

参 考 文 献

[1] Civanlar S, Grainger J J, Yin H, et al. Distribution feeder reconfiguration for loss reduction[J]. IEEE Transactions on Power Delivery, 1988, 3(3): 1217-1223.

[2] Milano F, Vanfretti L, Morataya J C. An open source power system virtual laboratory: The PSAT case and experience[J]. IEEE Transactions on Education, 2008, 51(1): 17-23.

[3] Zhao J Q, Fan X L, Lin C N, et al. Distributed continuation power flow method for integrated transmission and active distribution network[J]. Journal of Modern Power System Clean Energy, 2015, 3(4): 573-582.

[4] 孙宏斌, 张伯明, 相年德. 发输配全局潮流计算——第一部分: 数学模型和基本算法[J]. 电网技术, 1998, 22(12): 41-44.

[5] Kundur P. Power System Stability and Control[M]. New York: McGraw-Hill, 1994.

[6] 孙宏斌. 电力系统全局无功优化控制的研究[D]. 北京: 清华大学, 1996.

[7] Li Z S, Guo Q L, Sun H B, et al. Sufficient conditions for exact relaxation of complementarity constraints for storage-concerned economic dispatch[J]. IEEE Transactions on Power System, 2016, 31(2): 1653-1654.

[8] Li Z S, Wang J H, Guo Q L, et al. Transmission contingency screening considering impacts of distribution grids[J]. IEEE Transactions on Power Systems, 2016, 31(2): 1659-1660.

[9] Li Z S, Wang J H, Sun H B, et al. Transmission contingency analysis based on integrated transmission and distribution power flow in smart grid[J]. IEEE Transactions on Power Systems, 2015, 30(6): 3356-3367.

[10] Li Z S, Guo Q L, Sun H B, et al. Storage-like devices in load leveling: Complementarity constraints and a new and exact relaxation method[J]. Applied Energy, 2015, 151: 13-22.

[11] Li Z S, Guo Q L, Sun H B, et al. Emission-concerned wind-EV coordination on the transmission grid side with network constraints: Concept and case study[J]. IEEE Transactions on Smart Grid, 2013, 4(3): 1692-1704.

[12] Li Z, Guo Q, Sun H, et al. A new LMP-sensitivity-based heterogeneous decomposition for transmission and distribution coordinated economic dispatch[J]. IEEE Transactions on Smart Grid, 2018, 9(2): 931-941.

[13] Li Z, Guo Q, Sun H, et al. Coordinated economic dispatch of coupled transmission and distribution systems using heterogeneous decomposition[J]. IEEE Transactions on Power Systems, 2016, 31(6): 4817-4830.

[14] Sun H B, Guo Q L, Zhang B M, et al. Master-slave-splitting based distributed global power flow method for integrated transmission and distribution analysis[J]. IEEE Transactions on Smart Grid, 2015, 6(3): 1484-1492.

[15] Li Z, Guo Q, Sun H, et al. A distributed transmission-distribution-coupled static voltage stability assessment method considering distributed generation[J]. IEEE Transactions on Power Systems, 2018, 33(3): 2621-2632.

[16] 张伯明, 相年德, 王世缨. 电压指标自动故障选择算法[J]. IEEE/CSEE 计算机在线应用学术讨论会论文集, 北京, 1988: 197-202.

[17] 孙宏斌, 张伯明, 郭庆来, 等. 基于软分区的全局电压优化控制系统设计[J]. 电力系统自动化, 2003, 27(8): 16-20.

[18] 李正烁. 基于广义主从分裂理论的分布式输配协同能量管理研究[D]. 北京, 清华大学, 2016.

[19] 孙宏斌, 张伯明, 相年德, 等. 发输配全局潮流计算——第二部分: 收敛性、实用算法和算例[J]. 电网技术, 1999, 23(1): 50-53.

[20] 孙宏斌, 张伯明, 相年德. 发输配全局电力系统分析[J]. 电力系统自动化, 2000, 24(1): 17-20.

[21] 孙宏斌, 张伯明. 全局电力管理系统(GEMS)的新构想[J]. 电力自动化设备, 2001, 21(5), 6-8.

[22] 孙宏斌, 郭烨, 张伯明. 含环状配电网的输配电全局潮流分布式计算[J]. 电力系统自动化, 2008, 32(13): 11-15.

[23] 张海波, 张伯明, 王凤礼, 等. 在线静态电压稳定分析软件的开发与应用[C]. 第28届中国电网调度运行会, 北京, 2003.

[24] 赵晋泉, 江晓东, 张伯明. 一种静态电压稳定临界点的识别和计算方法[J]. 电力系统自动化, 2004, 28(23): 28-34.

[25] 胡金双, 吴文传, 张伯明, 等. 基于分级分区的地区电网无功电压闭环控制系统[J]. 继电器, 2005, 33(1): 50-56.

[26] 郭庆来, 孙宏斌, 张伯明, 等. 基于无功源控制空间聚类分析的无功电压分区[J]. 电力系统自动化, 2005, 29(10): 36-40.

[27] 郭庆来, 孙宏斌, 张伯明, 等. 协调二级电压控制的研究[J]. 电力系统自动化, 2005, 29(23): 19-24.

[28] 李钦, 孙宏斌, 赵晋泉, 等. 静态电压稳定分析模块在江苏电网的在线应用[J]. 电网技术, 2006, 30(6): 77-81.

[29] 孙宏斌, 郭庆来, 张伯明, 等. 面向网省级电网的自动电压控制模式[J]. 2006电力系统自动化学术交流研讨大会, 厦门, 2006.

[30] 郭琦, 张伯明, 赵晋泉, 等. 综合动态安全与静态电压稳定的协调预防控制[J]. 电力系统自动化, 2006, 30(23): 1-6.

[31] 孙宏斌, 郭庆来, 张伯明. 大电网自动电压控制技术的研究和发展[J]. 电力科学与技术学报, 2007, 22(1): 7-12.

[32] 郭庆来, 王蓓, 宁文元, 等. 华北电网自动电压控制与静态电压稳定预警系统应用[J]. 电力系统自动化, 2008, 32(5): 95-98.

第 9 章 分布式输配协同经济调度

9.1 概 述

第一，本章简要地分析了进行输配协同经济调度的必要性。

第二，本章建立了最小化全系统总发电成本费用为目标的输配协同经济调度 (transmission-distribution coordinated economic dispatch，TDCED) 模型，模型中考虑了输配全局系统的有功功率平衡约束、线路传输功率约束、输配界面上变压器容量约束和各个可控发电机的运行约束。

第三，本章基于 G-MSS 理论设计了面向 TDCED 模型的分布式 HGD 算法。将 TDCED 模型分解为发输电经济调度子问题和配电经济调度子问题，由 TCC 和 DCC 分布式地求解，TCC 和 DCC 仅交互输配界面上的节点电价与负荷功率。基于 G-MSS 理论，在 TDCED 模型为凸优化的情况下，证明了 HGD 算法具有全局最优解和收敛性。

第四，本章基于 G-MSS 理论中的收敛性改进方案，提出了收敛更加快速的 N-HGD 算法。和 HGD 算法相比，N-HGD 在配电经济调度子问题中加入了输配界面上的节点电价响应；提出并比较了两种计算节点电价灵敏度的算法，证明了改进 HGD 算法的最优性，并从数学上分析了收敛性改进的原因。

第五，本章讨论了考虑 N-1 安全约束下的 TDCED 问题，分析了 TDCED 模型在工业现场的实用性。

第六，本章通过不同系统规模下的数值仿真，定量地分析了 TDCED 模型对于提高发输电系统和配电系统运行效益的效果，证明了所提出的 HGD 和 N-HGD 算法相比于传统的多区域分布式优化算法在求解 TDCED 问题上具有更高的求解效率。

9.2 输配协同经济调度必要性分析

经济调度通常用来优化系统的发电资源，评估系统的节点电价。目前发输电系统的经济调度问题和配电系统的经济调度问题几乎是分开考虑的：在求解发输电经济调度问题时，配电系统注入发输电系统的功率视为固定量；在求解配电系统经济调度问题时，输配界面上的节点电价视为固定量。随着大量分布式电源接入配电系统，配电系统运行方式更加灵活，如果缺乏输配系统发电资源的有效协同，有可能对电力系统的运行带来一系列问题，具体如下。

(1) TCC 和 DCC 仅关注系统内部的优化，没有考虑全局系统的功率平衡，由 TCC 和 DCC 独立制定的调度方案有可能在输配界面上造成明显的功率失配，需要调度人员在实时运行环节再次调整。

(2) 由 TCC 给出的输配界面节点电价并不合理，没有激励主动配电系统达到最优运行模式，而这反过来也降低了发输电系统运行的经济性，全系统因此没有达到最优运行状态。

(3) 由于 TCC 和 DCC 调度计划缺乏协同，可能出现不必要的输电拥塞，降低了系统的经济效益。

(4) 由于系统的发电资源没有得到充分利用，节点电价未必能反映出系统中电力资源的真实影子价格，有可能影响用户的经济性。

事实上，工业界已经逐渐认识到上述的一些问题。例如，文献[1]调查了奥地利、比利时、加拿大、中国、法国和美国等九个国家工业界的电网运行情况，指出需要通过 TCC 和 DCC 的协同实现全局系统的功率平衡，减弱甚至避免现有调度方案中的输电拥塞。本章将基于广义主从分裂理论，研究输配协同经济调度问题的模型和快速分布式算法[2,3]。

9.3 TDCED 模型

本节首先给出 TDCED 模型中使用的变量和符号定义如下所示。

1) 调度时间相关符号

T：调度时刻集合。

Δt：调度时间步长。

2) 发输电系统参数

$N_{\text{bus}}^{\text{tran}}$：发输电系统所有节点集合。

$N_{\text{Ibus}}^{\text{tran}}$：发输电系统非边界节点集合。

$N_{\text{Bbus}}^{\text{tran}}$：发输电系统边界节点集合，即和配电系统相连的节点集合。

$N_{\text{line}}^{\text{tran}}$：发输电系统中所有线路集合。

c_m^{tran}：发输电系统挂靠在节点 m 上的发电机成本函数。

$\text{PG}_{m,t}^{\text{tran}}$：发输电系统挂靠在节点 m 上的发电机在第 t 时刻的有功功率。

$\text{PD}_{i,t}^{\text{tran}}$：发输电系统挂靠在非边界节点 i 上的负荷在第 t 时刻的有功功率。

$\text{PB}_{k,t}^{\text{dist}}$：发输电系统边界节点 k 上的配电根节点在第 t 时刻的有功功率。

$\mathrm{GSF}_{j-i}^{\mathrm{tran}}$：发输电系统线路 j 对节点 i 的发电转移分布因子。

$\mathrm{PL}_{j,\max}^{\mathrm{tran}}$：发输电系统线路 j 的功率容量。

$\mathrm{PG}_{m,\max}^{\mathrm{tran}}$：发输电系统节点 m 发电机的最大出力。

$\mathrm{PG}_{m,\min}^{\mathrm{tran}}$：发输电节点 m 发电机的最小出力。

$\mathrm{RU}_m^{\mathrm{tran}}$：发输电节点 m 发电机的向上爬坡速率。

$\mathrm{RD}_m^{\mathrm{tran}}$：发输电节点 m 发电机的向下爬坡速率。

3)配电系统参数

$N_{\mathrm{bus}}^{\mathrm{dist},k}$：发输电系统边界节点 k 上的配电系统(简称为配电网 k)中所有节点数目。

$N_{\mathrm{line}}^{\mathrm{dist},k}$：配电网 k 中线路集合。

$c_a^{\mathrm{dist},k}$：配电网 k 内节点 a 的发电成本。

$\mathrm{PG}_{a,t}^{\mathrm{dist},k}$：配电网 k 内节点 a 的发电功率。

$\mathrm{PD}_{a,t}^{\mathrm{dist},k}$：配电网 k 内节点 a 的负荷。

$\mathrm{GSF}_{b-a}^{\mathrm{dist},k}$：配电网 k 的线路 a 对线路 b 的发电转移分布因子。

$\mathrm{PL}_{b,\max}^{\mathrm{dist},k}$：配电网 k 线路 b 的功率容量。

$\mathrm{PG}_{a,\max}^{\mathrm{dist},k}$：配电网 k 节点 a 的发电机的最大出力。

$\mathrm{PG}_{a,\min}^{\mathrm{dist},k}$：配电网 k 节点 a 的发电机的最小出力。

$\mathrm{PB}_{k,\max}^{\mathrm{dist}}$：配电网 k 根节点的最大功率注入。

$\mathrm{PB}_{k,\min}^{\mathrm{dist}}$：配电网 k 根节点的最小功率注入。

4)优化变量

$\mathrm{PB}_{k,t}^{\mathrm{dist}}$：配电网 k 根节点的功率注入。

$\mathrm{PG}_{m,t}^{\mathrm{tran}}$：发输电系统节点 m 的发电机出力。

$\mathrm{PG}_{a,t}^{\mathrm{dist},k}$：配电网 k 内节点 a 的发电机出力。

其次，根据电力系统经济调度问题模型的常用假设，在 TDCED 建模时有以下条件。

条件 9-1　发输电系统和配电系统模型中所有节点的电压幅值假定为 1，仅考虑有功优化，不考虑无功功率。

条件 9-2　不考虑网损。

条件 9-3　发输电系统和配电系统所有发电机的发电成本函数为凸函数。

于是，调度时刻从 $t=1$ 到 $t=T$ 的 TDCED 模型建立如下。

(1)全局目标函数：

$$\min \quad f = \sum_{t \in T} \sum_{i \in N_{\text{Bbus}}^{\text{tran}}} c_m^{\text{tran}} \left(\text{PG}_{m,t}^{\text{tran}} \right) + \sum_{t \in T} \sum_{k \in N_{\text{Bbus}}^{\text{tran}}} \sum_{a \in N_{\text{bus}}^{\text{dist},k}} c_a^{\text{dist},k} \left(\text{PG}_{a,t}^{\text{dist},k} \right) \quad (9\text{-}1)$$

(2) 发输电系统约束：

$$\sum_{m \in N_{\text{bus}}^{\text{tran}}} \text{PG}_{m,t}^{\text{tran}} = \sum_{i \in N_{\text{Ibus}}^{\text{tran}}} \text{PD}_{i,t}^{\text{tran}} + \sum_{k \in N_{\text{Bbus}}^{\text{tran}}} \text{PB}_{k,t}^{\text{dist}}, \quad t \in T \quad (9\text{-}2)$$

$$\begin{aligned} -\text{PL}_{j,\max}^{\text{tran}} &\leqslant \sum_{m \in N_{\text{bus}}^{\text{tran}}} \text{GSF}_{j-m}^{\text{tran}} \times \text{PG}_{m,t}^{\text{tran}} \\ &\quad - \sum_{i \in N_{\text{Ibus}}^{\text{tran}}} \text{GSF}_{j-i}^{\text{tran}} \times \text{PD}_{i,t}^{\text{tran}} - \sum_{k \in N_{\text{Bbus}}^{\text{tran}}} \text{GSF}_{j-k}^{\text{tran}} \times \text{PB}_{k,t}^{\text{dist}} \\ &\leqslant \text{PL}_{j,\max}^{\text{tran}}, \quad \forall j \in N_{\text{line}}^{\text{tran}} \end{aligned} \quad (9\text{-}3)$$

$$\text{PG}_{m,\min}^{\text{tran}} \leqslant \text{PG}_{m,t}^{\text{tran}} \leqslant \text{PG}_{m,\max}^{\text{tran}}, \quad \forall m \in N_{\text{bus}}^{\text{tran}} \quad (9\text{-}4)$$

$$-\text{RD}_m^{\text{tran}} \Delta t \leqslant PG_{m,t+\Delta t}^{\text{tran}} - PG_{m,t}^{\text{tran}} \leqslant RU_m^{\text{tran}} \Delta t, \quad \forall m \in N_{\text{bus}}^{\text{tran}} \quad (9\text{-}5)$$

(3) 配电系统约束：

$$\sum_{a \in N_{\text{bus}}^{\text{dist},k}} \text{PG}_{a,t}^{\text{dist},k} + \text{PB}_{k,t}^{\text{dist}} = \sum_{a \in N_{\text{bus}}^{\text{dist},k}} \text{PD}_{a,t}^{\text{dist},k} \quad (9\text{-}6)$$

$$-\text{PL}_{b,\max}^{\text{dist},k} \leqslant \sum_{a \in N_{\text{bus}}^{\text{dist},k}} \text{GSF}_{b-a}^{\text{dist},k} \times \left(\text{PG}_{a,t}^{\text{dist},k} - \text{PD}_{a,t}^{\text{dist},k} \right) \leqslant \text{PL}_{b,\max}^{\text{dist},k}, \quad \forall b \in N_{\text{line}}^{\text{dist},k} \quad (9\text{-}7)$$

$$\text{PG}_{a,\min}^{\text{dist},k} \leqslant \text{PG}_{a,t}^{\text{dist},k} \leqslant \text{PG}_{a,\max}^{\text{dist},k}, \quad a \in N_{\text{bus}}^{\text{dist},k} \quad (9\text{-}8)$$

$$\text{PB}_{k,\min}^{\text{dist}} \leqslant \text{PB}_{k,t}^{\text{dist}} \leqslant \text{PB}_{k,\max}^{\text{dist}} \quad (9\text{-}9)$$

式(9-1)中的目标函数表示最小化全系统总发电成本费用，式(9-2)表示发输电系统功率平衡约束，式(9-3)表示发输电线路传输功率约束，式(9-4)表示发输电系统发电机最大最小出力约束，式(9-5)表示发输电系统发电机的爬坡速率约束，式(9-6)表示对任意配电网 k 的功率平衡约束，式(9-7)表示对任意配电网 k 中的线路功率传输约束，式(9-8)表示对任意配电网 k 中分布式电源的最大最小出力约束，式(9-9)表示配电站中变压器容量约束。

在上述 TDCED 模型中，还需要注意如下几点。

(1) 采用功率平衡约束和基于分布因子的线路功率约束来刻画系统的运行约束，模型中不出现节点相角。

(2) 鉴于大多数分布式电源具有快速调整有功出力的特点，所以在配电系统约束中没有考虑分布式电源的爬坡速率约束。如果需要考虑这一约束，它可以直接加入上述模型中，后面所提出的方法和理论仍然适用。

(3) 式(9-1)~式(9-9)所描述的 TDCED 模型中并没有直接考虑可调负荷和储能设备。如果系统中存在可调负荷，一种简单的方法是将之视为出力为负的分布式电源，从而纳入上述模型中；如果系统中存在储能并且满足由附录 B 给出的互补约束精确松弛条件，那么可在式(9-1)~式(9-9)中加入如下形式的储能设备模型：

$$\begin{cases} 0 \leqslant P_t^{\mathrm{ch}} \leqslant P^{\mathrm{ch,max}} \\ 0 \leqslant P_t^{\mathrm{dc}} \leqslant P^{\mathrm{dc,max}} \\ \mathrm{SOC}_t = \mathrm{SOC}_{t-\Delta t} + \left(\eta^{\mathrm{ch}} P_t^{\mathrm{ch}} - \dfrac{P_t^{\mathrm{dc}}}{\eta^{\mathrm{dc}}} \right) \dfrac{\Delta t}{E^{\mathrm{cap}}} \\ \mathrm{SOC}^{\min} \leqslant \mathrm{SOC}_t \leqslant \mathrm{SOC}^{\max} \end{cases} \quad (9\text{-}10)$$

式中，P_t^{ch} 和 P_t^{dc} 分别为储能设备在第 t 时刻的充电功率、放电功率；$P^{\mathrm{ch,max}}$ 和 $P^{\mathrm{dc,max}}$ 为储能设备的最大充电功率、最大放电功率；E^{cap} 为储能设备的容量；η^{ch} 和 η^{dc} 为充电效率、放电效率；SOC 为储能设备的荷电状态。

从下面论述可知，本书所提出的理论和算法仍适用于含有如式(9-10)所示的储能设备的 TDCED 模型。

(4) 如前所述，由于 DCC 通常负责监控根节点功率的运行范围，在 TDCED 模型中将配电站变压器容量约束归入配电系统运行约束中。下面以图 9-1 所示的系统为例，进一步说明全局经济调度模型各个集合的划分。

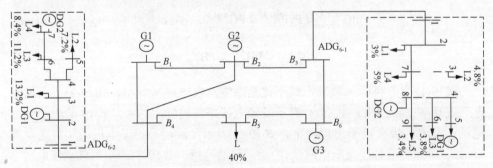

图 9-1　T6D2：1 个 6 节点输电系统+2 个配电系统(ADG$_{6\text{-}1}$ 和 ADG$_{6\text{-}2}$)[4]

对于该系统，$N_{\mathrm{bus}}^{\mathrm{tran}} = \{B_1, B_2, B_3, B_4, B_5, B_6\}$，$N_{\mathrm{Ibus}}^{\mathrm{tran}} = \{B_1, B_2, B_5, B_6\}$，$N_{\mathrm{Bbus}}^{\mathrm{tran}} = \{B_3, B_4\}$。$B_3$ 和 B_4 的 $N_{\mathrm{bus}}^{\mathrm{dist},k}$ 包含了所接入配电系统的所有节点，而 $N_{\mathrm{line}}^{\mathrm{dist},k}$ 包含了所有线路。$\mathrm{PB}_{k,\max}^{\mathrm{dist}}$ 代表了配电站变压器的容量，如果允许配电系统向发输电系统回馈

功率，则 $PB_{k,\min}^{\text{dist}} = -PB_{k,\max}^{\text{dist}}$，否则 $PB_{k,\min}^{\text{dist}} = 0$。

为便于后面讨论，将式(9-1)~式(9-9)中的 TDCED 模型写为更加简洁的向量形式：

$$\min_{P_T, P_B, P_D} c_T(P_T) + c_D(P_D)$$

$$\text{s.t.} \begin{cases} A_{P_T} P_T + A_{PB_T} P_B = a_T \\ B_{P_T} P_T + B_{PB_T} P_B \geq b_T \\ A_{P_D} P_D + A_{PB_D} P_B = a_D \\ B_{P_D} P_D + B_{PB_D} P_B \geq b_D \end{cases} \quad (9\text{-}11)$$

式中，$c_T(\cdot)$ 和 $c_D(\cdot)$ 分别为发输电系统和配电系统成本函数；P_T、P_B 和 P_D 分别为由所有时刻 t 的 $PG_{m,t}^{\text{tran}}$、$PB_{k,t}^{\text{dist}}$ 和 $PG_{a,t}^{\text{dist},k}$ 构成的优化向量；A 和 B 分别为式(9-1)~式(9-9)中的等式、不等式约束的系数矩阵，a 和 b 分别表示式(9-1)~式(9-9)中的右手端向量，下标 P_T、PB_T、PB_D 和 P_D 分别表示矩阵 A 和 B 分别对应于出现在发输电系统约束的 P_T、P_B，出现在配电系统约束的 P_B 和 P_D，下标 T 和 D 分别指示 a 和 b 对应着发输电系统约束和配电系统约束。

显然，不仅式(9-1)~式(9-9)中的模型可以由式(9-11)代表，而且考虑了分布式电源爬坡速率约束和(或)基于式(9-10)的储能设备运行约束的 TDCED 模型也可以由式(9-11)代表。因此，式(9-11)中的 TDCED 模型具有广泛的适用性[5,6]。

9.4 基于 G-MSS 的 HGD 分解算法

9.4.1 子问题形式

为看出式(9-11)中 TDCED 模型和之前建立的 G-TDCM 优化问题的内在联系，将式(9-11)中的优化问题进行如下等价改造：

$$\min_{P_T, P_{BT}, P_{BD}, P_D} c_T(P_T) + c_D(P_D)$$

$$\text{s.t.} \begin{cases} f_M(P_T, P_{BT}) = A_{P_T} P_T + A_{PB_T} P_{BT} - a_T = 0 \\ g_M(P_T, P_{BT}) = B_{P_T} P_T + B_{PB_T} P_{BT} - b_T \geq 0 \\ f_B(P_{BT}, P_{BD}) = P_{BT} - P_{BD} = 0 \\ f_S(P_{BD}, P_D) = A_{P_D} P_D + A_{PB_D} P_{BD} - a_D = 0 \\ g_S(P_{BD}, P_D) = B_{P_D} P_D + B_{PB_D} P_{BD} - b_D \geq 0 \end{cases} \quad (9\text{-}12)$$

令主系统的优化变量为 $z_M = \left[P_\mathrm{T}^\mathrm{T}, P_\mathrm{BT}^\mathrm{T}\right]^\mathrm{T}$，从系统的优化变量为 $z_S = \left[P_\mathrm{D}^\mathrm{T}, P_\mathrm{BD}^\mathrm{T}\right]^\mathrm{T}$，于是式(9-12)中的模型可进一步改写为

$$\min_{z_M, z_S} c_\mathrm{T}(z_M) + c_\mathrm{D}(z_S)$$

$$\text{s.t.} \begin{cases} f_M(z_M) = 0 \\ g_M(z_M) \geqslant 0 \\ f_B(z_M, z_S) = 0 \\ f_S(z_S) = 0 \\ g_S(z_S) \geqslant 0 \end{cases} \quad (9\text{-}13)$$

对比式(9-13)和 G-TDCM 可知，式(9-13)还需要引入边界状态量 x_B。对此，可在式(9-13)中引入一个恒为零的 x_B，从而使式(9-13)可以等价地变换为

$$\min_{z_M, x_B, z_S} c_\mathrm{T}(z_M) + c_\mathrm{D}(z_S)$$

$$\text{s.t.} \begin{cases} f_M(z_M, x_B) = \begin{bmatrix} A_{P_\mathrm{T}} P_\mathrm{T} + A_{\mathrm{PB}_\mathrm{T}} P_\mathrm{BT} - a_\mathrm{T} \\ x_B \end{bmatrix} = 0 \\ g_M(z_M) = B_{P_\mathrm{T}} P_\mathrm{T} + B_{\mathrm{PB}_\mathrm{T}} P_\mathrm{BT} - b \geqslant 0 \\ f_B(z_M, x_B, z_S) = P_\mathrm{BT} + x_B - P_\mathrm{BD} = 0 \\ f_S(z_S) = A_{P_\mathrm{D}} P_\mathrm{D} + A_{\mathrm{PB}_\mathrm{D}} P_\mathrm{BD} - a_\mathrm{D} = 0 \\ g_S(z_S) = B_{P_\mathrm{D}} P_\mathrm{D} + B_{\mathrm{PB}_\mathrm{D}} P_\mathrm{BD} - b_\mathrm{D} \geqslant 0 \end{cases} \quad (9\text{-}14)$$

不难验证，式(9-14)中的模型形式和 G-TDCM 相同。

容易验证式(9-14)中的约束 $f_B(z_M, x_B, z_S) = 0$ 主从可分，其可以分解为

$$\begin{aligned} f_B(z_M, x_B, z_S) &= f_{MB}(z_M, x_B) - f_{BS}(z_S) \\ f_{MB}(z_M, x_B) &= P_\mathrm{BT} + x_B \\ f_{BS}(z_S) &= P_\mathrm{BD} \end{aligned} \quad (9\text{-}15)$$

于是，依据 G-MSS 理论，式(9-14)中的 TDCED 模型可以分解为如下两个迭代求解的子问题[7]。

(1) 发输电经济调度子问题(transmission economic dispatch subproblem，TED)：

第9章 分布式输配协同经济调度

$$\min_{z_M, x_B} c_T(z_M) - \left(l_{BS}^{sp}\right)^T x_B$$

$$\text{s.t.} \begin{cases} f_M(z_M, x_B) = \begin{bmatrix} A_{P_T} P_T + A_{PB_T} P_{BT} - a_T \\ x_B \end{bmatrix} = 0 \\ f_{MB}(z_M, x_B) = P_{BT} + x_B = f_{BS}^{sp} \\ g_M(z_M) = B_{P_T} P_T + B_{PB_T} P_{BT} - b \geqslant 0 \end{cases} \quad (9\text{-}16)$$

式中,l_{BS}^{sp} 和 f_{BS}^{sp} 为给定输入参数,形式如下:

$$l_{BS}^{sp} = -\left[\frac{\partial c_S}{\partial x_B} + \left(\frac{\partial f_{BS}}{\partial x_B}\right)^T \lambda_B - \left(\frac{\partial f_S}{\partial x_B}\right)^T \lambda_S - \left(\frac{\partial g_S}{\partial x_B}\right)^T \omega_S\right] = 0 \quad (9\text{-}17)$$

$$f_{BS}^{sp} = P_{BD}^{sp} \quad (9\text{-}18)$$

式中,式(9-17)中的第二个等式是因为 c_S、f_{BS}、f_S、g_S 均是和 x_B 无关的函数。

将式(9-17)、式(9-18)代入式(9-16),可将发输电优化子问题改写为如下形式:

$$\min_{P_T, P_{BT}} c_T(P_T)$$

$$\text{s.t.} \begin{cases} A_{P_T} P_T + A_{PB_T} P_{BT} - a_T = 0, & \lambda_M^M \\ B_{P_T} P_T + B_{PB_T} P_{BT} - b \geqslant 0, & \omega_M^M \\ P_{BT} - P_{BD}^{sp} = 0, & \lambda_B^M \end{cases} \quad (9\text{-}19)$$

式中,λ_M^M、λ_B^M、ω_M^M 分别为两个等式约束和一个不等式约束所对应的乘子向量。显然,式(9-19)中给出的子问题在形式上和目前 EMS 中的发输电经济调度问题完全一致,所以将式(9-19)中给出的子问题称为发输电经济调度子问题。

进一步分析 λ_B^M 的物理意义。由发输电优化子问题的最优性条件可知:

$$\frac{\partial c_T}{\partial P_{BT}} - \left(\frac{\partial f_M}{\partial P_{BT}}\right)^T \lambda_M^M - \left(\frac{\partial f_{MB}}{\partial P_{BT}}\right)^T \lambda_B^M - \left(\frac{\partial g_M}{\partial P_{BT}}\right)^T \omega_M^M = 0 \quad (9\text{-}20)$$

代入各函数表达式化简后可得

$$\lambda_B^M = -\left(A_{PB_T}\right)^T \lambda_M^M - \left(B_{PB_T}\right)^T \omega_M^M \quad (9\text{-}21)$$

进一步分析式(9-21)。若用 π_t^{tran}、$\mu_{j,1,t}^{tran}$、$\mu_{j,2,t}^{tran}$ 分别表示式(9-2)、式(9-3)中等式约束和不等式约束的乘子,那么比照式(9-1)~式(9-9)和式(9-12)中的模型,可知式(9-21)向量 λ_B^M 中的每个元素都可以表达成如下形式:

$$\mathrm{LMP}_{k,t}^{\mathrm{tran}} = \pi_t^{\mathrm{tran}} + \sum_{j \in I(k)} \mathrm{GSF}_{j-k}^{\mathrm{tran}} \times \left(\mu_{j,1,t}^{\mathrm{tran}} - \mu_{j,2,t}^{\mathrm{tran}} \right) \tag{9-22}$$

式中，$\mathrm{LMP}_{k,t}^{\mathrm{tran}}$ 为发输电系统 k 节点，t 时刻的节点边际价格；$I(k)$ 表示和 k 节点相联的线路编号集。显然，由式(9-22)可知，λ_B^M 中的各元素对应着各时刻在各输配界面上的节点电价。

(2) 配电经济调度子问题 (distribution economic dispatch subproblem，DED)

$$\begin{aligned}
& \min_{z_S} \ c_{\mathrm{D}}(z_S) + \left(\lambda_B^{\mathrm{sp}} \right)^{\mathrm{T}} f_{BS}(z_S) \\
& \mathrm{s.t.} \begin{cases} f_S(z_S) = A_{P_{\mathrm{D}}} P_{\mathrm{D}} + A_{\mathrm{PB}_{\mathrm{D}}} P_{\mathrm{BD}} - a_{\mathrm{D}} = 0 \\ g_S(z_S) = B_{P_{\mathrm{D}}} P_{\mathrm{D}} + B_{\mathrm{PB}_{\mathrm{D}}} P_{\mathrm{BD}} - b_{\mathrm{D}} \geqslant 0 \end{cases}
\end{aligned} \tag{9-23}$$

式中，λ_B^{sp} 为输配界面的节点电价，为给定输入参数。根据 z_S 和 $f_{BS}(z_S)$ 的定义，式(9-23)可进一步写为如下形式：

$$\begin{aligned}
& \min_{P_{\mathrm{D}}, P_{\mathrm{BD}}} \ c_{\mathrm{D}}(P_{\mathrm{D}}) + \left(\lambda_B^{\mathrm{sp}} \right)^{\mathrm{T}} P_{\mathrm{BD}} \\
& \mathrm{s.t.} \begin{cases} A_{P_{\mathrm{D}}} P_{\mathrm{D}} + A_{\mathrm{PB}_{\mathrm{D}}} P_{\mathrm{BD}} - a_{\mathrm{D}} = 0 \\ B_{P_{\mathrm{D}}} P_{\mathrm{D}} + B_{\mathrm{PB}_{\mathrm{D}}} P_{\mathrm{BD}} - b_{\mathrm{D}} \geqslant 0 \end{cases}
\end{aligned} \tag{9-24}$$

显然，式(9-24)是关于配电系统的经济调度问题，因此称为配电经济调度子问题。其中，目标函数中加入的输配界面节点电价相关项反映了配电系统和发输电系统进行功率交互的成本，它在迭代中不断更新，有助于使算法收敛到 TDCED 模型的最优解。

9.4.2 算法步骤

根据 9.4.1 节论述，式(9-19)中的 TED 模型可以写成下述形式：给定任意配电系统 k 各时刻的 $\mathrm{PB}_{k,t}^{\mathrm{dist}}$，求解

$$\min \ f^{\mathrm{tran}} = \sum_{t \in T} \sum_{i \in N_{\mathrm{bus}}^{\mathrm{tran}}} c_m^{\mathrm{tran}} \left(\mathrm{PG}_{m,t}^{\mathrm{tran}} \right) \tag{9-25}$$

满足式(9-2)~式(9-5)中的约束。

而式(9-24)的 DED 模型可以写出如下形式。对任意配电系统 k，给定各个时刻的 $\mathrm{LMP}_{k,t}^{\mathrm{tran}}$，求解

$$\min \ f^{\mathrm{dist},k} = \sum_{t \in T} \sum_{a \in N_{\mathrm{bus}}^{\mathrm{dist},k}} c_a^{\mathrm{dist},k} \left(\mathrm{PG}_{a,t}^{\mathrm{dist},k} \right) + \sum_{t \in T} \mathrm{LMP}_{k,t}^{\mathrm{tran}} \times \mathrm{PB}_{k,t}^{\mathrm{dist}} \tag{9-26}$$

满足式(9-6)~式(9-9)中的约束。

于是，根据前面给出的两种迭代模式，TDCED问题有如下两种迭代算法。

1) 面向TDCED的HGD-1算法

此算法从DED启动，设定节点电价初值。

(1) 迭代次数$q=1$。对$\forall k \in N_{\text{Bbus}}^{\text{tran}}, \forall t \in T$，初始化$\text{LMP}_{k,t}^{\text{tran}}(q)$。设定算法的最大迭代次数为$K$，收敛精度为$\varepsilon$。

(2) 若$q<K$：①对所有的配电系统，求解式(9-26)中的DED，发送$\text{PB}_{k,t}^{\text{dist}}(q)$到TCC；②对更新后的$\text{PB}_{k,t}^{\text{dist}}(q)$，求解式(9-25)中的TED，得到$\text{LMP}_{k,t}^{\text{tran}}(q+1)$，$\forall k \in N_{\text{Bbus}}^{\text{tran}}, \forall t \in T$；③若$\left|\text{LMP}_{k,t}^{\text{tran}}(q+1) - \text{LMP}_{k,t}^{\text{tran}}(q)\right| < \varepsilon$，$\forall k \in N_{\text{Bbus}}^{\text{tran}}$，$\forall t \in T$，那么终止程序，否则，$q=q+1$，发送$\text{LMP}_{k,t}^{\text{tran}}(q+1)$，$\forall k \in N_{\text{Bbus}}^{\text{tran}}, \forall t \in T$到DCC。

结束循环。

2) 面向TDCED的HGD-2算法

此算法从TED启动，设定边界注入初值。

(1) 迭代次数$q=1$。对$\forall k \in N_{\text{Bbus}}^{\text{tran}}, \forall t \in T$，初始化$\text{PB}_{k,t}^{\text{dist}}(q)$。设定算法的最大迭代次数为$K$，收敛精度为$\varepsilon$。

(2) 若$q<K$：①求解式(9-25)中的TED，发送$\text{LMP}_{k,t}^{\text{tran}}(q)$，$\forall k \in N_{\text{Bbus}}^{\text{tran}}, \forall t \in T$到DCC；②对更新后的$\text{LMP}_{k,t}^{\text{tran}}(q)$，求解式(9-26)中的DED，得到$\text{PB}_{k,t}^{\text{dist}}(q+1)$，$\forall k \in N_{\text{Bbus}}^{\text{tran}}, \forall t \in T$；③若$\left|\text{PB}_{k,t}^{\text{dist}}(q+1) - \text{PB}_{k,t}^{\text{dist}}(q)\right| < \varepsilon$，$\forall k \in N_{\text{Bbus}}^{\text{tran}}$，$\forall t \in T$，那么终止程序，否则，$q=q+1$，发送$\text{PB}_{k,t}^{\text{dist}}(q+1)$，$\forall k \in N_{\text{Bbus}}^{\text{tran}}, \forall t \in T$到TCC。

结束循环。

显然，由第3章的分析可知，在求解TDCED问题时，上述HGD-1和HGD-2算法的数学性质相似，只是需要估计初值不同的变量。在工业现场中，可以根据现场情况，在HGD-1算法和HGD-2算法中选择合适的算法。值得注意，HGD-2中的$\text{PB}_{k,t}^{\text{dist}}$，$\forall k \in N_{\text{Bbus}}^{\text{tran}}, \forall t \in T$的初值选取通常有以下两种简单方案。

(1) 用配电系统总负荷作为TED问题的边界注入初值。

(2) 用配电系统总负荷减去分布式电源装机容量作为TED问题的边界注入初值。

实际上，从后面的数值仿真中可以看出，无论HGD-1算法还是HGD-2算法，在不同的初值下都能快速地收敛，即它们对于初值选取都具有良好的鲁棒性。

9.4.3 最优性和收敛性

首先讨论HGD算法的最优性。由G-MSS理论最优性定理3-3可知，若HGD算法收敛，那么收敛解满足式(9-11)中TDCED模型的最优性条件。而由条件9-3

可知，TDCED 为凸优化。由数学规划理论可知，满足凸优化模型的最优性条件的解就是问题的全局最优解[8]，所以 HGD 的收敛解为 TDCED 的全局最优解。

再讨论 HGD 算法的收敛性。由关于 G-MSS 理论收敛性的定理 3-5 可知，在引理 3-1 和引理 3-2 的条件下，面向 TDCED 的 HGD 算法具有局部线性收敛性。实际上，由条件 9-3 中的发电成本函数为凸函数的假设可知，引理 3-1 中的条件几乎总是满足的，因此 HGD 算法在大多数情况下几乎总可以局部线性收敛。但是必须指出，由于 HGD 的局部收敛性需要满足一定的充分条件，因此在某些情况下 HGD 算法可能不收敛，所以有必要研究进一步提高 HGD 算法收敛性的方法。

通过 G-MSS 理论收敛性改进方案，并结合式(9-19)、式(9-24)中子问题形式特点可知，对于前面提出的 HGD 算法，至少有以下两种收敛性改进方案。

(1) 引入边界状态量偏差项的罚项的改进算法。

(2) 基于发输电系统响应函数的改进 HGD 算法。

在方案(1)中，第 q 次迭代($q>2$)时，在式(9-26)中的 DED 模型目标函数加入罚项 $\rho \left\| PB_k^{dist}(q) - PB_k^{dist}(q-1) \right\|_2^2$，其中 PB_k^{dist} 为由各个时刻 $PB_{k,t}^{dist}$ 构成的向量，ρ 是设定的罚因子，$PB_k^{dist}(q)$ 表示第 q 次迭代中要求解的 PB_k^{dist}，$PB_k^{dist}(q-1)$ 表示第 $q-1$ 次迭代得到的 PB_k^{dist} 数值。显然，若计算收敛，则有 $\left\| PB_k^{dist}(q) - PB_k^{dist}(q-1) \right\| < \varepsilon$。类似第 3 章中的改进算法分析可知，这一改进算法收敛解仍然满足式(9-11)中 TDCED 模型的最优性条件，因此该改进算法不影响迭代收敛解的最优性。而由于在迭代过程中加入了罚项，算法的收敛性有可能提高。但是，正如之前所指出的，收敛性改进效果和 ρ 的取值有关，而对于合适的罚因子 ρ 目前尚无普适的理论公式，通常需要根据具体的问题和模型参数实验确定。

而方案(2)则依据之前提出的基于发输电系统响应函数的改进 HGD 算法，本书称为 N-HGD 算法。和方案(1)相比，它无须引入罚因子，避免了由确定合适罚因子造成的参数调节困难，此外，它的物理意义也更加清晰。9.5 节将详细研究该算法。

9.5　计及节点电价响应特性的 N-HGD

9.5.1　改进后的子问题

9.5.1.1　改进配电优化子问题(modified distribution economic dispatch，M-DED)模型

由引入发输电系统响应函数后的子问题形式可知，在 N-HGD 算法中，TED 形式不变，而 DED 需要按照式(3-54)进行若干修改。本书将修改后的配电优化子问题称为 M-DED。在第 q 次迭代中，M-DED 应具有如下形式：

$$\min_{P_\mathrm{D},P_\mathrm{BD}} c_\mathrm{D}(P_\mathrm{D}) + \left[\lambda_B^\mathrm{sp} - b_\lambda(P_\mathrm{BD}(q-1))\right]^\mathrm{T} P_\mathrm{BD} + B(P_\mathrm{D},P_\mathrm{BD})$$
$$\text{s.t.} \begin{cases} A_{P_\mathrm{D}} P_\mathrm{D} + A_{\mathrm{PB}_\mathrm{D}} P_\mathrm{BD} - a_\mathrm{D} = 0 \\ B_{P_\mathrm{D}} P_\mathrm{D} + B_{\mathrm{PB}_\mathrm{D}} P_\mathrm{BD} - b_\mathrm{D} \geqslant 0 \end{cases} \tag{9-27}$$

式中，函数 $B(P_\mathrm{D},P_\mathrm{BD})$ 满足：

$$\frac{\partial B(P_\mathrm{D},P_\mathrm{BD})}{\partial P_\mathrm{D}} = \left(\frac{\partial P_\mathrm{BD}}{\partial P_\mathrm{D}}\right)^\mathrm{T} b_\lambda(P_\mathrm{BD}) = 0$$

$$\frac{\partial B(P_\mathrm{D},P_\mathrm{BD})}{\partial P_\mathrm{BD}} = \left(\frac{\partial P_\mathrm{BD}}{\partial P_\mathrm{BD}}\right)^\mathrm{T} b_\lambda(P_\mathrm{BD}) = b_\lambda(P_\mathrm{BD}) \tag{9-28}$$

为获得良好的计算效果，发输电系统等值函数 $b_\lambda(P_\mathrm{BD})$ 的导数 $\frac{\partial b}{\partial P_\mathrm{BD}}$ 应该尽可能地接近 $\frac{\partial \tilde{h}_{MB}^{-1}}{\partial y_B}$，即 $\frac{\partial \xi_B}{\partial y_B}$。根据 TDCED 问题特点可知，$\frac{\partial \xi_B}{\partial y_B} = \frac{\partial \lambda_B^M}{\partial P_\mathrm{BD}}$（记为 $S_{\xi\text{-}P}$），为 TED 中输配界面节点电价关于边界注入的灵敏度，因此令 $\frac{\partial b}{\partial P_\mathrm{BD}} = S_{\xi\text{-}P}$。因此，本书将这一改进方案称为基于节点电价响应的改进 HGD 算法，简称 N-HGD 算法[9]。

为写出式(9-27)中优化问题的具体形式，可令 $b_\lambda(P_\mathrm{BD}) = S_{\xi\text{-}P} \cdot P_\mathrm{BD}$。由式(9-28)可知 $B(\cdot)$ 是仅关于 P_BD 的函数，并且其导函数为 $b_\lambda(P_\mathrm{BD})$，所以可得如下形式的 $B(\cdot)$：

$$B(P_\mathrm{BD}) = \int S_{\xi\text{-}P} \cdot P_\mathrm{BD} \cdot \mathrm{d}P_\mathrm{BD} \tag{9-29}$$

对于第 k 个配电系统，由式(9-29)可得 $B_k(\mathrm{PB}_k^\mathrm{dist})$ 的具体表达式为

$$B_k(\mathrm{PB}_k^\mathrm{dist}) = \frac{1}{2}(\mathrm{PB}_k^\mathrm{dist})^\mathrm{T} S_{\xi\text{-}P,k} \cdot \mathrm{PB}_k^\mathrm{dist} \tag{9-30}$$

因此，可得式(9-27)中优化问题可具体写为

$$\min_{P_\mathrm{D},P_\mathrm{BD}} c_\mathrm{D}(P_\mathrm{D}) + [\lambda_B^\mathrm{sp} - S_{\xi\text{-}P} \cdot P_\mathrm{BD}(q-1)]^\mathrm{T} P_\mathrm{BD} + \frac{1}{2} P_\mathrm{BD}^\mathrm{T} \cdot S_{\xi\text{-}P} \cdot P_\mathrm{BD}$$
$$\text{s.t.} \begin{cases} A_{P_\mathrm{D}} P_\mathrm{D} + A_{\mathrm{PB}_\mathrm{D}} P_\mathrm{BD} - a_\mathrm{D} = 0 \\ B_{P_\mathrm{D}} P_\mathrm{D} + B_{\mathrm{PB}_\mathrm{D}} P_\mathrm{BD} - b_\mathrm{D} \geqslant 0 \end{cases} \tag{9-31}$$

式中，$P_\mathrm{BD}(q-1)$ 为第 $q-1$ 次迭代得到的 P_BD 数值，是计算中的已知量；$S_{\xi\text{-}P}$ 是输配界面上的节点电价关于边界注入的灵敏度，称为节点电价灵敏度。

9.5.1.2 M-DED 的凸性

显然,在条件 9-3 下,式(9-24)中的 DED 模型是凸优化,容易求得最优解。那么,改造后的 M-DED 是否是凸优化模型呢?

首先,从定理 3-3 可以看出,即使 M-DED 非凸,改进后的 N-HGD 的收敛解也仍然满足 TDCED 的最优性条件,再结合条件 9-3 可知 $S_{\xi\text{-P}}$,N-HGD 的收敛解仍然是 TDCED 的最优解。一个凸的 M-DED 模型虽然不影响 N-HGD 迭代解的最优性,但是会影响整个算法的计算效率。因此,讨论 M-DED 模型的凸性仍是有意义的。

事实上,根据 $S_{\xi\text{-P}}$ 中各元素的物理意义可知,其中的对角元素通常非负。这是因为 $S_{\xi\text{-P}}$ 中的对角元素表示某时刻某个输配界面上的节点电价关于该时刻该配电系统负荷功率的灵敏度,若配电系统负荷功率增加,那么发输电系统的边际发电成本或者拥塞费用会增加,从而导致节点电价增加,因此 $S_{\xi\text{-P}}$ 中的对角元素总是非负数。进一步地,对于任意一个配电系统的 M-DED 问题,如果其输配界面任意时刻 i 的节点电价的灵敏度主要受该时刻的有功注入变化影响,此时 $S_{\xi\text{-P}}$ 近似为对角矩阵,而由对角元素非负可知,$S_{\xi\text{-P}}$ 为正定矩阵。所以若 DED 为凸优化模型,那么式(9-31)中的 M-DED 亦为凸优化模型。

9.5.2 节点电价灵敏度算法

本节研究了两种节点电价灵敏度的计算方法。

9.5.2.1 基于灵敏度方程的集中算法

将式(9-19)中的 TED 问题视为一个给定参数 $P_{\text{BD}}^{\text{sp}}$ 的含参数优化问题。由文献[10]可知,$S_{\xi\text{-P}}$ 为乘子 λ_B^M 关于参数 $P_{\text{BD}}^{\text{sp}}$ 的灵敏度,在一定的条件下可由 TED 问题最优性条件的微分方程(即灵敏度方程)求出。文献[11]给出了二次规划问题中的参数灵敏度的求法,该方法简述如下。

考虑下面的含参数二次规划问题:

$$\min_{x} c^\text{T} x + \frac{1}{2} x^\text{T} Q x$$
$$\text{s.t.} \begin{cases} Ax \leqslant b + F_1 \theta, & \mu \\ Cx = d + F_2 \theta, & \lambda \\ x \in X \\ \theta \in \Theta \end{cases} \quad (9\text{-}32)$$

式中，x 是优化变量；θ 是参数；矩阵 A 和 C 是等式约束和不等式约束的系数矩阵；b 和 d 是等式约束和不等式约束的右手端向量；F_1 和 F_2 是等式约束和不等式约束中参数 θ 的系数，X 和 Θ 是 x、θ 的可行域；c 和 Q 分别为目标函数中的一次项系数、二次项系数；μ 和 λ 是不等式约束和等式约束的乘子。

对于式(9-32)中的优化模型，若满足一定条件，其灵敏度方程为

$$\begin{pmatrix} \dfrac{\mathrm{d}x(\theta_0)}{\mathrm{d}\theta} \\ \dfrac{\mathrm{d}\mu(\theta_0)}{\mathrm{d}\theta} \\ \dfrac{\mathrm{d}\lambda(\theta_0)}{\mathrm{d}\theta} \end{pmatrix} = -M_0^{-1} N_0 \qquad (9\text{-}33)$$

式中

$$M_0 = \begin{bmatrix} Q & A^{\mathrm{T}} & -C^{\mathrm{T}} \\ -LA & -V & 0 \\ C & 0 & 0 \end{bmatrix}, \quad N_0 = \begin{bmatrix} Y \\ LF_1 \\ -F_2 \end{bmatrix}$$

$$L = \mathrm{diag}(\mu), \quad V = \mathrm{diag}(Ax - b - F_1\theta) \qquad (9\text{-}34)$$

由式(9-33)便可得到 $S_{\xi\text{-}P}$。显然，若给定参数 $P_{\mathrm{BD}}^{\mathrm{sp}}$ 发生小扰动，上述基于灵敏度方程的集中算法(称为 $\mathrm{M_c}$ 方法)是比较准确的方法。但是求解 $S_{\xi\text{-}P}$ 需要求解 M_0^{-1}。若边界节点数目较大，调度时刻数较多，则 M_0 的维数较高，式(9-33)的求解计算量较大。此外，式(9-33)的计算必须要在 TCC 中进行，所得结果再由 TCC 发送给 DCC，这将给算法带来额外的计算和通信负担。

9.5.2.2 基于探测机制的分布式算法

基于探测机制的分布式算法(简称为 $\mathrm{M_p}$)中，将式(9-19)中的 TED 视为一个黑箱：从第 1 次到第 $q-1$ 次迭代所得的 $P_{\mathrm{BD}}^{\mathrm{sp}}(1), P_{\mathrm{BD}}^{\mathrm{sp}}(2), \cdots, P_{\mathrm{BD}}^{\mathrm{sp}}(q-1)$ 视为黑箱输入，将节点电价视为黑箱输出。由于 $S_{\xi\text{-}P} = \dfrac{\partial \lambda_B^M}{\partial P_{\mathrm{BD}}}$，因此

$$\lambda_M^B(q+1) \approx \lambda_M^B(q) + S_{\xi\text{-}P}(q) \cdot [P_{\mathrm{BD}}(q) - P_{\mathrm{BD}}(q-1)] \qquad (9\text{-}35)$$

式中，$S_{\xi\text{-}P}(q)$ 为第 q 个黑箱输入-输出之间的灵敏度。于是，以配电系统 k 为例，根据式(9-35)，在第 2 次到第 $q-1$ 次 $\lambda_B^{\mathrm{sp}}(q), \cdots, P_{\mathrm{BD}}^{\mathrm{sp}}(2)$ 迭代中任意时刻 t 的 $\mathrm{LMP}_{k,t}^{\mathrm{tran}}$

和 $PB_{k,t}^{dist}$ 的关系为

$$\begin{cases} LMP_{k,t}^{tran}(3) = LMP_{k,t}^{tran}(2) \\ \qquad + S_{\xi\text{-}P,k,t}(2) \times \left[PB_{k,t}^{dist}(2) - PB_{k,t}^{dist}(1) \right] \\ \vdots \\ LMP_{k,t}^{tran}(q) = LMP_{k,t}^{E}(q-1) \\ \qquad + S_{\xi\text{-}P,k,t}(q-1) \times \left[PB_{k,t}^{dist}(q-1) - PB_{k,t}^{dist}(q-2) \right] \end{cases} \quad (9\text{-}36)$$

式中，$S_{\xi\text{-}P,k}$ 是配电系统 k 在时刻 t 的节点电价灵敏度。

由式(9-36)，可采用式(9-37)估计出第 q 次迭代的 $S_{\xi\text{-}P,k,t}(q)$：

$$S_{\xi\text{-}P,k,t}(q) = \frac{\sum_{i=2}^{q-1} \left[\dfrac{LMP_{k,t}^{tran}(i+1) - LMP_{k,t}^{tran}(i)}{PB_{k,t}^{dist}(i) - PB_{k,t}^{dist}(i-1)} \right]}{q-2} \quad (9\text{-}37)$$

或

$$S_{\xi\text{-}P,k,t}(q) = \frac{\sum_{i=2}^{q-1} \left[LMP_{k,t}^{tran}(i+1) - LMP_{k,t}^{tran}(i) \right] \left[PB_{k,t}^{dist}(i) - PB_{k,t}^{dist}(i-1) \right]}{\sum_{i=2}^{q-1} \left[PB_{k,t}^{dist}(i) - PB_{k,t}^{dist}(i-1) \right]^2} \quad (9\text{-}38)$$

式(9-37)是将式(9-36)中的历史探测数据取平均，而式(9-38)是将式(9-36)中的历史探测数据取最小二乘解。由此估计出 $S_{\xi\text{-}P}(q)$ 中的对角元素，并以此形成对角矩阵近似代表 $S_{\xi\text{-}P}$。显然，从式(9-37)和式(9-38)可知，M_p 可以在各个配电控制中心分布式执行，并且无须矩阵求逆计算，计算代价很小。此外，M_p 也避免了在 TCC 和 DCC 之间引入额外的通信负担。

9.5.2.3 M_c 和 M_p 的比较

表 9-1 给出了上述两种算法的比较。可见，M_p 在计算和通信代价上更优。

表 9-1 两种计算节点电价灵敏度的算法的比较

算法	部署地点	计算代价	额外通信
M_c	TCC	高	是
M_p	DCC	低	无

在第 q 次迭代中,根据由 M_c 或 M_p 算得的 $S_{\xi\text{-}P}(q)$,则 M-DED 问题的形式为

$$\min_{P_D, P_{BD}} c_D(P_D) + \left[\lambda_B^{sp} - S_{\xi\text{-}P} \cdot P_{BD}(q-1)\right]^T P_{BD} + \frac{1}{2} P_{BD}^T \cdot S_{\xi\text{-}P}(q) \cdot P_{BD}$$
$$\text{s.t.} \begin{cases} A_{P_D} P_D + A_{PB_D} P_{BD} - a_D = 0 \\ B_{P_D} P_D + B_{PB_D} P_{BD} - b_D \geqslant 0 \end{cases} \quad (9\text{-}39)$$

9.5.3 算法步骤

N-HGD 算法的计算步骤和 9.4.2 节的 HGD 算法步骤几乎相同,只是原先的 DED 子问题替换为 M-DED 子问题。图 9-2 给出了 N-HGD 算法和 HGD 算法流程的对比,二者的差别由灰色标出。

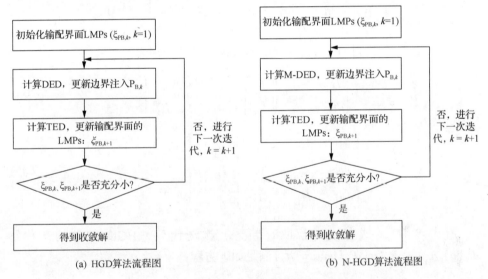

图 9-2 HGD 和 N-HGD 算法流程图比较

9.5.4 最优性分析

由关于 G-MSS 收敛性改进方案的最优性证明可知,N-HGD 算法收敛解必然满足式(9-11)中 TDCED 模型的最优性条件。而由条件 9-3 可知,TDCED 为凸优化。因为满足凸优化模型的最优性条件的解就是问题的全局最优解,所以 N-HGD 的收敛解为 TDCED 的全局最优解。

9.5.5 收敛性改善原因分析

第 3 章针对一般情况分析了引入发输电系统响应函数后算法收敛性改善的原

因。本节将根据 TDCED 模型的特殊性，给出收敛性改善的具体分析。

分析思路：先针对仅含有等式约束的 TDCED 模型进行分析，再推广到一般情况。为简洁起见，在推导过程中令 $c_T(P_T) = \frac{1}{2}P_T^T H_T P_T$，$c_D(P_D) = \frac{1}{2}P_D^T H_D P_D$。

9.5.5.1 仅含有等式约束的情况

若式(9-11)中的 TDCED 模型只含有等式约束，可得如下的最优性条件：

$$\begin{bmatrix} H_T & -A_{P_T}^T & 0 & 0 & 0 \\ A_{P_T} & 0 & A_{PB_T} & 0 & 0 \\ 0 & -A_{PB_T}^T & 0 & 0 & -A_{PB_D}^T \\ 0 & 0 & A_{PB_D} & A_{P_D} & 0 \\ 0 & 0 & 0 & H_D & -A_{P_D}^T \end{bmatrix} \begin{bmatrix} P_T \\ \lambda_{a_T} \\ P_B \\ v_D \\ \lambda_{a_D} \end{bmatrix} = \begin{bmatrix} 0 \\ a_T \\ 0 \\ a_D \\ 0 \end{bmatrix} \quad (9\text{-}40)$$

而 HGD 算法中 TED 和 DED 问题的最优性条件分别为

$$\begin{bmatrix} H_T & -A_{P_T}^T \\ A_{P_T} & 0 \end{bmatrix} \begin{bmatrix} P_T \\ \lambda_{a_T} \end{bmatrix} = \begin{bmatrix} 0 \\ a_T - A_{PB_T} P_B^{sp} \end{bmatrix} \quad (9\text{-}41)$$

$$\begin{bmatrix} 0 & 0 & -A_{PB_D}^T \\ A_{PB_D} & A_{P_D} & 0 \\ 0 & H_D & -A_{P_D}^T \end{bmatrix} \begin{bmatrix} P_B \\ P_D \\ \lambda_{a_D} \end{bmatrix} = \begin{bmatrix} A_{PB_T}^T \lambda_{a_T} \\ a_D \\ 0 \end{bmatrix} \quad (9\text{-}42)$$

由式(9-41)、式(9-42)可知，在第 q 次迭代后，HGD 算法的迭代解 $[P_T(q); \lambda_{a_T}(q); P_B(q); P_D(q); \lambda_{a_D}(q)]$ 满足如下方程：

$$\begin{bmatrix} H_T & -A_{P_T}^T & 0 & 0 & 0 \\ A_{P_T} & 0 & A_{PB_T} & 0 & 0 \\ 0 & 0 & 0 & 0 & -A_{PB_D}^T \\ 0 & 0 & A_{PB_D} & A_{P_D} & 0 \\ 0 & 0 & 0 & H_D & -A_{P_D}^T \end{bmatrix} \begin{bmatrix} P_T(q) \\ \lambda_{a_T}(q) \\ P_B(q) \\ P_D(q) \\ \lambda_{a_D}(q) \end{bmatrix} = \begin{bmatrix} 0 \\ a_T \\ A_{PB_T}^T \lambda_{a_T}(q-1) \\ a_D \\ 0 \end{bmatrix} \quad (9\text{-}43)$$

由式(9-21)、式(9-40)和式(9-43)可进一步推出如下关系：

$$\begin{bmatrix} H_\mathrm{T} & -A_{P_\mathrm{T}}^\mathrm{T} & 0 & 0 & 0 \\ A_{P_\mathrm{T}} & 0 & A_{\mathrm{PB}_\mathrm{T}} & 0 & 0 \\ 0 & -A_{\mathrm{PB}_\mathrm{T}}^\mathrm{T} & 0 & 0 & -A_{\mathrm{PB}_\mathrm{D}}^\mathrm{T} \\ 0 & 0 & A_{\mathrm{PB}_\mathrm{D}} & A_{P_\mathrm{D}} & 0 \\ 0 & 0 & 0 & H_\mathrm{D} & -A_{P_\mathrm{D}}^\mathrm{T} \end{bmatrix} \begin{bmatrix} P_\mathrm{T}(q) \\ \lambda_{a_\mathrm{T}}(q) \\ P_\mathrm{B}(q) \\ P_\mathrm{D}(q) \\ \lambda_{a_\mathrm{D}}(q) \end{bmatrix} - \begin{bmatrix} 0 \\ a_\mathrm{T} \\ 0 \\ a_\mathrm{D} \\ 0 \end{bmatrix}$$

$$= \begin{bmatrix} 0 \\ 0 \\ A_{\mathrm{PB}_\mathrm{T}}^\mathrm{T} \lambda_{a_\mathrm{T}}(q-1) - A_{\mathrm{PB}_\mathrm{T}}^\mathrm{T} \lambda_{a_\mathrm{T}}(q) \\ 0 \\ 0 \end{bmatrix} \quad (9\text{-}44)$$

因此，HGD 算法中第 k 次迭代后所得的迭代解到 TDCED 的最优解的距离可由 $\Delta = A_{\mathrm{PB}_\mathrm{T}}^\mathrm{T} \lambda_{a_\mathrm{T}}(q-1) - A_{\mathrm{PB}_\mathrm{T}}^\mathrm{T} \lambda_{a_\mathrm{T}}(q) = \lambda_B^M(q+1) - \lambda_B^M(q)$ 表示。显然，Δ 越接近 0，迭代解越接近最优解。

类似地，设 N-HGD 算法进行了 q 次迭代后，迭代解为 $\left[\hat{P}_\mathrm{T}(q); \hat{\lambda}_{a_\mathrm{T}}(q); \hat{P}_\mathrm{B}(q); \hat{P}_\mathrm{D}(q); \hat{\lambda}_{a_\mathrm{D}}(q)\right]$，它满足式(9-41)中 TED 问题的最优性条件和如下的 M-DED 问题的最优性条件：

$$\begin{bmatrix} S_{\xi\text{-}P}(q) & 0 & -A_{\mathrm{PB}_\mathrm{D}}^\mathrm{T} \\ A_{\mathrm{PB}_\mathrm{D}} & A_{P_\mathrm{D}} & 0 \\ 0 & H_\mathrm{D} & -A_{P_\mathrm{D}}^\mathrm{T} \end{bmatrix} \begin{bmatrix} \hat{P}_\mathrm{B}(q) \\ \hat{P}_\mathrm{D}(q) \\ \hat{\lambda}_{a_\mathrm{D}}(q) \end{bmatrix} = \begin{bmatrix} -\lambda_B^M(q) + S_{\xi\text{-}P}(q)\hat{P}_\mathrm{B}(q-1) \\ a_\mathrm{D} \\ 0 \end{bmatrix} \quad (9\text{-}45)$$

于是，$\left[\hat{P}_\mathrm{T}(q); \hat{\lambda}_{a_\mathrm{T}}(q); \hat{P}_\mathrm{B}(q); \hat{P}_\mathrm{D}(q); \hat{\lambda}_{a_\mathrm{D}}(q)\right]$ 必然满足如下等式：

$$\begin{bmatrix} H_\mathrm{T} & -A_{P_\mathrm{T}}^\mathrm{T} & 0 & 0 & 0 \\ A_{P_\mathrm{T}} & 0 & A_{\mathrm{PB}_\mathrm{T}} & 0 & 0 \\ 0 & 0 & 0 & 0 & -A_{\mathrm{PB}_\mathrm{D}}^\mathrm{T} \\ 0 & 0 & A_{\mathrm{PB}_\mathrm{D}} & A_{P_\mathrm{D}} & 0 \\ 0 & 0 & 0 & H_\mathrm{D} & -A_{P_\mathrm{D}}^\mathrm{T} \end{bmatrix} \begin{bmatrix} \hat{P}_\mathrm{T}(q) \\ \hat{\lambda}_{a_\mathrm{T}}(q) \\ \hat{P}_\mathrm{B}(q) \\ \hat{P}_\mathrm{D}(q) \\ \hat{\lambda}_{a_\mathrm{D}}(q) \end{bmatrix}$$

$$= \begin{bmatrix} 0 \\ a_\mathrm{T} \\ -\left[\lambda_B^M(q) + S_{\xi\text{-}P}(q) \cdot \left[\hat{P}_\mathrm{B}(q) - \hat{P}_\mathrm{B}(q-1)\right]\right] \\ a_\mathrm{D} \\ 0 \end{bmatrix} \quad (9\text{-}46)$$

考虑到式(9-35)，可得

$$\begin{bmatrix} H_T & -A_{P_T}^T & 0 & 0 & 0 \\ A_{P_T} & 0 & A_{PB_T} & 0 & 0 \\ 0 & 0 & 0 & 0 & -A_{PB_D}^T \\ 0 & 0 & A_{PB_D} & A_{P_D} & 0 \\ 0 & 0 & 0 & H_D & -A_{P_D}^T \end{bmatrix} \begin{bmatrix} \hat{P}_T(q) \\ \hat{\lambda}_{a_T}(q) \\ \hat{P}_B(q) \\ \hat{P}_D(q) \\ \hat{\lambda}_{a_D}(q) \end{bmatrix} - \begin{bmatrix} 0 \\ a_T \\ 0 \\ a_D \\ 0 \end{bmatrix}$$

$$= \begin{bmatrix} 0 \\ 0 \\ \lambda_B^M(q+1) - \tilde{\lambda}_B^M(q+1) \\ 0 \\ 0 \end{bmatrix} \quad (9\text{-}47)$$

式中，$\tilde{\lambda}_B^M(q+1) = \lambda_B^M(q) + S_{\xi\text{-}P}(q) \cdot [P_{BD}(q) - P_{BD}(q-1)]$。因此，N-HGD 算法中第 k 次迭代后的结果到 TDCED 最优解的距离可由 $\hat{\Delta} = \lambda_B^M(q+1) - \tilde{\lambda}_B^M(q+1)$ 表示。

设 HGD 算法和 N-HGD 算法从同一初始点启动。$\tilde{\lambda}_B^M(q+1)$ 是对 $\lambda_B^M(q+1)$ 的线性估计，$\hat{\Delta}$ 几乎总是比 Δ 更接近 0，因此 N-HGD 算法每次迭代结果总要比 HGD 的结果更加接近最优解，收敛所需迭代次数更少。这表明 N-HGD 算法的收敛性更好。图 9-3 对此给出了形象的说明。

9.5.5.2 同时含有等式约束和不等式约束的一般情况

如果 TDCED 中含有不等式约束，那么 HGD 算法和 N-HGD 算法都需要通过

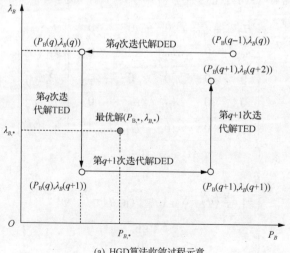

(a) HGD算法收敛过程示意

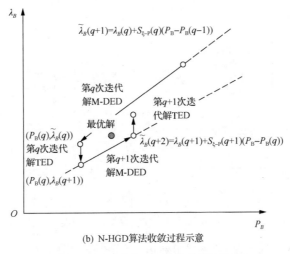

(b) N-HGD算法收敛过程示意

图 9-3　HGD 和 N-HGD 收敛过程比较

迭代来确定最优解处的起作用约束。在 N-HGD 算法中，由于 $\lambda_B^M = -\left(A_{PB_T}\right)^T \lambda_M^M - \left(B_{PB_T}\right)^T \omega_M^M$ 可由 $\tilde{\lambda}_B^M$ 近似估计，所以 ω_M^M 的未来变化也反映在 M-DED 中。换言之，M-DED 中加入了对下一次迭代 TED 最优解处起作用约束的估计，这有助于迭代更快地定位到最终的起作用集，因此原先 HGD 算法中一些不必要的迭代过程就可以避免。图 9-4 对此给出了形象的解释。

在图 9-4(a) 所示的 HGD 算法中，如果 DED 在求解时没有预估之后 TED 中不等式约束 a 在起作用和不起作用之间的变化，那么它的结果可能会使约束 a 陷入起作用和不起作用的反复迭代中，造成算法不收敛。在图 9-4(b) 所示的 N-HGD

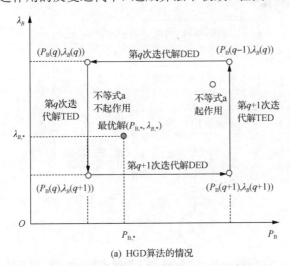

(a) HGD算法的情况

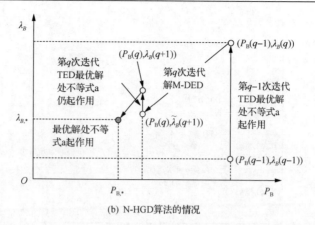

(b) N-HGD算法的情况

图 9-4　HGD 算法和 N-HGD 算法中起作用约束迭代过程示意

算法中，M-DED 能够预估出起作用约束 a 的变化，因此有望避免上述循环，故 N-HGD 算法可以较快收敛。

9.6　关于 TDCED 的进一步讨论

9.6.1　考虑 N–1 安全约束的 SCTDCED

如果在 TDCED 中考虑 N–1 约束，那么就需要进行计及安全约束的 TDCED（security-constrained TDCED，SCTDCED）。由于 N–1 约束数目众多，首先需要对所有的预想事故进行筛选，将最重要的预想事故考虑在 SCTDCED 模型中。由于筛选结果和 SCTDCED 的优化结果相耦合，本节提出如图 9-5 所示的基于"预测-矫正"模式的事故筛选和求解过程。

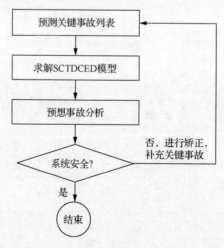

图 9-5　SCTDCED 中基于"预测-矫正"模式的事故筛选和求解方法

在图9-5中,首先预测要加入SCTDCED的预想事故列表,之后求解SCTDCED模型,根据所得的最优解进行预想事故分析,判断系统是否N-1安全。如果是,终止程序,否则进行矫正,将存在约束越界的预想事故加入预想事故列表中,再次求解SCTDCED模型。其中,给定c个预想事故的SCTDCED模型如下:

$$\min_{P_T,P_B,P_D} \quad c_T(P_T)+c_D(P_D)$$

$$\text{s.t.} \begin{cases} A^0_{P_T} P_T + A^0_{PB_T} P_B = a^0_T \\ A^k_{P_T} P_T + A^k_{PB_T} P_B = a^k_T, \quad k=1,2,\cdots,c \\ B^0_{P_T} P_T + B^0_{PB_T} P_B \geqslant b^0_T \\ B^k_{P_T} P_T + B^k_{PB_T} P_B \geqslant b^k_T, \quad k=1,2,\cdots,c \end{cases}$$

$$\begin{cases} A^0_{P_D} P_D + A^0_{PB_D} P_B = a^0_D \\ A^k_{P_D} P_D + A^k_{PB_D} P_B = a^k_D, \quad k=1,2,\cdots,c \\ B^0_{P_D} P_D + B^0_{PB_D} P_B \geqslant b^0_D \\ B^k_{P_D} P_D + B^k_{PB_D} P_B \geqslant b^k_D, \quad k=1,2,\cdots,c \end{cases} \quad (9\text{-}48)$$

式中,各变量的定义和式(9-11)相同,变量的上标表示约束对应于第k个预想事故,而基态约束由$k=0$标志。若N-1场景下无须考虑某一类约束(如功率平衡约束),可从上述模型中直接去掉相应约束。

由于式(9-48)和式(9-11)形式相近,仿照9.4节中的基于G-MSS的HGD算法,可得关于上述SCTDCED模型的分解算法。其中发输电优化子问题形式为

$$\min_{P_T} \quad c_T(P_T)$$

$$\text{s.t.} \begin{cases} A^0_{P_T} P_T + A^0_{PB_T} P^{sp}_B = a^0_T \\ A^k_{P_T} P_T + A^k_{PB_T} P^{sp}_B = a^k_T, \quad k=1,2,\cdots,c \\ B^0_{P_T} P_T + B^0_{PB_T} P^{sp}_B \geqslant b^0_T \\ B^k_{P_T} P_T + B^k_{PB_T} P^{sp}_B \geqslant b^k_T, \quad k=1,2,\cdots,c \\ E_{P_T} P_T \geqslant e_{P_T} \end{cases} \quad (9\text{-}49)$$

式中,E_{P_T}、e_{P_T}为与发电功率相关的线性约束。

而配电优化子问题的形式为

$$\min_{P_B, P_D} c_D(P_D) + \left(\lambda_B^0 + \sum_k \lambda_B^k\right)^T P_B$$

$$\text{s.t.} \begin{cases} A_{P_D}^0 P_D + A_{PB_D}^0 P_B = a_D^0 \\ A_{P_D}^k P_D + A_{PB_D}^k P_B = a_D^k, \quad k=1,2,\cdots,c \\ B_{P_D}^0 P_D + B_{PB_D}^0 P_B \geqslant b_D^0 \\ B_{P_D}^k P_D + B_{PB_D}^k P_B \geqslant b_D^k, \quad k=1,2,\cdots,c \\ E_{P_D} P_D \geqslant e_{P_D}, \quad E_{PB_D} P_B \geqslant e_{PB_D} \end{cases} \quad (9\text{-}50)$$

式中，$\lambda_B^0 = -\left(A_{PB_T}^0\right)^T \lambda_{a_T}^0 - \left(B_{PB_T}^0\right)^T \omega_{a_T}^0$；$\lambda_B^k = -\left(A_{PB_T}^k\right)^T \lambda_{a_T}^k - \left(B_{PB_T}^k\right)^T \omega_{a_T}^k$，均由 TCC 发送给 DCC，而 $\lambda_{a_T}^0$、$\omega_{a_T}^0$、$\lambda_{a_T}^k$ 和 $\omega_{a_T}^k$ 为式(9-49)中的乘子。类似于式(9-21)、式(9-22)中的分析可知，λ_B^0 为基态下的节点电价，λ_B^k 可以看作事故 c 下的节点电价。

类似于 9.4 节中的基于 G-MSS 的 HGD 算法，迭代求解式(9-49)、式(9-50)中优化子问题所得的迭代解为式(9-48)中模型的最优解。

9.6.2 工业现场的实用性分析

在上述基于 G-MSS 理论的分布式算法中，TCC 只需向 DCC 传递输配界面上的节点电价，DCC 只需向 TCC 传递边界功率注入，因此 TCC 和 DCC 内部的模型与数据都保持了隐私性，无须向对方公开。此外，如果算法迭代次数较少，那么 TCC 和 DCC 之间的通信量也很少。

进一步观察 HGD 算法和 N-HGD 算法的子问题形式可知，TED 和现有 EMS 中的经济调度问题在形式上完全一致；DED 和配电系统独立经济调度问题在形式上一致，M-DED 也容易在配电系统独立经济调度问题的基础上稍加修改得到，因此本章提出的 HGD 算法和 N-HGD 算法容易在现有的 EMS 与 DMS 基础上实现。

9.7 算例分析

在 TDCED 的仿真分析中，基于文献[4]中的仿真系统参数，本书构建了四个输配全局系统。

(1) T6D2 系统：发输电系统为文献[4]中的 6 节点输电系统，配电系统为文献[2]给出的两个主动配电系统，发输电和配电系统的参数与文献[4]相同。

(2) T24D9 系统：发输电系统为 IEEE 24 节点输电系统，配电系统为文献[2]给出九个配电系统，仿真参数可参阅文献[4]。系统的总负荷如图 9-6 所示。

(3) T118D30 系统：发输电系统为 IEEE 118 节点输电系统，配电系统为文献[4]给出 30 个配电系统，仿真参数可参阅文献[4]。整个系统共有 31 个子系统、362 个节点和 138 个待优化的发电机。

(4) T300D60 系统：发输电系统为 IEEE 300 节点输电系统，配电系统为 T118D30 的两倍。整个系统共有 61 个子系统、788 个节点和 237 个待优化的发电机。

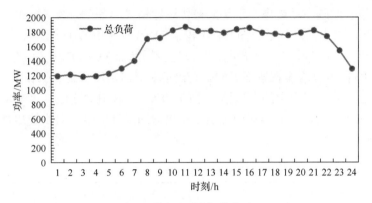

图 9-6　T24D9 总负荷曲线

对所有系统均求解了 24h 的经济调度问题，调度时间间隔为 1h。此外，对每个系统分别计算了独立的发输电经济调度(independent transmission economic dispatch，ITED)和独立的配电经济调度(independent distribution economic dispatch，IDED)。在 ITED 中，配电系统的功率视为固定；在 IDED 中，根节点的节点电价视为固定。为使比较更全面，在如上的独立调度模式(统称为 IED)中特别考虑了如下两种典型情况。

(1) IED-1：ITED 中配电负荷功率设定为配电系统总负荷，IDED 中根节点的节点电价为 ITED 中的输配界面节点电价结果。

(2) IED-2：ITED 中配电负荷功率设定为配电系统总负荷减去分布式电源发电容量，IDED 中根节点的节点电价为 ITED 中的输配界面节点电价结果。

9.7.1　TDCED 和输配独立经济调度(IED)结果比较

本节采用 T24D9 系统进行仿真，结果如表 9-2～表 9-4 所示，其中 ADG_{24-1} 表示 T24D9 中序号为 1 的主动配电系统，最大边界失配量为最大失配量占边界变压器容量百分比。对比表 9-2、表 9-3 和表 9-4，可得以下结论。

(1) 在发输电侧，由于 ITED 中难以准确估计配电侧分布式电源的调度计划，TCC 给出的调度方案和节点电价并不能真正反映现有资源下系统的最佳运行状态。具体地，和 TDCED 相比，IED-1 悲观地估计了分布式电源的调度计划，使得调度计划中发输电系统发电机出力更多，ITED 的发电成本和 TDCED 调度方案相比增加了 27%，如图 9-7 所示（其中记号 TGen 表示发输电侧机组）；在 IED-2 中，TCC 没有考虑配电系统运行约束的限制，乐观地估计了分布式电源的调度计划，发输电系统发电机出力较少，这虽然降低了发输电系统的发电成本，却增加了未来实时调度中系统发电出力不足的风险。

(2) 在配电侧，和 TDCED 的结果相比，由于 IDED 中的输配界面节点电价并不合理，没有激励主动配电系统达到最优运行模式，各个分布式电源的出力计划偏离 TDCED 给出的最优解。图 9-8 比较了 TDCED 和 IED-1 中配电系统 ADG_{24-5} 的调度结果，IED-1 中的分布式电源的发电费用高于 TDCED 中的结果。

(3) IED 的调度方案在输配界面上会出现明显的功率失配。在 IED-1 中，最大失配量将超过输配界面上的变压器容量的 40%，而在 IED-2 中，失配量为 27%。这表明 TCC 和 DCC 在 IED-2 中虽然享有更低的运行费用，但系统却存在功率不平衡的风险。

表 9-2　T24D9 系统，IED-1 的运行费用

发输电系统	机组发电费用=497291.86 美元		
配电系统	ADG_{24-1}	ADG_{24-4}	ADG_{24-5}
最大边界失配量/%	47	47	26
机组发电费用/美元	8441.28	10036.56	11424.00
从输电系统购电费用/美元	12224.44	3321.54	20212.90

表 9-3　T24D9 系统，IED-2 的运行费用

发输电系统	机组发电费用=376253.84 美元		
配电系统	ADG_{24-1}	ADG_{24-4}	ADG_{24-5}
最大边界失配量/%	9	7	8
机组发电费用/美元	8231.17	9895.54	11133.73
从输电系统购电费用/美元	9692.25	2773.20	15910.62

表 9-4　T24D9 系统，TDCED 的运行费用

发输电系统	机组发电费用=390643.46 美元		
配电系统	ADG_{24-1}	ADG_{24-4}	ADG_{24-5}
最大边界失配量/%	0	0	0
机组发电费用/美元	8423.5	10036.56	11368.64
从输电系统购电费用/美元	9807.41	2691.61	16209.35

第 9 章 分布式输配协同经济调度

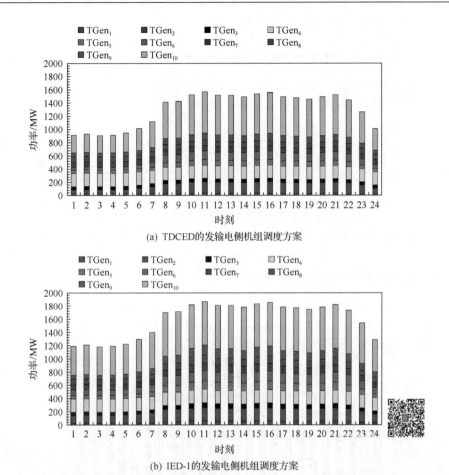

图 9-7 T24D5 系统中，TDCED 和 IED-1 的发输电侧机组调度方案对比（彩图请扫二维码）

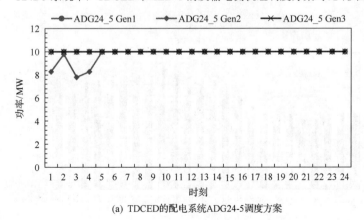

(a) TDCED的配电系统ADG24-5调度方案

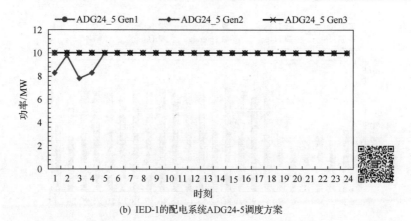

(b) IED-1的配电系统ADG24-5调度方案

图 9-8 T24D5 系统中，TDCED 和 IED-1 的配电系统 ADG_{24-5} 机组调度方案对比（彩图请扫二维码）

9.7.2 TDCED 缓解输电拥塞的效果

采用 T6D2 系统展示 TDCED 对 IED 中的输电拥塞的缓解作用。图 9-9 给出

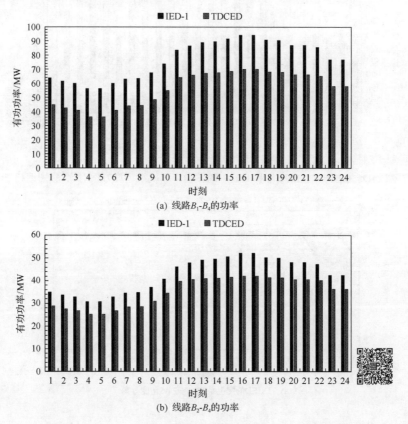

(a) 线路 B_1-B_4 的功率

(b) 线路 B_2-B_4 的功率

图 9-9 T6D2 系统中，TDCED 和 IED-1 的线路功率对比（彩图请扫二维码）

了线路 B_1-B_4 和 B_2-B_4 的潮流结果。由图 9-9 可见，在 TDCED 中，通过分布式电源和发输电发电机组的协同，线路 B_1-B_4、B_2-B_4 的潮流降低。若线路 B_1-B_4 的最大容量为 80MW，那么 IED-1 中该线路将出现输电拥塞，而在 TDCED 中无拥塞。

9.7.3 TDCED 中的节点电价评估

选取 T6D2 系统的负荷高峰和负荷低谷两个时间断面，比较由 TDCED、IED-1、IED-2 方法给出的发输电系统节点电价，结果如图 9-10 所示。由于 IED-1 悲观地估计了低发电成本的分布式电源的出力，节点电价普遍高于 TDCED 中的结果。而在 IED-2 中，由于乐观地认为分布式电源总是满容量发电，没有考虑配电系统内的运行约束限制，节点电价总是低于 TDCED 中的结果，但这并不是合理的价格。所以只有采用 TDCED 才能合理地评估系统节点电价。

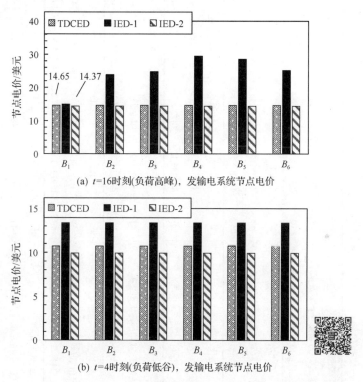

图 9-10 T6D2 系统中发输电系统节点电价对比（彩图请扫二维码）

9.7.4 几种典型算法的计算效果比较

9.7.4.1 和其他典型分解算法的比较

表 9-5 给出了不同系统中 HGD 算法和其他分解算法的计算性能比较，其中，

表 9-5　G-MSS 中的 HGD 算法和其他分解算法的性能比较（调度时间窗 T=24）

系统（分布式电源渗透率/%）	比较项目	OCD1	OCD2	ATC#	HGD-I1	HGD-I2	HGD-II1	HGD-II2	集中求解
T6D2 (24.1%)	迭代次数/次	14	25	(4,18)	3	2	2	2	/
	每次迭代通信量（双精度浮点型数据）	96(=4T)	96(=4T)	48(=2T)	48(=2T)	48(=2T)	48(=2T)	48(=2T)	/
	目标值/美元	62386.29	62384.45	62384.34	62384.45	62384.45	62384.45	62384.45	62384.45
T24D3 (2.68%)	迭代次数/次	12	21	(4,12)	3	2	1	2	/
	每次迭代通信量（双精度浮点型数据）	96(=4T)	96(=4T)	48(=2T)	48(=2T)	48(=2T)	48(=2T)	48(=2T)	/
	目标值/美元	491405.61	491403.59	491403.56	491403.59	491403.59	491403.59	491403.59	491403.59
T24D6 (5.65%)	迭代次数/次	16	28	(4,22)	3	2	2	2	/
	每次迭代通信量（双精度浮点型数据）	96(=4T)	96(=4T)	48(=2T)	48(=2T)	48(=2T)	48(=2T)	48(=2T)	/
	目标值/美元	487282.44	487287.11	487286.96	487287.11	487287.11	487287.11	487287.11	487287.11
T24D9 (9.15%)	迭代次数	18	30	(4,89)	6	5	6	5	/
	每次迭代通信量（双精度浮点型数据）	96(=4T)	96(=4T)	48(=2T)	48(=2T)	48(=2T)	48(=2T)	48(=2T)	/
	目标值/美元	486698.08	486701.79	486701.18	486701.79	486701.79	486701.79	486701.79	486701.79
T118D30 (7.82%)	迭代次数/次	56	125	(5,251)	3	3	1	2	/
	每次迭代通信量（双精度浮点型数据）	96(=4T)	96(=4T)	48(=2T)	48(=2T)	48(=2T)	48(=2T)	48(=2T)	/
	目标值/美元	1691489.30	1691488.52	1691487.62	1691488.43	1691488.43	1691488.43	1691488.43	1691488.43
T300D60 (6.26%)	迭代次数/次	85	120	(4,24)	3	2	2	2	/
	每次迭代通信量（双精度浮点型数据）	96(=4T)	96(=4T)	48(=2T)	48(=2T)	48(=2T)	48(=2T)	48(=2T)	/
	目标值/美元	1310184.12	1310189.22	1310187.06	1310189.23	1310189.23	1310189.23	1310189.23	1310189.23

#由于 ATC 是一个两层算法，所以采用 (a,b) 的记号来标记外层循环测试次数 a 和总的内层循环迭代次数 b。其中每一次内层循环就是一次 TCC 和 DCC 之间的迭代。

选取文献[12]提出的 Biskas 算法代表 OCD 算法,选取文献[4]和[13]中的 ATC 算法代表对偶分解类算法。在 OCD 算法中,分别考虑收敛精度为 0.01MW 和 0.01kW 的两种情况,分别称为 OCD1 和 OCD2。ATC 的收敛精度和乘子更新步骤如文献[4]所示。测试 HGD-1 和 HGD-2 两种算法,分别称为 HGD-Ⅰ和 HGD-Ⅱ。在 HGD-Ⅰ中,考虑两种初始化版本:在 HGD-Ⅰ1 中,节点电价的初值设为 0;在 HGD-Ⅰ2 中,节点电价的初值设为 10 美元/(MW·h)。在 HGD-Ⅱ中,考虑两种初始化版本:在 HGD-Ⅱ1 中,边界注入的初值设为配电系统总负荷;在 HGD-Ⅱ2 中,边界注入的初值设为配电系统总负荷减去分布式发电装机容量。此外,为了测试不同分布式电源渗透率下的算法性能,这里还加设了两个仿真系统:T24D3 和 T24D6,它们分别含有三个和六个配电系统。

由表 9-5 可见,所有算法均成功求解了 TDCED 问题,但是本书提出的 HGD 算法的计算代价和通信代价最小。这是因为 HGD 算法无须参数调节过程,因此比 ATC 算法收敛更快;此外,HGD 算法无须在 TDCED 中引入节点相角,因此和 OCD 算法相比,每次迭代中的通信量减少一半,也省掉了由消除相角失配量所带来的额外迭代。而通过表 9-5 的第 5 到第 8 列可以看出,HGD-Ⅰ和 HGD-Ⅱ均对初始化过程相当鲁棒。而从表 9-5 中还可看出,HGD 算法对问题规模和分布式电源的渗透率也具有鲁棒性。无论 T6D2 这样的小系统,还是 T300D60 这样较大规模的系统,无论 2%还是 20%的分布式电源渗透率,算法均能在 10 次迭代内收敛。

9.7.4.2 HGD 算法和 N-HGD 算法的比较

下面进一步比较 HGD 算法和 N-HGD 算法。在 N-HGD 算法中,考虑三种节点电价灵敏度的计算方法,分别标记为 N-HGD$_{p1}$、N-HGD$_{p2}$ 和 N-HGD$_c$。在 N-HGD$_{p1}$ 中,节点电价灵敏度通过式(9-37)计算;在 N-HGD$_{p2}$ 中,节点电价灵敏度通过式(9-38)计算;在 N-HGD$_c$ 中,节点电价灵敏度通过式(9-33)计算。

此外,为全面比较,这里还进一步实现了 9.4.3 节中提出的引入边界状态量偏差项的罚项的改进算法,称为 ρHGD 算法,其中罚因子 ρ 的调整策略为,初值为 0.1,并且如果下述条件满足就倍增:

$$\begin{cases} \Delta_\lambda(q) = \left\| \lambda_B^M(q) - \lambda_B^M(q-1) \right\|_2 \Big/ \left\| \lambda_B^M(q) \right\|_2 > 0.01 \\ \Delta_\lambda(q) / \Delta_\lambda(q-2) > 0.9 \end{cases} \quad (9\text{-}51)$$

这一策略是本书由多次仿真实验总结出的对 TDCED 问题的比较有效的调整策略。

对 T24D9 系统,仿真 HGD、ρHGD、N-HGD$_c$、N-HGD$_{p1}$ 和 N-HGD$_{p2}$ 等算法

的结果如表 9-6 所示。由表 9-7 可见，所有算法均收敛到最优解，但是 N-HGD 算法比 HGD 算法收敛更快，而 ρHGD 算法的迭代次数比 HGD 算法的迭代次数更多。

表 9-6　T24D9 系统中各个算法迭代次数比较

	HGD	ρHGD	N-HGD$_c$	N-HGD$_{p1}$	N-HGD$_{p2}$
迭代次数/次	5	6	4	4	4
目标值	486701.8	486701.8	486701.8	486701.8	486701.8

表 9-7　T118D30 系统中各个算法迭代次数比较

线路容量	HGD/次	ρHGD/次	N-HGD$_{p1}$/次	N-HGD$_{p2}$/次	目标值
IIT*2	3	3	3	3	1691488
IIT*1.5	3	3	3	3	1691489
IIT*1.25	3	3	3	3	1691937
IIT*1.1	3	3	3	3	1692762
IIT*1.05	3	3	3	3	1693140
IIT*1.02	发散	7	9	9	1693391
IIT*1.0	发散	20	9	13	1693568

表 9-7 比较了对 T118D30 系统所得的仿真结果。其中，记号"IIT*2"表示线路容量为文献[14]中所给出的线路容量值的 2 倍。必须指出，使用 N-HGD$_c$ 算法求解 T118D30 系统的 TDCED 问题时，在计算式(9-33)时计算机内存溢出，无法得到结果。这一现象表明当边界系统中的节点数目较多，调度时刻数较多时，N-HGD$_c$ 的计算代价非常大。由表 9-7 可见，随着线路容量逐渐缩小，HGD 算法发散，但其余三种方法均收敛。而且 N-HGD$_{p1}$ 的迭代次数最少。

上述结果验证了 N-HGD 算法的收敛性比 HGD 算法更好。通过基于探测机制的分布式算法，N-HGD 算法的计算代价也非常小。因此，对 TDCED 问题可以考虑采用 N-HGD 算法以获得更佳的计算性能。

9.8　本章小结

本章研究了输配协同经济调度问题，在分析了采用输配协同经济调度必要性的基础上，建立了 TDCED 模型，基于 G-MSS 理论设计了面向 TDCED 模型的分布式 HGD 算法，论证了 HGD 算法的最优解和收敛性。之后，本章基于 G-MSS 理论中的收敛性改进方案，提出了具有更快收敛性的分布式改进 HGD 算法，N-HGD 算法，它在配电经济调度子问题中加入了输配界面上的节点电价灵敏度；提出并比较了两种计算节点电价灵敏度的算法，证明了 N–HGD 算法的最优性，并从数学上分析了收敛性改进的原因，进一步讨论了考虑 N–1 安全约束下的

TDCED 问题，分析了 TDCED 在工业现场的实用性。最后，本章通过对不同规模系统的数值仿真，定量地分析了 TDCED 在提高发输电系统和配电系统运行效益等方面的效果，证明了所提出的 HGD 算法和 N-HGD 算法对 TDCED 问题均具有较高的求解效率。

参 考 文 献

[1] Zegers A, Brunner H. TSO-DSO interaction: An overview of current interaction between transmission and distribution system operators and an assessment of their cooperation in smart grids[EB/OL]. [2014-9]. http://www.iea-isgan.org/index.php?r=home&c=5/378.

[2] Li Z, Sun H, Guo Q. Generalized master-slave-splitting method and application to transmission-distribution coordinated energy management[J]. IEEE Transactions on Power Systems, 2018.

[3] 李正烁. 基于广义主从分裂理论的分布式输配协同能量管理研究[D]. 北京: 清华大学, 2016.

[4] Kargarian A, Fu Y. System of systems based security-constrained unit commitment incorporating active distribution grids[J]. IEEE Transactions on Power System, 2014, 29(5): 2489-2498.

[5] Yu J, Li Z, Guo Y, et al. Decentralized Chance-Constrained Economic Dispatch for Integrated Transmission-District Energy Systems[J]. IEEE Transactions on Smart Grid, 2019.

[6] Xue Y, Li Z, Lin C, et al. Coordinated dispatch of integrated electric and district heating systems using heterogeneous decomposition[J]. IEEE Transactions on Sustainable Energy, 2019.

[7] Li Z, Guo Q, Sun H, et al. Coordinated economic dispatch of coupled transmission and distribution systems using heterogeneous decomposition[J]. IEEE Transactions on Power Systems, 2016, 31(6): 4817-4830.

[8] 陈宝林. 最优化理论与算法[M]. 2 版. 北京: 清华大学出版社, 2005.

[9] Li Z, Guo Q, Sun H, et al. A new LMP-sensitivity-based heterogeneous decomposition for transmission and distribution coordinated economic dispatch[J]. IEEE Transactions on Smart Grid, 2018, 9(2): 931-941.

[10] Fiacco A V, Ishizuka Y. Sensitivity and stability analysis for nonlinear programming[J]. Annals of Operations Research, 1990, 27(1): 215-235.

[11] Lai X, Xie L, Xia Q, et al, Decentralized multi-area economic dispatch via dynamic multiplier-based Lagrangian relaxation[J]. IEEE Transactions on Power Systems, 2015, 30(6): 3225-3233.

[12] Biskas P N, Bakirtzis A G, Macheras N I, et al. A decentralized implementation of DC optimal power flow on a network of computers[J]. IEEE Transactions on Power Systems, 2005, 20(1): 25-33.

[13] Tosserams S, Etman L F P, Papalambros P Y, et al. An augmented Lagrangian relaxation for analytical target cascading using the alternating direction method of multipliers[J]. Structural and Multidisciplinary Optimization, 2006, 31(3): 176-189.

[14] Illinois Institute of Technology, Electrical and Computing Engineering Dept. IEEE118_data.xls[EB/OL]. [2012-8]. http://motor.ece.iit.edu/Data/.

第 10 章 分布式输配协同最优潮流

10.1 概　　述

首先，本章基于 G-TDCM 建立了输配协同最优潮流(transmission-distribution coordinated optimal power flow，TDOPF)模型，在发输配全局潮流方程、支路传输功率约束、可控设备运行约束等约束条件下实现了全局系统运行目标最优。

其次，本章基于 G-MSS 理论设计了面向 TDOPF 模型的分布式 HGD 算法。将 TDOPF 模型分解为发输电最优潮流子问题和配电最优潮流子问题，由 TCC 和 DCC 分布式地求解，TCC 和 DCC 之间交互输配界面上的电压、功率、节点电价和配电子问题最优值对输配界面电压的灵敏度。从 G-MSS 理论出发，论证了 HGD 算法的最优性和收敛性。

再次，本章比较了所提出的 HGD 算法和现有多区域分布式优化算法在分解形式上的差别。

最后，本章通过不同系统规模下的数值仿真，定量地分析了 TDOPF 对提高发输电系统和配电系统运行效益的效果，尤其在缓解发输电系统的线路拥塞、解除配电过电压、减少不必要的弃风、弃光等方面的效益，论证了所提出的 HGD 算法对于 TDOPF 问题具有更高的求解效率。

10.2 数 学 模 型

TDOPF 问题的向量形式数学模型如下。

(1) 全局目标函数：

$$\min \ c_M\left(P^M, Q^M, P^B, Q^B, V^M, \theta^M, V^B, \theta^B\right) + c_S\left(P^S, Q^S, V^B, \theta^B, V^S, \theta^S\right) \quad (10\text{-}1)$$

(2) 主系统运行约束：

$$P^M = \mathrm{PG}^M - \mathrm{PD}^M = f_{P^M}\left(V^M, \theta^M, V^B, \theta^B\right) \quad (10\text{-}2)$$

$$Q^M = \mathrm{QG}^M + \mathrm{QSH}^M - \mathrm{QD}^M = f_{Q^M}\left(V^M, \theta^M, V^B, \theta^B\right) \quad (10\text{-}3)$$

$$\mathrm{SL}^M = f_{\mathrm{SL}^M}\left(V^M, \theta^M, V^B, \theta^B\right) \quad (10\text{-}4)$$

第 10 章　分布式输配协同最优潮流

$$\underline{\text{PG}}^M \leqslant \text{PG}^M \leqslant \overline{\text{PG}}^M \tag{10-5}$$

$$\underline{\text{QG}}^M \leqslant \text{QG}^M \leqslant \overline{\text{QG}}^M \tag{10-6}$$

$$\underline{\text{SL}}^M \leqslant \text{SL}^M \leqslant \overline{\text{SL}}^M \tag{10-7}$$

$$\underline{\text{QSH}}^M \leqslant \text{QSH}^M \leqslant \overline{\text{QSH}}^M \tag{10-8}$$

$$\underline{V}^M \leqslant V^M \leqslant \overline{V}^M \tag{10-9}$$

$$\underline{\theta}^M \leqslant \theta^M \leqslant \overline{\theta}^M,\quad \theta_{\text{ref}}^M = 0 \tag{10-10}$$

(3) 边界系统运行约束：

$$P^B = f_{P^B}\left(V^M, \theta^M, V^B, \theta^B, V^S, \theta^S\right) \tag{10-11}$$

$$Q^B = \text{QSH}^B = f_{Q^B}\left(V^M, \theta^M, V^B, \theta^B, V^S, \theta^S\right) \tag{10-12}$$

$$\underline{P}^B \leqslant P^B \leqslant \overline{P}^B \tag{10-13}$$

$$\underline{Q}^B \leqslant Q^B \leqslant \overline{Q}^B \tag{10-14}$$

$$\underline{V}^B \leqslant V^B \leqslant \overline{V}^B \tag{10-15}$$

$$\underline{\theta}^B \leqslant \theta^B \leqslant \overline{\theta}^B \tag{10-16}$$

(4) 从系统运行约束：

$$P^S = \text{PG}^S - \text{PD}^S = f_{P^S}\left(V^B, \theta^B, V^S, \theta^S\right) \tag{10-17}$$

$$Q^S = \text{QG}^S + \text{QSH}^S - \text{QD}^S = f_{Q^S}\left(V^B, \theta^B, V^S, \theta^S\right) \tag{10-18}$$

$$\text{SL}^S = f_{\text{SL}^S}\left(V^B, \theta^B, V^S, \theta^S\right) \tag{10-19}$$

$$\underline{\text{PG}}^S \leqslant \text{PG}^S \leqslant \overline{\text{PG}}^S \tag{10-20}$$

$$\underline{\text{QG}}^S \leqslant \text{QG}^S \leqslant \overline{\text{QG}}^S \tag{10-21}$$

$$\underline{SL}^S \leqslant SL^S \leqslant \overline{SL}^S \tag{10-22}$$

$$\underline{QSH}^S \leqslant QSH^S \leqslant \overline{QSH}^S \tag{10-23}$$

$$\underline{V}^S \leqslant V^S \leqslant \overline{V}^S \tag{10-24}$$

$$\underline{\theta}^S \leqslant \theta^S \leqslant \overline{\theta}^S \tag{10-25}$$

式中，上标 M、B、S 分别表示主系统变量、边界系统变量和从系统变量；下标 ref 表示参考节点；P 和 Q 分别表示节点的外部注入；PG 和 QG 分别表示发电机有功注入与无功注入；PD 和 QD 分别表示负荷；QSH 表示并联的无功补偿设备注入功率；SL 表示支路功率；V 和 θ 分别表示节点电压幅值与相角。函数 $f_{P^M}(V^M,\theta^M,V^B,\theta^B)$、$f_{P^B}(V^M,\theta^M,V^B,\theta^B,V^S,\theta^S)$ 和 $f_{P^S}(V^B,\theta^B,V^S,\theta^S)$ 分别为主系统、边界系统和从系统各个节点的有功功率表达式；函数 $f_{Q^M}(V^M,\theta^M,V^B,\theta^B)$、$f_{Q^B}(V^M,\theta^M,V^B,\theta^B,V^S,\theta^S)$ 和 $f_{Q^S}(V^B,\theta^B,V^S,\theta^S)$ 分别为主系统、边界系统和从系统的各个节点的无功功率表达式；函数 $f_{SL^M}(V^M,\theta^M,V^B,\theta^B)$、$f_{SL^S}(V^B,\theta^B,V^S,\theta^S)$ 分别为主系统和从系统中的支路功率表达式。以主系统中任意节点 i 为例，其节点的有功功率和无功功率方程分别可表示为

$$\begin{aligned} & P_i^M - V_i^M \sum_{j \in M} V_j^M \left[G_{ij}\cos\left(\theta_i^M - \theta_j^M\right) + B_{ij}\sin\left(\theta_i^M - \theta_j^M\right) \right] \\ & - V_i^M \sum_{j \in B} V_j^B \left[G_{ij}\cos\left(\theta_i^M - \theta_j^B\right) + B_{ij}\sin\left(\theta_i^M - \theta_j^B\right) \right] = 0 \end{aligned} \tag{10-26}$$

$$\begin{aligned} & Q_i^M - V_i^M \sum_{j \in M} V_j^M \left[G_{ij}\sin\left(\theta_i^M - \theta_j^M\right) - B_{ij}\cos\left(\theta_i^M - \theta_j^M\right) \right] \\ & - V_i^M \sum_{j \in B} V_j^B \left[G_{ij}\sin\left(\theta_i^M - \theta_j^B\right) - B_{ij}\cos\left(\theta_i^M - \theta_j^B\right) \right] = 0 \end{aligned} \tag{10-27}$$

其中，P_i^M 和 Q_i^M 为主系统节点 i 的注入功率；V_i^M、θ_i^M 为主系统节点 i 的电压幅值和相角；V_j^M 和 θ_j^M 为主系统节点 j 的电压幅值和相角，$j \in M$，M 表示主系统中和节点 i 相连节点集合；V_j^B 和 θ_j^B 为边界系统节点 j 的电压幅值和相角，$j \in B$ 表示边界系统中和节点 i 相连节点集合；G_{ij} 和 B_{ij} 为导纳阵中第 (i,j) 位置元素的数值。

任意节点 i 和节点 j 的支路功率约束如下：

$$\left\{V_i \cdot V_j \left[G_{ij}\cos(\theta_i-\theta_j)+B_{ij}\sin(\theta_i-\theta_j)\right]-G_{ij}V_i^2\right\}^2$$
$$+\left\{V_i \cdot V_j \left[G_{ij}\sin(\theta_i-\theta_j)-B_{ij}\cos(\theta_i-\theta_j)\right]+\left(B_{ij}-y_{ij}^{\text{sht}}\right)V_i^2\right\}^2 \quad (10\text{-}28)$$
$$\leqslant \left(s_{ij}^{\max}\right)^2$$

式中，y_{ij}^{sht} 为线路的对地导纳；$s_{ij}^{\max}$ 为线路的传输功率容量。

在上述模型中，式(10-2)和式(10-3)分别表示主系统节点有功和无功潮流约束，式(10-11)和式(10-12)分别表示边界系统系统节点有功和无功潮流约束，式(10-17)和式(10-18)分别从系统的节点有功和无功潮流约束；式(10-4)和式(10-7)表示主系统的支路功率约束，式(10-19)和式(10-22)表示从系统的支路功率约束；式(10-5)和式(10-6)分别表示主系统的发电有功和无功功率约束，式(10-20)和式(10-21)分别表示从系统的发电有功和无功功率约束；式(10-13)和式(10-14)分别表示边界系统注入有功和无功功率约束；式(10-8)和式(10-23)分别表示主系统和从系统的并联补偿电容、电抗的无功功率约束；式(10-9)和式(10-10)分别表示主系统的电压幅值和相角运行约束，式(10-15)和式(10-16)分别表示边界系统的电压幅值和相角运行约束，式(10-24)和式(10-25)分别表示从系统的电压幅值和相角运行约束。而式(10-1)为目标函数，如果以发电成本最优为目标，则式(10-1)中的抽象函数可以具体地表示为

$$c_M = \sum_{i\in M}\left[a_i^M \cdot \left(PG_i^M\right)^2 + b_i^M \cdot PG_i^M + c_i^M\right]$$

$$c_S = \sum_{i\in S}\left[a_i^S \cdot \left(PG_i^S\right)^2 + b_i^S \cdot PG_i^S + c_i^S\right] \quad (10\text{-}29)$$

其中，a_i^M、b_i^M、c_i^M 为接入主系统节点 i 的发电机的成本函数系数；PG_i^M 为该发电机的有功出力；a_i^S、b_i^S、c_i^S 为接入从系统节点 i 的发电机的成本函数系数；PG_i^S 为该发电机的有功出力。

在上述模型中需要注意以下几点。

(1) 上述模型可加入可调负荷模型。如果某些节点的负荷可调，可将它们视为负的可控发电资源加入 TDOPF 模型中[1,2]。

(2) 上述模型中没有考虑变压器分接头档位的调节。如果需要考虑这一因素，可以按照文献[3]和[4]中的方式将变压器分接头档位调节作为连续控制变量加入上述模型中。

(3) 上述 TDOPF 模型中将并联的电容、电抗器的功率视为连续变量，从而使得整个优化模型为连续优化模型，这也是工业现场中经常采用的方式。由于连续

化 OPF 模型是混合整数 OPF 的基础[5-7]，许多求解混合整数 OPF 的算法都基于连续化 OPF 算法，因此前面建立的连续化 TDOPF 模型对含整数的 OPF 问题有借鉴意义。

在上述 TDOPF 模型中引入辅助变量 $P^{BS}=f_{P^{BS}}(V^B,\theta^B,V^S,\theta^S)$ 和 $Q^{BS}=f_{Q^{BS}}(V^B,\theta^B,V^S,\theta^S)$，分别表示由边界系统注入从系统的有功功率和无功功率（亦为发输电系统流向配电系统的有功功率和无功功率），于是上述 TDOPF 模型可以进一步整理为下述形式。

(1) 目标函数：式(10-1)。

(2) 发输电系统运行模型，包括

主系统约束：式(10-2)~式(10-10)。

(由 TCC 管理)边界系统约束，包括式(10-13)~式(10-16)。

$$P^B + f_{P^{MB}}(V^M,\theta^M,V^B,\theta^B) = P^{BS} \tag{10-30}$$

$$Q^B + f_{Q^{MB}}(V^M,\theta^M,V^B,\theta^B) = Q^{BS} \tag{10-31}$$

式中，P 代表边界系统有功潮流平衡约束；Q 代表边界系统无功潮流平衡约束。

(3) 配电系统运行模型，包括以下内容。

从系统约束：式(10-17)~式(10-25)。

(由 DCC 管理)辅助变量约束：

$$P^{BS} = f_{P^{BS}}(V^B,\theta^B,V^S,\theta^S) \tag{10-32}$$

$$Q^{BS} = f_{Q^{BS}}(V^B,\theta^B,V^S,\theta^S) \tag{10-33}$$

为方便论述，进一步引入状态向量 $x^M=[V^M;\theta^M]$、$x^B=[V^B;\theta^B]$、$x^S=[V^S;\theta^S]$，控制向量 $u^M=[\mathrm{PG}^M;\mathrm{QG}^M;\mathrm{QSH}^M]$、$u^B=[P^B;Q^B]$、$u^S=[\mathrm{PG}^S;\mathrm{QG}^S;\mathrm{QSH}^S]$ 和辅助向量 $y^{BS}=[P^{BS};Q^{BS}]$，于是上述模型可以写成如下紧凑形式。

(1) 全局目标函数：

$$\min\ c_M(u^M,u^B,x^M,x^B)+c_S(u^S,x^B,x^S) \tag{10-34}$$

(2) 发输电系统模型约束，包括以下内容。

主系统约束：式(10-2)~式(10-10)，等价为如下抽象紧凑表达形式：

$$f_M(u^M,x^M,x^B)=0 \tag{10-35}$$

$$g_M(u^M,x^M,x^B)\geqslant 0 \tag{10-36}$$

边界系统约束：式(10-11)~式(10-14)、式(10-30)、式(10-31)，等价为如下抽象紧凑形式：

$$f_{MB}\left(u^B, x^M, x^B\right) = y^{BS} \tag{10-37}$$

$$g_B\left(u^B, x^B\right) \geqslant 0 \tag{10-38}$$

(3) 配电系统模型约束，包括以下内容。

从系统约束：式(10-11)~式(10-25)，等价为如下抽象紧凑形式：

$$f_S\left(u^S, x^B, x^S\right) = 0 \tag{10-39}$$

$$g_S\left(u^S, x^B, x^S\right) \geqslant 0 \tag{10-40}$$

辅助向量约束：式(10-32)、式(10-33)，等价为如下抽象紧凑形式：

$$y^{BS} = f_{BS}\left(x^B, x^S\right) \tag{10-41}$$

显然，由式(10-34)~式(10-41)定义的模型是 G-TDCM 的特例，可以使用前面建立的 G-MSS 理论进行分布式求解。为便于后面叙述，将式(10-35)~式(10-38)中由 $\left(u^M, u^B, x^M, x^B, y^{BS}\right)$ 表示的发输电系统可行域定义为 Ω_{trans}，将式(10-39)~式(10-41)中由 $\left(u^M, u^B, x^B, y^{BS}\right)$ 表示的配电系统可行域定义为 Ω_{dist}，于是式(10-34)~式(10-41)中的 TDOPF 模型可以进一步简化为如下形式：

$$\begin{aligned}
\min \quad & c_M\left(u^M, u^B, x^M, x^B\right) + c_S\left(u^S, x^B, x^S\right) \\
\text{s.t.} \quad & \begin{cases} \left(u^M, u^V, x^M, x^B, y^{BS}\right) \in \Omega_{\text{trans}} \\ \left(u^M, u^B, V^B, y^{BS}\right) \in \Omega_{\text{dist}} \end{cases}
\end{aligned} \tag{10-42}$$

10.3 基于 G-MSS 理论的分解算法

10.3.1 TDOPF 模型的最优性条件

为方便论证分解算法的最优性，首先列写式(10-34)~式(10-41)中的 TDOPF 模型的最优性条件。该模型的拉格朗日函数可表示为：

$$\begin{aligned}
L = & c_M + c_S - \lambda_M^{\text{T}} f_M - \omega_M^{\text{T}} g_M - \lambda_{MB}^{\text{T}}\left(f_{MB} - y^{BS}\right) - \omega_B^{\text{T}} g_B \\
& - \lambda_S^{\text{T}} f_S - \omega_S^{\text{T}} g_S - \lambda_{BS}^{\text{T}}\left(y^{BS} - f_{BS}\right)
\end{aligned} \tag{10-43}$$

式中，λ 为等式约束乘子向量；ω 为非负的不等式约束乘子向量；下标标明了乘子所对应的约束。

根据数学规划理论，最优性条件中需包含拉格朗日函数 L 关于各优化变量 $(u^M, x^M, u^B, u^S, x^S, y^{BS}, x^B)$ 的偏导数为零方程，其中关于非耦合变量 $(u^M, x^M, u^B, u^S, x^S)$ 的偏导数为零方程为

$$\frac{\partial L}{\partial u^M} = \frac{\partial c_M}{\partial u^M} - \frac{\partial f_M^{\mathrm{T}}}{\partial u^M}\lambda_M - \frac{\partial g_M^{\mathrm{T}}}{\partial u^M}\omega_M = 0 \tag{10-44}$$

$$\frac{\partial L}{\partial x^M} = \frac{\partial c_M}{\partial x^M} - \frac{\partial f_M^{\mathrm{T}}}{\partial x^M}\lambda_M - \frac{\partial g_M^{\mathrm{T}}}{\partial x^M}\omega_M - \frac{\partial f_{MB}^{\mathrm{T}}}{\partial x^M}\lambda_{MB} = 0 \tag{10-45}$$

$$\frac{\partial L}{\partial u^B} = \frac{\partial c_M}{\partial u^B} - \frac{\partial f_{MB}^{\mathrm{T}}}{\partial u^B}\lambda_{MB} - \frac{\partial g_B^{\mathrm{T}}}{\partial u^B}\omega_B = 0 \tag{10-46}$$

$$\frac{\partial L}{\partial u^S} = \frac{\partial c_S}{\partial u^S} - \frac{\partial f_S^{\mathrm{T}}}{\partial u^S}\lambda_S - \frac{\partial g_S^{\mathrm{T}}}{\partial u^S}\omega_S = 0 \tag{10-47}$$

$$\frac{\partial L}{\partial x^S} = \frac{\partial c_S}{\partial x^S} - \frac{\partial f_S^{\mathrm{T}}}{\partial x^S}\lambda_S - \frac{\partial g_S^{\mathrm{T}}}{\partial x^S}\omega_S + \frac{\partial f_{BS}^{\mathrm{T}}}{\partial x^S}\lambda_{BS} = 0 \tag{10-48}$$

拉格朗日函数 L 关于耦合变量 y^{BS} 的偏导数为零方程为

$$\frac{\partial L}{\partial y^{BS}} = \lambda_{MB} - \lambda_{BS} = 0 \tag{10-49}$$

式(10-49)表明式(10-37)中的约束乘子 λ_{MB} 在最优解处必须等于式(10-41)中的约束乘子 λ_{BS}。

拉格朗日函数 L 关于耦合变量 x^B 的部分为

$$\frac{\partial L}{\partial x^B} = \underbrace{\frac{\partial c_M}{\partial x^B} - \frac{\partial f_M^{\mathrm{T}}}{\partial x^B}\lambda_M - \frac{\partial g_M^{\mathrm{T}}}{\partial x^B}\omega_M - \frac{\partial f_{MB}^{\mathrm{T}}}{\partial x^B}\lambda_{MB} - \frac{\partial g_B^{\mathrm{T}}}{\partial x^B}\omega_B}_{\text{发输电系统目标函数和约束}}$$

$$+ \underbrace{\frac{\partial c_S}{\partial x^B} - \frac{\partial f_S^{\mathrm{T}}}{\partial x^B}\lambda_S - \frac{\partial g_S^{\mathrm{T}}}{\partial x^B}\omega_S + \frac{\partial f_{BS}^{\mathrm{T}}}{\partial x^B}\lambda_{BS}}_{\text{配电系统目标函数和约束}} \tag{10-50}$$

$$= 0$$

于是，式(10-42)中 TDOPF 模型的最优性条件可列写如下。

(1) 偏导数为零方程组：式(10-44)～式(10-50)。

(2) 可行约束：
$$\begin{cases} (u^M, u^B, x^M, x^B, y^{BS}) \in \Omega_{\text{tran}} \\ (u^S, x^B, x^S, y^{BS}) \in \Omega_{\text{dist}} \end{cases} \tag{10-51}$$

(3) 互补约束：
$$\begin{cases} \omega_M^T g_M = 0, \omega_M \geqslant 0 \\ \omega_B^T g_B = 0, \omega_B \geqslant 0 \\ \omega_S^T g_S = 0, \omega_S \geqslant 0 \end{cases}$$

显然，如果分布式算法的收敛解能够满足式(10-51)，并且在所得解的邻域内满足二阶充分条件和严格互补约束条件，那么它就是 TDOPF 问题的局部最优解。

10.3.2 HGD 分解形式

依据 G-MSS 理论，式(10-42)中的 TDOPF 问题可以分解为如下两个迭代求解的子问题：

(1) 发输电最优潮流(transmission optimal power flow，TOPF)子问题：
$$\begin{aligned} \min \quad & c_M(u^M, u^B, x^M, x^B) + c_{\text{axuM}} \\ \text{s.t.} \quad & (u^M, u^B, x^M, x^B) \in \Omega_{\text{tran}}(y_S^{BS}) \end{aligned} \tag{10-52}$$

(2) 配电最优潮流(distribution optimal power flow，DOPF)子问题：
$$\begin{aligned} \min \quad & c_S(u^S, x^S, x_M^B) + c_{\text{axuS}} \\ \text{s.t.} \quad & (u^S, x^S, y^{BS}) \subset \Omega_{\text{dist}}(x_M^B) \end{aligned} \tag{10-53}$$

上述模型中，$\Omega_{\text{tran}}(y_S^{BS})$ 表示 $y^{BS} = y_S^{BS}$ 的发输电系统可行域，其中 y_S^{BS} 由式(10-53)中的 DOPF 子问题解得并发送给 TCC；$\Omega_{\text{dist}}(x_M^B)$ 表示 $x^B = x_M^B$ 时的配电系统可行域，其中 x_M^B 由式(10-52)中的 TOPF 子问题解得并发送给 DCC；$c_S(u^S, x^S, x_M^B)$ 表示 $c_S(u^S, x^B, x^S)$ 中 $x^B = x_M^B$ 时的形式；c_{axuM} 和 c_{axuS} 为两个辅助函数，它们需要满足如下条件：

$$\begin{cases} \dfrac{\partial c_{\text{axuM}}}{\partial u^M} = 0, \quad \dfrac{\partial c_{\text{axuM}}}{\partial x^M} = 0, \quad \dfrac{\partial c_{\text{axuM}}}{\partial u^S} = 0, \quad \dfrac{\partial c_{\text{axuM}}}{\partial x^S} = 0 \\ \dfrac{\partial c_{\text{axuM}}}{\partial u^B} = 0, \quad \dfrac{\partial c_{\text{axuM}}}{\partial x^B} = h_{BS}, \quad \dfrac{\partial c_{\text{axuM}}}{\partial y^{BS}} = 0 \end{cases} \tag{10-54}$$

$$\begin{cases} \dfrac{\partial c_{\text{axuS}}}{\partial u^M}=0, & \dfrac{\partial c_{\text{axuS}}}{\partial x^M}=0, & \dfrac{\partial c_{\text{axuS}}}{\partial u^S}=0, & \dfrac{\partial c_{\text{axuS}}}{\partial x^S}=0 \\ \dfrac{\partial c_{\text{axuS}}}{\partial u^B}=0, & \dfrac{\partial c_{\text{axuS}}}{\partial x^B}=0, & \dfrac{\partial c_{\text{axuM}}}{\partial y^{BS}}=\lambda_{MB} \end{cases} \tag{10-55}$$

式中

$$h_{BS}=\dfrac{\partial c_S}{\partial x^B}-\dfrac{\partial f_S^{\text{T}}}{\partial x^B}\lambda_S-\dfrac{\partial g_S^{\text{T}}}{\partial x^B}\omega_S+\dfrac{\partial f_{BS}^{\text{T}}}{\partial x^B}\lambda_{BS} \tag{10-56}$$

满足式(10-54)～式(10-56)条件的辅助函数 c_{axuM} 和 c_{axuS} 可能并不唯一，本书将它们选取为如下线性函数的形式：

$$\begin{cases} c_{\text{axuM}}\left(x^B\right)=h_{BS}^{\text{T}}x^B \\ c_{\text{axuS}}\left(y^{BS}\right)=\lambda_{MB}^{\text{T}}y^{BS} \end{cases} \tag{10-57}$$

于是，TOPF 子问题变为如下形式：

$$\begin{aligned} \min \quad & c_M\left(u^M,u^B,x^M,x^B\right)+h_{BS}^{\text{T}}x^B \\ \text{s.t.} \quad & \left(u^M,u^B,x^M,x^B\right)\in\Omega_{\text{tran}}(y_S^{BS}) \end{aligned} \tag{10-58}$$

DOPF 子问题变为如下形式：

$$\begin{aligned} \min \quad & c_S\left(u^S,x^S;x_M^B\right)+\lambda_{MB}^{\text{T}}y^{BS} \\ \text{s.t.} \quad & \left(u^S,x^S,y^{BS}\right)\in\Omega_{\text{dist}}(x_M^B) \end{aligned} \tag{10-59}$$

从而可以得到分布式 HGD 算法。

10.3.3 算法步骤

求解 TDOPF 问题的 HGD 算法既可以从 DOPF 子问题启动，也可以从 TOPF 子问题启动。本节以从 DOPF 子问题启动的 HGD 算法为例，给出具体的迭代步骤。

(1) 迭代次数 $q=1$ 初始化 $x_M^B(q)$ 和 $\lambda_{MB}(q)$。设定算法的最大迭代次数为 K，收敛精度为 ε。

(2) 若 $q<K$：①对所有的配电系统，求解式(10-59)中的 DOPF 子问题，并由式(10-56)计算 $h_{BS}(q)$，将 $h_{BS}(q)$ 和 $y^{BS}(q)$ 发送到 TCC；②求解式(10-58)中的 TOPF 子问题，得到 $x_M^B(q+1)$ 和 $\lambda_{MB}(q+1)$；③若 $\left|x_M^B(q+1)-x_M^B(q)\right|<\varepsilon$，且 $\left|\lambda_{MB}(q+1)-\lambda_{MB}(q)\right|<\varepsilon$，那么终止程序；否则，$q=q+1$，发送 $x_M^B(q+1)$ 和

$\lambda_{MB}(q+1)$ 到 DCC。

(3) 结束循环。

由上述算法可见，若边界系统共有 N^B 个节点，则在每次迭代时 TCC 和 DCC 之间只交互 $8N^B$ 个浮点型数据。这种通信量在工业现场通常可以接受[6]。

此外，初始化时可以采取平启动策略，即 x_M^B=1.0，λ_{MB}=0。也可以根据系统实时运行状态为 x_M^B 和 λ_{MB} 设置初值。

值得注意，在某次迭代中，若 x_M^B 中某个根节点电压设置得过高或者过低，DOPF 子问题有可能不可行。此时，可以参考 3.5 节中介绍的对不可行子问题的处理方法，通过在子问题中引入松弛变量或者加入边界状态和边界注入附加约束以保证算法迭代可以继续。

10.3.4 算法进一步讨论

1. 交互变量的计算代价

在上述算法中，x_M^B、y_S^{BS} 和 λ_{MB} 均容易从 TOPF 子问题和 DOPF 子问题的结果中直接获得。下面分析 h_{BS} 的计算代价。

由式(10-56)可知，若目标函数为式(10-29)中的形式，那么 $\frac{\partial c_S}{\partial x^B}=0$，即对于任意配电系统 k，其目标函数关于 x_k^B 的导数为零。

在 $\frac{\partial f_S^T}{\partial x^B}\lambda_S$ 中，易知 f_S 中和 x^B 相关的项仅为配电系统中与根节点直接相连节点的功率方程，所以只需要计算那些节点功率方程的 $\frac{\partial f_S^T}{\partial x^B}$。例如，设节点 a 是配电系统 k 根节点的相邻节点，由 DOPF 子问题解得的电压幅值和电压相角分别为 V_a^S 和 θ_a^S，根节点电压幅值为 V_k^B，那么

$$\frac{\partial P_a^S}{\partial V_k^B}=-V_a^S\left[G_{ak}\cos\left(\theta_a^S-\theta_k^B\right)+B_{ak}\sin\left(\theta_a^B-\theta_k^S\right)\right] \quad (10\text{-}60)$$

在 $\frac{\partial f_{BS}^T}{\partial x^B}\lambda_{BS}$ 中，易知 $\lambda_{BS}=\lambda_{MB}$，而 $\frac{\partial f_{BS}^T}{\partial x^B}$ 就是式(10-32)、式(10-33)中的方程对 x^B 的偏导数。以有功功率为例，对任意配电系统 k，配电系统注入发输电系统的有功功率 P_k^{BS} 关于根节点电压幅值 V_k^B 的偏导数为

$$\frac{\partial P_k^{BS}}{\partial V_k^B}=\sum_{j\in S}V_j^S\left[G_{kj}\cos\left(\theta_k^B-\theta_j^S\right)+B_{kj}\sin\left(\theta_k^B-\theta_j^S\right)\right]-2V_k^B G_{kk} \quad (10\text{-}61)$$

式中，V_j^S、θ_j^S 为配电系统 k 根节点的所有相邻节点 j 的电压幅值和相角。如果配电系统 k 中根节点出现度为 1，λ_{BS} 中有功功率和无功功率节点电价分别为 λ_{pBS} 和 λ_{QBS}，那么

$$\frac{\partial f_{BS}^{\mathrm{T}}}{\partial x^B}\lambda_{BS} = \begin{bmatrix} \lambda_{pBS}\dfrac{\partial P_k^{BS}}{\partial V_k^B} + \lambda_{QBS}\dfrac{\partial Q_k^{BS}}{\partial V_k^B} \\ \lambda_{pBS}\dfrac{\partial P_k^{BS}}{\partial \theta_k^B} + \lambda_{QBS}\dfrac{\partial Q_k^{BS}}{\partial \theta_k^B} \end{bmatrix} \tag{10-62}$$

类似地，在 $\dfrac{\partial g_S^{\mathrm{T}}}{\partial x^B}\omega_S$ 中只需计算和根节点直接相连支路的功率约束函数的偏导数，并且无须计算乘子 $\omega_S=0$（即支路传输功率约束不起作用）的项。

通过以上分析可知，虽然 h_{BS} 的计算略显烦琐，但是其中每一项通过简单的加法和乘法直接算得，并且需要计算的项数有限，因此 h_{BS} 的计算代价并不大。

2. 交互变量的物理意义

首先分析 x_M^B 和 λ_{MB}。易知，x_M^B 中的元素分别代表配电系统根节点的电压幅值和相角，而 λ_{MB} 中的元素分别代表根节点处的有功节点电价和无功节点电价。通常，如果根节点的电压幅值和相角以及有功节点电价、无功节点电价均已知，那么输配界面上的外部信息已知，此时 DCC 就可以独立地制定出配电系统自身的最优运行策略，但是这种策略没有考虑配电系统的运行目标，因此未必是全局最优的。在 DOPF 子问题中引入的辅助目标函数 $c_{\mathrm{axuS}}(y^{BS})\lambda_{MB}^{\mathrm{T}}y^{BS}$ 则体现了发输电系统对配电系统运行状态的影响，同时将配电系统优化所得的 y_S^{BS} 对发输电系统最优值的反作用近似地考虑到了 DOPF 子问题中。因此，通过求解 DOPF 子问题可获得在全局系统角度上更加合理的调度决策。

再分析 y_S^{BS} 和 h_{BS} 的物理意义。易知，y_S^{BS} 中的元素分别代表配电系统根节点注入发输电系统的有功功率和无功功率，h_{BS} 中的元素分别表示 DOPF 子问题的最优值对根节点电压幅值和相角的灵敏度。通常，若配电系统注入发输电系统的功率已知，那么 TCC 就可以确定发输电系统自身的最优运行策略，但是这种策略没有考虑配电系统的运行目标，因此未必是全局最优的。在 TOPF 子问题中引入辅助目标函数 $c_{\mathrm{axuM}}(x^B)h_{BS}^{\mathrm{T}}x^B$，相当于在 TOPF 子问题中加入了发输电系统优化所得的 x^B 对 DOPF 子问题决策的影响，体现了发输电系统最优潮流状态由发输电系统和配电系统共同影响的物理图像，从而可获得在全局系统的角度上更加合理的调度决策[8,9]。

3. 最优性和收敛性分析

首先讨论算法最优性。由 G-MSS 的理论最优性定理可知，若前面建立的面向 TDOPF 模型的 HGD 算法收敛，那么收敛解满足式(10-51)中所列写的 TDOPF 模型的最优性条件。若在所得解的邻域内满足二阶充分条件和严格互补约束，则收敛解为 TDOPF 问题的局部最优解。

此外，由有关 G-MSS 理论收敛性定理可知，在一定的条件下，前面建立的面向 TDOPF 模型的 HGD 算法局部线性收敛。

值得注意，由于最优潮流问题具有较强的非线性和非凸性，分布式算法的迭代次数通常较多。除了根据系统实时运行状态为 x_M^B 和 λ_{MB} 设置更加合理的初值，还可以根据问题的特性以损失部分最优性换取更少的迭代次数，具体如下。

(1) 转变收敛判据。将 10.3.3 节中 HGD 算法的收敛判据转变为 $|x_M^B(q+1)-x_M^B(q)|<\varepsilon$ 和 $|y_S^{BS}(q+1)-y_S^{BS}(q)|<\varepsilon$，即输配界面上的电压和功率是否在两次迭代中足够小。这样做的好处在于：只要输配界面上的电压和功率的失配量满足一定的精度要求就可以提前终止算法，此时将得到一个可行的次优解。

(2) 忽略次要因素。例如，对以式(10-29)为目标函数的 TDOPF 问题，在计算时经常可以发现：输配界面上的有功节点电价可以较快地逼近局部最优解，而无功节点电价经常在非常接近零的范围内反复变化，耗费较多机时。对此，可以在算法中设定舍入阈值，将所有数值小于该阈值的无功节点电价都设为零。虽然在理论上这种做法使计算结果损失了部分最优性，但数值仿真表明这种算法通常对最优值的影响有限(例如，最优值相对变化不超过 10^{-6})，而迭代次数却可以显著下降，甚至一些不容易收敛的系统也可以在 3~7 次迭代后收敛。

(3) 引入罚项。例如，在第 q 次迭代中在 TDOPF 的目标函数中加入和 $|x_M^B-x_M^B(q)|$ 相关的罚项，并设置合适的罚因子，也有助于减少算法迭代次数。

4. 和其他方法的比较

本节将针对 TDOPF 问题具体地讨论 HGD 算法和目前常用分布式最优潮流算法(Biskas 算法与 APP 算法)的区别。这一区别可用图 10-1 的两区域最优潮流问题形象地表示，其中，区域 A 和区域 AA 由公共母线 Bus B 所耦合，而 Bus B 也就是区域 A 和区域 AA 之间的重叠区。

APP 算法本质上是对偶分解类算法。如图 10-1 所示，为实现区域间的解耦，该算法首先在区域 A 和区域 AA 中分别复制 Bus B，形成两个副本 Bus B' 和 Bus B"，其中属于区域 A 的副本为 Bus B'，属于区域 AA 的副本为 Bus B"，于是区域 A 和区域 AA 通过耦合方程 Bus B'=Bus B" 相关联。若松弛该耦合方程，即在 Bus B' 和 Bus B" 上分别接入两个彼此独立的虚拟发电机，则区域 A 和区域 AA 就实现了完全解耦。区域 A 和区域 AA 的控制中心需要分别求解区域内的优化问题,得到 Bus B'、Bus B"上的功率和电压量$\left[(P_{B'},Q_{B'},V_{B'},\theta_{B'})和(P_{B''},Q_{B''},V_{B''},\theta_{B''})\right]$。若所得结果满足耦合方程,则迭代结束;否则将结果传递给第三方(亦可由区域 A 或者区域 AA 的调控中心承担)计算耦合方程的失配量,并以此修正 Bus B'和 Bus B"所接入虚拟发电机的发电成本,如此进行迭代,直到最终的迭代结果满足耦合方程。但是,APP 算法面临参数调节问题,并且在理论上尚没有普遍有效的参数调节策略,若参数调节不当,则算法计算效率欠佳。

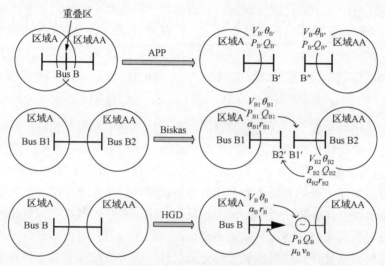

图 10-1 两区域最优潮流问题中 HGD 算法和其他典型分解算法在分解形式上的对比

Biskas 算法是一种 OCD 算法,其计算原理如图 10-1 所示。首先,分别在区域 A 和区域 AA 中引入两个虚拟变量 Bus B2′和 Bus B1′,其中,Bus B2′相当于 Bus B2 的副本,Bus B1′相当于 Bus B1 的副本。显然,如果 Bus B1′和 Bus B2′上的所有状态变量、功率变量和约束乘子均已知(在图 10-1 中分别由$(P_{B1},Q_{B1},V_{B1},\theta_{B1},a_{B1},r_{B1})$和$(P_{B2},Q_{B2},V_{B2},\theta_{B2},a_{B2},r_{B2})$表示),那么区域 A 和区域 AA 的调控中心就可以分布式地求解各自区域内的优化问题,如果两次迭代中各个子问题的结果不再变化,那么就得到了一个收敛解。显然,在这种方法中,区域 A 和区域 AA 所交互的边界信息的类型是一样的,子问题的形式也几乎是相同的,即区域 A 和区域 AA 在物理上被视为地位等同。

在 HGD 算法中,区域 A 和区域 AA 则不再被视为地位等同。在图 10-1 中,区域 A 被视为主系统,区域 AA 视为从系统,主系统确定 Bus B 的电压状态量,从系统确定 Bus B 的功率注入。在确定 Bus B 的电压状态量时从系统被视为 Bus B 的功率注入,在确定 Bus B 的功率注入时主系统被视为 Bus B 处接入的电压源。

因此，区域 A 和区域 AA 所交互的边界信息的类型不同，子问题的形式也有所差别，是一种"异质"的分解过程。

这三种方法均能用来求解 TDOPF 问题，但是数学性质有所差别。在算法最优性方面，HGD 算法和 OCD 算法的收敛解几乎总是局部最优解，但并不能保证全局最优性。在算法收敛性方面，APP 算法对凸优化问题一定收敛，而 OCD 算法和 HGD 算法均具有局部收敛性。在通信代价方面，每次迭代中，HGD 算法中的信息交互最少，APP 算法中的信息交互量最多。10.3.5 节将通过不同规模的算例系统比较这三种方法的最优性和收敛性。

10.3.5 算例分析

在仿真分析中，本书构建了 4 个输配全局系统。

(1) T14D1 系统：发输电系统为 IEEE 14 节点输电系统，配电侧为一个 5 节点配电系统，接在输电系统 10 号节点上，配电系统参数如文献[10]所示。

(2) T14D4 系统：发输电系统为 IEEE 14 节点输电系统，配电侧为三个 5 节点配电系统，一个 6 节点配电系统，分别接在输电系统 10 号、11 号、12 号和 13 号节点上。

(3) T57D10 系统：发输电系统为 IEEE 57 节点输电系统，配电侧为 10 个配电系统，这 10 个配电系统由之前提到的 5 节点配电系统和 6 节点配电系统组成。

(4) T57D14 系统：发输电系统为 IEEE 57 节点输电系统，配电侧为 14 个配电系统，这 14 个配电系统由之前提到的 5 节点配电系统和 6 节点配电系统组成。

首先采用 T14D4 系统进行仿真，比较在同一基态下，TDOPF 模型的优化调度结果和输配独立优化得到的结果(其中，发输电系统的独立优化记为 ITOPF，配电系统的独立优化称为 IDOPF。在 ITOPF 中，认为配电系统负荷功率不可调；IDOPF 中，根节点电压和节点电价不可调控，为基态结果)，优化目标函数选取为式(10-29)的发电费用最小，可控设备为发电机。然后再比较不同系统规模下，APP 算法、OCD 算法和本书所提的 HGD 算法的最优性及收敛性。图 10-2 和表 10-1 分别给出 T14D4 系统的结构图和配电系统侧的分布式电源参数。

1) TDOPF 和 ITOPF 的比较

首先比较当发输电系统发生扰动后，TDOPF 和 ITOPF 分别给出的调度决策结果，以探究 TDOPF 在发输电系统优化调度中的效果。

假设 T14D4 系统的线路 1-5(即从节点 1 到节点 5 的输电线路)开断，开断前线路的视在功率为 68.46 MVA。开断后，分别采用 TDOPF 和 ITOPF 求解系统的最优运行状态，其中 ITOPF 不考虑配电系统的可调分布式电源，TDOPF 同时考虑发输电系统和配电系统的所有可控发电机组。

表 10-2、表 10-3 列出了由 TDOPF 和 ITOPF 算得的优化后发输电线路有功潮

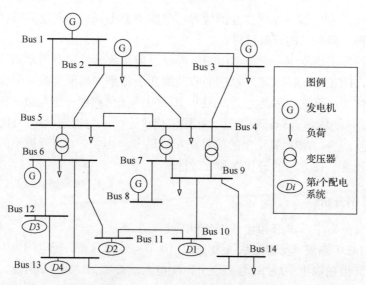

图 10-2 T14D4 系统的结构图

表 10-1 T14D4 系统中配电侧分布式电源参数

分布式电源序号	接入节点	P_{max}/MW	P_{min}/MW	Q_{max}/Mvar	Q_{min}/Mvar	发电费用/美元
#1	D_1 系统 3 号节点	5	0	5	−5	$0.11P^2+5P$
#2	D_2 系统 3 号节点	2	0	2	−2	$0.20P^2+8P$
#3	D_3 系统 3 号节点	2	0	2	−2	$0.20P^2+8P$
#4	D_4 系统 3 号节点	5	0	3	−3	$0.15P^2+7P$
#5	D_4 系统 5 号节点	5	0	3	−3	$0.20P^2+10P$

表 10-2 T14D4 系统优化后的线路有功潮流 （单位：MW）

线路(i-j)	基态	ITOPF	TDOPF	线路(i-j)	基态	ITOPF	TDOPF
1-2	134.92	191.08	187.77	6-11	7.63	7.68	5.86
1-5	68.13	N/A	N/A	6-12	7.57	7.60	4.48
2-3	56.57	61.27	64.68	6-13	18.44	18.48	10.87
2-4	52.13	71.96	68.72	7-8	0.00	0.00	0.00
2-5	39.81	68.03	64.04	7-9	28.95	28.93	24.42
3-4	−9.08	5.54	−1.51	9-10	6.15	6.12	0.83
4-5	−51.93	−18.76	−21.70	9-14	9.97	9.91	8.13
4-7	28.95	28.93	24.42	10-11	−2.43	−2.47	−2.70
4-9	16.67	16.60	14.04	12-13	2.37	2.39	1.33
5-6	44.85	39.06	32.41	13-14	5.11	5.17	6.95

表 10-3 T14D4 系统优化后的线路无功潮流　　　　（单位：Mvar）

线路(i-j)	基态	ITOPF	TDOPF	线路(i-j)	基态	ITOPF	TDOPF
1-2	−6.78	0.00	0.00	6-11	2.13	2.85	1.81
1-5	6.78	N/A	N/A	6-12	0.91	1.01	0.65
2-3	0.49	−0.74	−0.15	6-13	5.33	5.71	3.06
2-4	−0.51	−1.30	−2.47	7-8	−7.99	−13.19	−11.04
2-5	1.54	1.06	−0.12	7-9	1.50	2.29	0.33
3-4	4.35	2.91	2.67	9-10	0.55	−0.16	−1.72
4-5	12.04	11.25	11.57	9-14	2.98	2.53	2.46
4-7	−15.83	−19.67	−20.06	10-11	−2.29	−3.00	−1.82
4-9	−5.39	−6.69	−7.31	12-13	1.08	1.17	0.52
5-6	−17.29	−23.79	−24.03	13-14	2.39	2.86	2.91

流和无功潮流。为便于观察，将 TDOPF 和 ITOPF 结果分别与基态线路潮流相比较，将偏差大于 3MW 和 2Mvar 的 TDOPF、ITOPF 结果在表中分别用粗体字标出。从表中可看出，TDOPF 的最优潮流结果和 ITOPF 的结果显著不同。具体来说，在 TDOPF 优化结果中，靠近主动配电系统的线路功率相比于基态发生了较明显的变化，这表明 TDOPF 不仅调节了发输电系统的发电机，而且通过协同调整了配电系统注入输配界面的功率，实现了更优的全局调度策略。

为进一步观察 TDOPF 如何将原先线路 1-5 上的有功功率进行重新分配，特将 TDOPF 和 ITOPF 结果与基态结果的差值绘制在图 10-3 中，其中正数表示该线路有功功率增加，负数表示该线路的有功功率减少。图 10-3(a) 给出了 ITOPF 的结果，为方便观察，将进行明显调整的线路在图中用点线表示，并用带箭头的粗线标出系统潮流的调整方向。图 10-3(b) 给出了 TDOPF 的结果，为方便观察，将优化前后潮流差异较大的线路在图中用点线表示，并用带箭头的粗线标出潮流调整方向。由图 10-3 可见，由于 ITOPF 不考虑配电系统分布式电源的可调能力，它主要通过调整发输电侧发电机出力得到新的优化潮流解，这在图 10-3(a) 中表现为只有和发电机相连的若干条线路的有功功率发生了明显变化，并且输配界面的负荷功率仍等于基态。TDOPF 所给出的调度方案不仅调节了发输电系统的发电机，而且通过优化配电侧分布式电源出力调整了从系统注入输配界面的负荷功率。具体来说，线路 1-5 在基态下向系统的受端输送了 68.13MW 的有功功率，而当它开断后，配电系统通过调节分布式电源出力，在输配界面上"主动"减少了从发输电系统吸收的有功功率，减轻了发输电系统在线路开断后从送端向受端输送功率的负担，不仅提高了系统运行的经济性，而且有助于提高系统运行的安全性(因为发电侧其余送电线路的有功增量减少，越界风险随之减少)，是更合理的调度方案。

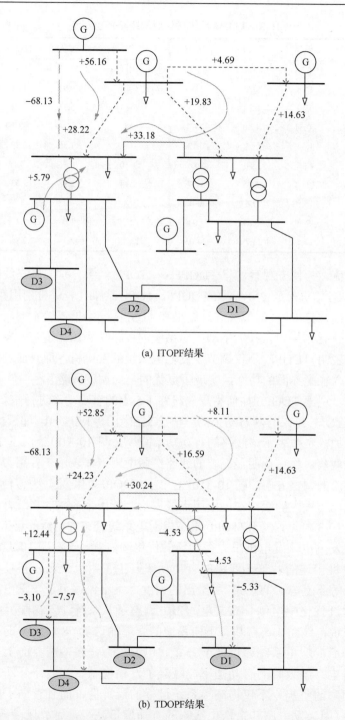

图 10-3 T14D4 系统中线路 1-5 开断后，ITOPF 和 TDOPF 结果与基态解相比，线路有功功率的变化量示意图(单位：MW)

为进一步验证 TDOPF 结果的经济性，图 10-4 给出了 TDOPF 和 ITOPF 中发输电系统各个发电机优化后的有功出力、目标值，其中记号 TGen 表示发输电系统发电机。由图 10-4 可见，TDOPF 的目标值比 ITOPF 下降了约 10%，边际发电成本更高的 4 号机组不再调用，这表明 TDOPF 有助于提高发输电系统运行的经济性。

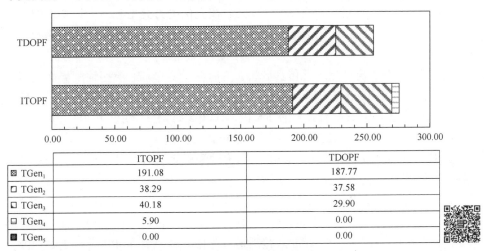

图 10-4 T14D4 系统中，发输电系统发电机优化后有功出力和
TDOPF 与 ITOPF 的目标值（彩图请扫二维码）

图 10-5 比较了 TDOPF 和 ITOPF 给出的发输电系统有功节点电价，其中 Bus#1 表示发输电系统的 1 号节点。从图 10-5 可见，由于 TDOPF 更合理地调用了全系统的发电资源，尤其是边际成本较低的分布式电源，因此各个节点的节点电价比 ITOPF 更低，这表明 TDOPF 也有助于提高电力系统中用户的经济效益。

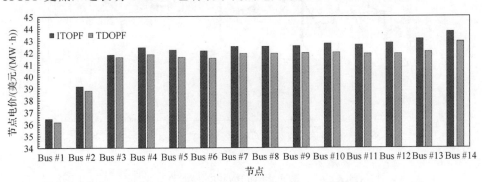

图 10-5 T14D4 系统中，有功节点电价比较

2) TDOPF 和 IDOPF 的比较

下面比较 TDOPF 和 IDOPF 在解决配电过电压问题上的效果。

随着分布式电源的广泛接入，配电系统面临的一个重大挑战就是分布式电源出力的突然增高(可能是由气象变化等原因造成)而带来的过电压问题。如果配电系统根节点电压设定不合理，那么极端情况下 DCC 只能通过弃掉部分的光伏或风电出力来解决过电压问题，但这会导致可再生能源浪费，降低系统运行的经济性。在 TDOPF 模式中，通过协同 TCC 和 DCC，在光伏出力突增时适当调整输配界面的节点电压，就有可能以更少的弃风弃光代价，甚至零弃风弃光代价解决配电过电压问题。

采用 T14D4 系统对此进行仿真分析。在基态下，$D_1 \sim D_4$ 所在输配界面的根节点电压分别为 1.0385p.u.、1.0425p.u.、1.0436p.u.和 1.0399p.u.。假设某一时刻所有分布式电源的出力均增长为原先的 1.5 倍，比较此时由 TDOPF 和 IDOPF 给出的优化调度策略，其中 IDOPF 控制手段为分布式电源出力。

图 10-6 比较了 TDOPF 和 IDOPF 所给出的配电系统各个节点优化后的节点电压幅值，其中 D1-1 表示配电系统 D1 的 1 号节点(也就是输配界面节点)。由图 10-6 可见，TDOPF 所给出节点电压幅值普遍低于 IDOPF 的结果，并且只有 D_4 系统中的 5 号节点搭上限。但是在 IDOPF 中，有两个节点电压已经搭上限，并且还有多于 10 个节点的电压高于 1.04p.u.，接近运行上限。显然 TDOPF 可以更好地改善配电过电压问题，而究其根源，这是由于输配界面的节点电压在 TDOPF 中随分布式电源出力变化进行了调整。为便于观察，在图 10-6 中用黑色箭头标出了输配界面节点电压的调整量，显然，通过输配协同，TCC 有针对性地下调输配界面节点电压，为 DCC 的调整留下更大空间。

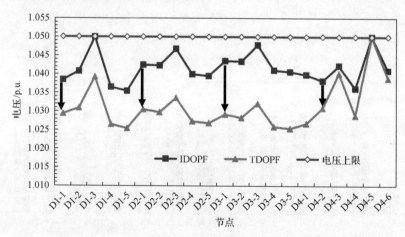

图 10-6 T14D4 系统中，TDOPF 和 IDOPF 分别给出的配电系统节点电压

在 TDOPF 中，输配界面节点电压随分布式电源出力变化进行了适当调整，DCC 无须大量弃风或者弃光便可将配电节点电压控制在运行范围内。图 10-7 给出了 TDOPF 和 IDOPF 在分布式电源弃风/弃光量上的比较。由图 10-7 可见，IDOPF

中存在弃风\弃光，TDOPF 中零弃风\弃光。如果系统中接入的分布式电源的容量增长 20%，那么 IDOPF 中将会产生 6MW 的弃风/弃光量，其数值将占据所有分布式电源装机容量的 10%左右。而在 TDOPF 中，依然是零弃风/弃光。这表明 TDOPF 有助于配电系统接入并有效利用更多的分布式发电资源。

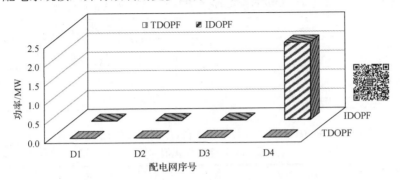

图 10-7 T14D4 系统中，TDOPF 和 IDOPF 的弃风/弃光量比较（彩图请扫二维码）

此外，在现有输配独立调度模式中，由于 TCC 和 DCC 独立制定各自系统的调度策略，二者的调度策略在输配界面上有可能产生严重的功率失配，违背了全局电力系统功率平衡约束。图 10-8 给出了 TDOPF 和 IDOPF 的调度策略在输配界面上的功率失配量比较。由于 TCC 和 DCC 缺乏协同，在 IDOPF 中，配电系统 D4 在输配界面上的失配量将达到 6.67MV·A。由于输配之间进行了有效协同，TDOPF 中输配界面上功率失配量为零。

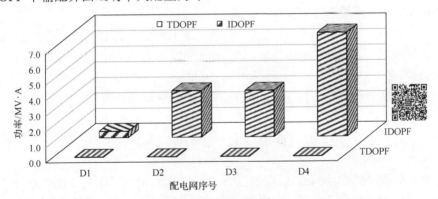

图 10-8 T14D4 系统中，TDOPF 和 IDOPF 在输配界面上的功率失配量比较（彩图请扫二维码）

3）几种典型算法的计算结果比较

本节对 T14D1、T14D4、T57D10 和 T57D14 等系统进行仿真，比较 HGD 算法、APP 算法和 Biskas 型 OCD 算法的最优性与收敛性。其中，APP 算法根据文献[11]编制，参数调节策略采纳文献[12]所给出的经验公式，而 OCD 算法根据文献[13]编制。所有算法的收敛精度都选取为 10^{-4}。为验证各算法所得结果的最优性，采用半正定松弛算法[14,15]直接求解式(10-41)中 TDOPF 模型的全局最优值。各个算法收敛所需的迭代次数和收敛时的最优值分别如表 10-4、表 10-5 所示，其中以 N/A 表示算法计算失败。

表 10-4 HGD 算法、APP 算法和 OCD 算法在不同系统中的迭代次数（单位：次）

仿真系统	子系统个数	HGD 算法	APP 算法	OCD 算法
T14D1	2	7	35	30
T14D4	5	22	99	57
T57D10	11	21	31	N/A
T57D14	15	37	46	N/A

表 10-5 HGD 算法、APP 算法和 OCD 算法在不同系统中的目标值和全局最优值对比（单位：美元）

仿真系统	HGD 算法	APP 算法	OCD 算法	全局最优值
T14D1	7915.99	7915.96	7915.58	7915.99
T14D4	7564.23	7564.21	7564.94	7564.23
T57D10	39831.33	39830.57	N/A	39831.33
T57D14	39815.65	39814.87	N/A	39815.65

在表 10-4 中，对于每个测试系统，显然，本书所提出的 HGD 算法在这些测试中均具有最少的迭代次数。在文献[12]的参数调节策略下，APP 算法只是在 T14D4 系统上收敛较慢，在其他系统的收敛速度尚可。而 OCD 类算法在 T57D10 系统和 T57D14 系统上计算失败。

在表 10-5 中，对每个测试系统，显然，本书所提出的 HGD 算法在这些测试中总能够收敛到 TDOPF 的最优值，而 APP 算法和 OCD 类算法与最优值总存在一定误差。

这些测试表明本文所提出 HGD 算法对 TDOPF 问题具有较高的求解效率。

10.4 本章小结

本章研究了输配协同最优潮流问题，基于文献[16]、[17]，在 G-TDCM 基础上，建立了 TDOPF 模型。基于 G-MSS 理论设计了面向 TDOPF 模型的分布式 HGD 算法[18]，论证了 HGD 算法的最优性和收敛性；然后，比较了 HGD 算法和现有多区域分布式优化算法在分解形式上的差别；最后，通过对不同规模系统的数值仿真，定量地分析了 TDOPF 模型在缓解发输电系统的线路拥塞、解除配电过电压、减少分布式电源弃风/弃光等方面的效益，证明了所提出的分布式 HGD 算法对 TDOPF 问题具有较高的求解效率。

参 考 文 献

[1] Sun H B, Guo Q L, Zhang B M, et al. Master-slave-splitting based distributed global power flow method for integrated transmission and distribution analysis[J]. IEEE Transactions on Smart Grid, 2015, 6(3): 1484-1492.

[2] 孙宏斌, 郭烨, 张伯明. 含环状配电网的输配电全局潮流分布式计算[J]. 电力系统自动化, 2008, 32(13): 11-15.

[3] Sun D, Ashley B, Brewer B, et al. Optimal power flow by Newton approach[J]. IEEE Transactions on Power Apparatusand Systems, 1984, PAS-103(10): 2864-2880.

[4] Capitanescu F, Glavic M, Ernst D, et al. Interior-point based algorithms for the solution of optimal power flow problems[J]. Electric Power SystemsResearch, 2007, 77(5-6): 508-517.

[5] Liu W, Papalexopoulos A, Tinney W. Discrete shunt controls in a newton optimal power flow[J]. IEEE Transactions on Power Systems, 1992, 7(4): 1509-1518.

[6] Lin S, Ho Y C, Lin C. An ordinal optimization theory-based algorithm for solving the optimal power flow problem with discrete control variables[J]. IEEE Transactions on Power Systems, 2004, 19(1): 276-286.

[7] Capitanescu F, Wehenkel L. Sensitivity-based approaches for handling discrete variables in optimal power flow computations[J]. IEEE Transactions on Power Systems, 2010, 25(4): 1780-1789.

[8] 孙宏斌, 张伯明, 吴文传, 等. 自律协同的智能电网能量管理系统家族: 概念、体系架构和示例[J]. 电力系统自动化, 2014, 38(9): 1-5.

[9] Yang T, Sun H B, Bose A. Transition to a two-level linear state estimator-Part I: Architecture[J]. IEEE Transactions on Power Systems, 2011, 26(1): 46-53.

[10] Civanlar S, Grainger J J, Yin H, et al. Distribution feeder reconfiguration for loss reduction[J]. IEEE Transactions on Power Delivery, 1988, 3(3): 1217-1223.

[11] Kim B H, Baldick R. Coarse-grained distributed optimal power flow[J]. IEEE Transactions on Power Systems, 1997, 12(2): 932-939.

[12] Hur D, Park J K, Kim B H. Evaluation of convergence rate in the auxiliary problem principle for distributed optimal power flow[J]. IEE Proceedings-Generation, Transmission and Distribution, 2002, 149(5): 525-532.

[13] Biskas P N, Bakirtzis A G. Decentralised OPF of large multiarea power systems[J]. IEE Proceedings-Generation, Transmission and Distribution, 2006, 153(1): 99-105.

[14] Low S H. Convex relaxation of optimal power flow - Part I: Formulations and equivalence[J]. IEEE Transactions on Control of Network Systems, 2014, 1(1): 15-27.

[15] Low S H. Convex relaxation of optimal power flow-Part II: Exactness[J]. IEEE Transactions on Control of Network System, 2014, 1(2): 177-189.

[16] Li Z S, Shahidehpour M, Wu W, et al. Decentralized multi-area robust generation unit and tie-line scheduling under wind power uncertainty[J]. IEEE Transactions on Sustainable Energy, 2015, 6(4): 1377-1388.

[17] Li Z S, Guo Q L, Sun H B, et al. A new LMP-sensitivity-based heterogeneous decomposition for transmission and distribution coordinated economic dispatch[J]. IEEE Transactions on Smart Grid, 2018, 9(2): 931-941.

[18] Li Z S, Guo Q L, Sun H B, et al. Coordinated transmission and distribution AC optimal power flow[J]. IEEE Transactions on Smart Grid, 2018, 9(3): 1228-1240.

附录 A 配电状态估计子问题算法

在主从分裂的框架下，可将全局状态估计问题分解成发输电状态估计和配电状态估计两个子问题。本附录将介绍配电状态估计子问题的解法(为了突出本部分重点，简化研究，配电状态估计中不考虑电流幅值量测，但应当指出，在将要介绍的配电估计算法中，考虑电流幅值量测并不困难，其方法与文献[1]类似)。

为了保证配电状态估计有良好的计算性能，本附录将充分利用配电网络辐射状的特点，采用基于量测变换的特殊的状态估计方法，方法中主要解决了以下两个问题：①状态量的选取；②量测变换的方法。

方法中以支路功率作为状态量，将各种功率量测变换为状态量的线性函数，简化了配电状态估计的求解，并称其为基于支路功率的配电状态估计方法，简称为支路功率法。为便于比较，文献[1]的基于支路电流的配电状态估计方法简称为支路电流法。

为了指导配电状态估计算法的构造和分析，下面首先提出系统化的量测变换方法及其分析理论。

A.1 系统化的量测变换方法及其分析理论

一般的量测函数均为非线性函数，在允许的精度范围内，采用量测变换方法，将实际的量测量变换成与其等值的新的量测量，若新的量测量的量测函数为线性函数，则变换后的状态估计问题的求解将变得十分容易，计算效率将会有突破性的提高，在这方面做得比较成功的例子有不少[1-4]。

总结前人文献，量测变换公式可系统化地表达成如下仿射形式：

$$Z' = A(x) \cdot Z + B(x) \tag{A-1}$$

式中，Z' 为变换后的新的等值量测；Z 为实际的量测；$A(x)$、$B(x)$ 分别为量测变换系数矩阵和矢量，它们中的元素均可以是状态量 x 的函数。

假设等值量测 Z' 的量测函数 $h'(x)$ 是线性函数，即有

$$h'(x) = A'x + B' \tag{A-2}$$

式中，A'、B' 分别为常矩阵和常矢量。则状态估计原问题：

$$H^T(x)W[Z - h(x)] = 0 \tag{A-3}$$

的求解有映射分裂迭代法：

$$x^{(k+1)} = (G')^{-1}(A')^\mathrm{T} W'[Z'(x^{(k)}) - B'] \quad \text{(A-4)}$$

式中，k 为迭代步标记；$G'(=A'^\mathrm{T} W' A')$ 为量测变换下的定常信息阵；W' 为等值量测 Z' 的权系数阵，其计算公式为

$$W' = [A^{-1}(\hat{x})]^\mathrm{T} \cdot W \cdot A^{-1}(\hat{x}) \quad \text{(A-5)}$$

其中，$\hat{x}$ 为状态估计原问题的精确解。一般来说，W' 无法准确给出，而是根据人工估计状态量 $\hat{x}$，进一步由式(A-5)估计 W'。

式(A-4)是各种文献量测变换后普遍采用的迭代算法的系统化的表达，由它迭代求得的解 $\hat{x}'$ 被当作状态估计原问题(A-3)的解 $\hat{x}$。

从式(A-4)可以看到，由于信息阵 G' 为常数阵，从而使计算效率得到了很大的提高，而且算法简单，便于实现。

以上量测变换方法在数学上严格成立的充分条件是：①W' 可以精确地给出；②且 $C'(\hat{x}') = 0$。其中，

$$C'(\hat{x}') = \left[\frac{\partial Z'(\hat{x}')}{\partial x} \right]^\mathrm{T} W'[Z'(\hat{x}') - h'(\hat{x}')] \quad \text{(A-6)}$$

以上充分条件通常是不能严格满足的，只能追求近似成立，以下给出量测变换方法可行的两个前提：①W' 可以比较准确地估计出；②$\| C'(\hat{x}') \| < \varepsilon$，$\varepsilon$ 是一个小正数。

针对这两个可行性前提，讨论如下。

(1) 这两个可行性前提可用于分析形如式(A-1)的具体量测变换方法的可行性和精度。

(2) 对实际的状态估计问题，若 W' 中与状态量 x 有关的相关项均由电压幅值 $V(\approx 1.0 \text{p.u.})$、$\sin\theta_{ij}(\approx 0.0)$、$\cos\theta_{ij}(\approx 1.0)$ 或者配电系统中负荷的功率因数 $\cos\varphi$ 等组成，其中 θ_{ij} 是支路两端节点电压角度差，则 W' 一般可以比较准确地估计出，前提①即能得到满足。

(3) 由式(A-2)和迭代式(A-4)可知，必有等式：

$$A'^\mathrm{T} W'[Z'(\hat{x}') - h'(\hat{x}')] = 0 \quad \text{(A-7)}$$

成立，将式(A-7)与 $C'(\hat{x}')$ 的定义式(A-6)相比较，可知：对良态的状态估计问题，若 $\dfrac{\partial Z'(\hat{x}')}{\partial x}$ 中的元素值相对于 A' 中的元素值而言小得可以忽略，也即

$$\left\|\frac{\partial Z'(\hat{x}')}{\partial x}\right\| << \|A'\| \tag{A-8}$$

则前提②是能得到满足的。

(4) 注意到迭代法(式(A-4))是一种求解非线性方程组的映射分裂法,当满足式(A-4)时,有 $\left\|\dfrac{\partial Z'(\hat{x}')}{\partial x}\right\|$ 很小,式(A-4)右手项的数值在迭代过程中变化不大,由映射分裂理论可知,这时式(A-4)的收敛性一般是有保证的。

总之,状态估计问题追求十分严格的最优性,并无明显的效益和必要性,因此,只要前述两个可行性前提均能满意地成立,则量测变换法无可厚非,其求解精度和计算效率高,且收敛性好。

A.2 参考电压和状态变量的选取

考虑到配电变电站母线均有精度较高的电压量测以及全局状态估计总体算法的要求,本节取配电根节点电压作为配电状态估计的参考电压。

传统的状态估计方法中将节点电压当作状态变量[5,6]。但在辐射状配电系统中,待求电压的节点数与支路数相等,支路电流法利用该特点取用支路复电流作为状态变量。

本章则取用支路父端功率矢量 $[P_l \quad Q_l]^T$ 作为状态量。辐射状配电系统如图A-1 所示,图中,r 节点为配电系统根节点,k、i 节点互为父子节点,支路父节点端简称为支路父端,支路子节点端简称为支路子端。一旦 $[P_l \quad Q_l]^T$ 可估计得到,根据根节点参考电压,通过一次类似于配电潮流计算的回推计算,即可求得配电系统的电压分布。

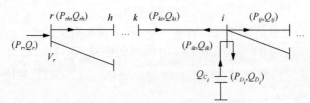

图 A-1 辐射状配电系统示意

A.3 量 测 变 换

倘若配电系统中的所有量测均是状态量 $[P_l \quad Q_l]^T$ 的线性函数,则配电状态估计将变得十分简单。根据这一想法,本节采用所提出的系统化的量测变换方法来开发有特色的配电状态估计算法。

实际的功率量测 Z(包括实时功率量测和负荷预报得到的负荷功率伪量测)均被变换成对应的等值量测 Z'，变换公式如下。

(1) 支路父端功率量测：

$$(P_{ki}^m)' = P_{ki}^m \tag{A-9a}$$

$$(Q_{ki}^m)' = Q_{ki}^m \tag{A-9b}$$

(2) 支路子端功率量测：

$$(P_{ik}^m)' = P_{ik}^m - \mathrm{PL}_{ki}(P_l, Q_l) \tag{A-9c}$$

$$(Q_{ik}^m)' = Q_{ik}^m - \mathrm{QL}_{ki}(P_l, Q_l) \tag{A-9d}$$

(3) 负荷功率量测：

$$(P_{D_i}^m)' = P_{D_i}^m + \mathrm{PL}_{ki}(P_l, Q_l) \tag{A-9e}$$

$$(Q_{D_i}^m)' = Q_{D_i}^m + \mathrm{QL}_{ki}(P_l, Q_l) - Q_{C_i}(P_l, Q_l) \tag{A-9f}$$

(4) 根节点注入量测：

$$(P_r^m)' = P_r^m \tag{A-9g}$$

$$(Q_r^m)' = Q_r^m \tag{A-9h}$$

由于在支路子端功率中考虑了支路网损 $(\mathrm{PL}_{ki}, \mathrm{QL}_{ki})$，在负荷功率中还考虑了并联电容器的注入无功 Q_{C_i}，变换后的等值功率量测将是支路父端功率矢量 $[P_l \quad Q_l]^\mathrm{T}$ 的线性函数。

注意，这里的量测变换允许取用单 P 或单 Q 量测，而支路电流法则不行。

A.4 量 测 函 数

以支路父端功率矢量 $[P_l \quad Q_l]^\mathrm{T}$ 作为状态量，经量测变换后的等值量测 Z' 的量测函数 h' 分别如下。

(1) 支路父端功率等值量测：

$$h'_{P_{ki}} = P_{ki} \tag{A-10a}$$

$$h'_{Q_{ki}} = Q_{ki} \tag{A-10b}$$

(2) 支路子端功率等值量测：

$$h'_{P_{ik}} = -P_{ki} \tag{A-10c}$$

$$h'_{Q_{ik}} = -Q_{ki} \tag{A-10d}$$

负荷功率等值量测：

$$h'_{P_{D_i}} = P_{ki} - \sum_{j \in C_i} P_{ij} \tag{A-10e}$$

$$h'_{Q_{D_i}} = Q_{ki} - \sum_{j \in C_i} Q_{ij} \tag{A-10f}$$

(3) 根节点注入等值量测：

$$h'_{P_r} = \sum_{h \in C_r} P_{rh} \tag{A-10g}$$

$$h'_{Q_r} = \sum_{h \in C_r} Q_{rh} \tag{A-10h}$$

式中，C_i 和 C_r 分别是由节点 i 和节点 r 的子节点所组成的节点集。

A.5　算　法　表　达

考察式(A-10)可知，经量测变换后，等值量测的量测函数均为状态量 $[P_l \quad Q_l]^T$ 的线性函数，而且有功类量测仅与有功状态量 P_l 有关，而无功类量测也只与无功状态量 Q_l 有关，可表达为

$$\begin{cases} h'_P(P_l) = A'_P \cdot P_l \\ h'_Q(Q_l) = A'_Q \cdot Q_l \end{cases} \tag{A-11}$$

式中，系数矩阵 A'_P 和 A'_Q 均为由 1、–1 和 0 三种元素组成的常数阵，其中零元素占了绝大部分。当功率量测成对出现时，必有

$$A'_P = A'_Q \left\| \frac{\partial Z'(\hat{x}')}{\partial x} \right\| << \|A'\| \tag{A-12}$$

与式(A-2)相比，式(A-11)中的常数项 $B' = 0$；另外，由式(A-9)可知，对应于式(A-1)中的量测变换系数阵 $A(x)$ 为单位阵，因此，由式(A-5)可知，等值量测 Z' 的权系数阵 W' 将严格等于实际量测的权系数阵 W，对有功量测和无功量测，且有功量测和无功量测分别对应于权系矩阵 W_P 和 W_Q。显然，有功量测、无功量测的权系数允许不同，这要优越于支路电流法。进一步，由式(A-4)可得配电状态

估计支路功率法的迭代公式：

$$\begin{cases} P_l^{(k+1)} = (G_P')^{-1} \cdot (A_P')^\mathrm{T} \cdot W_P \cdot Z_P'(P_l^{(k)}, Q_l^{(k)}) \\ Q_l^{(k+1)} = (G_Q')^{-1} \cdot (A_Q')^\mathrm{T} \cdot W_Q \cdot Z_Q'(P_l^{(k)}, Q_l^{(k)}) \end{cases} \quad \text{(A-13)}$$

式中，信息阵为

$$\begin{cases} G_P' = (A_P')^\mathrm{T} \cdot W_P \cdot A_P' \\ G_Q' = (A_Q')^\mathrm{T} \cdot W_Q \cdot A_Q' \end{cases} \quad \text{(A-14)}$$

Z_P' 和 Z_Q' 分别为有功类和无功类等值量测，其计算式见量测变换公式（式(8-25)）。

以下直接给出配电状态估计支路功率法的基本步骤。

(1) 配电状态估计初始化，包括量测 Jacobi 阵 A_P' 和 A_Q' 的形成，信息阵 G_P' 和 G_Q' 的形成与因子分解，配电系统节点电压赋初值 $\dot{V}^{(0)}$，其中电压幅值取根节点电压量测值，支路父端功率初值 $[P_l^{(0)} \quad Q_l^{(0)}]^\mathrm{T}$ 赋为零，$k=0$。

(2) 给定状态量 $[P_l^{(k)} \quad Q_l^{(k)}]^\mathrm{T}$ 和节点电压 $\dot{V}^{(k)}$，根据式(8-25)实现量测的变换。

(3) 利用变换得的等值量测，由式(8-20)估计得支路父端功率 $[P_l^{(k+1)} \quad Q_l^{(k+1)}]^\mathrm{T}$。

(4) 给定 $[P_l^{(k+1)} \quad Q_l^{(k+1)}]^\mathrm{T}$，从根节点出发，通过一次回推计算，求得节点电压 $\dot{V}^{(k+1)}$。

(5) 判断相邻两次迭代中电压差的模分量的最大值 $\max_i |\Delta \dot{V}_i|$ 是否小于给定的收敛指标 ε，若是，停止计算；否则，$k=k+1$，转步骤(2)。

A.6 一些讨论

综上所述，配电状态估计的支路功率法是一种典型的量测变换法，针对该算法，讨论如下。

(1) 首先考察量测变换方法可行性的两个前提。显然，前提①是严格成立的，因为在这里，等值量测 Z' 的权系数阵 W' 严格等于实际量测的权系数阵 W；对前提②，考察量测变换式(A-9)，不难发现，Jacobi 阵 $\frac{\partial Z'}{\partial x}$ 中，对应于支路父端功率等值量测、根节点注入等值量测的元素均为零值，而对应于支路子端功率等值量测或负荷功率等值量测的元素也只是某一条馈线支路网损（PL_{ki}，QL_{ki}）或并联电容器的注入无功 Q_{C_i} 对于支路功率的偏导数，其数值与对应的量测 Jacobi 阵 A_P' 和 A_Q' 中的元素值（–1 或 1）相比，小得可以忽略不计，即满足式(A-8)，前提②通常是可以满足的。这决定了本章算法将有满意的精度和良好的收敛性。

(2) 与支路电流法相比,本章算法在满足量测变换法可行性的两个前提方面均较优越。支路电流法中,W' 是节点电压幅值的函数阵,前提①只是近似成立,而且这种近似成立还是在功率量测成对出现且对应的功率对的有功、无功权系数相等的前提下才获得的,在计算精度和对量测配置的适应性上均不如本章算法好;另外,支路电流法中,量测变换与复电压直接有关,Jacobi 阵 $\dfrac{\partial Z'}{\partial x}$ 的数值相对较大,收敛性不如本章节算法好。

(3) 本章算法的信息阵为常数阵,有功、无功的迭代方程解耦,计算效率很高,编程也十分容易,另外,与支路电流法类似,由于信息阵 G'_P 和 G'_Q 与支路阻抗参数无关,算法的数值条件好,这对短线路多的配电系统是十分有吸引力的。

A.7 配电状态估计的算例分析

本节根据前面提出的支路功率法,用 C 语言编制了配电状态估计程序,为了便于算法比较,同时还实现了文献[1]所提出的支路电流法。

本章介绍的所有的状态估计的计算,统一采用文献[6]所提出的方法来进行量测模拟,其中,量测值由程序自动生成,它以潮流计算结果作为量测真值,再加上量测误差而形成,量测误差是均值为零的随机误差,其标准差与量测值和满刻度均有关系,量测权系数由程序自动取值为量测误差的方差的倒数。

本章利用算例对支路功率法和支路电流法的算法性能进行了比较。在支路电流法的计算中,成对出现的 (P, Q) 量测无法采用不同的权系数,但是由量测模拟自动产生的权系数中,(P, Q) 量测对的系数却不一定一致,因此,在支路电流法的算例试验中,所有 Q 量测的权系数统一取为对应 P 量测的权系数。表 A-1 给出了两种算法的算例结果,其中 $J(\hat{x})$、$J_P(\hat{x})$ 和 $J_Q(\hat{x})$ 分别为状态估计结果中所有量测、有功类量测和无功类量测的残差的加权平方和,在量测残差加权平方和的统计中,所有量测权系数均严格取值为量测模拟中自动形成的权系数。

表 A-1 配电状态估计两种不同算法的性能比较

系统名	支路功率法				支路电流法			
	迭代次数/次	$J(\hat{x})$	$J_P(\hat{x})$	$J_Q(\hat{x})$	迭代次数/次	$J(\hat{x})$	$J_P(\hat{x})$	$J_Q(\hat{x})$
C	4	5.4	2.4	3.0	5	5.9	2.4	3.5
E	3	53.7	26.7	27.0	4	54.9	26.7	28.2
C'	3	5.8	2.4	3.4	4	6.8	2.4	4.5
E'	3	53.7	26.7	27.0	4	55.7	26.7	29.0

由表 A-1 可知,支路功率法的 $J_Q(\hat{x})$ 相对要小,这说明支路功率法的无功估计精度高于支路电流法,这是支路电流法无法适应(P,Q)量测对的不同精度所导致的,由此可知,支路电流法更无法适应单 P 量测或单 Q 量测的情形,因此,本节的支路功率法在对量测类型和不同精度量测的适应性上具有明显的优势。

必须指出,以上算例是在正常的量测模拟下进行的,支路电流法和支路功率法的精度相差不很显著,但在实际的系统中,一般而言,无功潮流量测的精度较低,而与有功潮流量测的精度有较大的差异,这时,支路功率法在估计精度方面的优势将更为明显。

另外,由表 A-1 可知,支路功率法的迭代次数较少,收敛性较好,考虑到两种算法每步迭代的中央处理器(central processing unit,CPU)时间相当,因此支路功率法的计算效率要高于支路电流法。

表 A-2 进一步给出了七个算例系统采用支路功率法进行配电状态估计的概况,表中 $J(x)$ 和 $J(\hat{x})$ 分别是利用量测误差和量测残差统计出来的状态估计目标函数值,表中各栏在括号内给出的是多馈线配电系统中各馈线的数据,下同。

表 A-2 支路功率法配电状态估计概况

系统名		A	B	C	D	E	D'	E'
量测冗余度		(1.5,1.4,1.5)	1.3	1.4	(1.3,1.3,1.3,1.4,1.0)	1.2	(1.3,1.3,1.3,1.4,1.0)	1.2
$J(x)$		(5.1,5.9,5.1)	4.6	1.0	(7.6,4.2,7.6,11.8,9.3,0.8)	7.5	(7.6,4.2,7.6,11.8,9.3,0.8)	67.5
迭代次数		(3,3,3)	3	4	(2,2,3,3,3,2)	3	(2,2,3,3,3,2)	3
$J(\hat{x})$		(3.5,4.9,2.7)	6.5	.4	(5.6,2.2,5.2,8.3,6.1,0.0)	3.7	(5.6,2.2,5.2,8.3,6.1,0.0)	53.7
CPU 时间/ms	初始化	0.7	.7	.5	2.4	1.8	2.4	21.8
	迭代	1.8	.9	.5	5.0	1.7	5.2	11.8
收敛精度:0.0001p.u.					所用机型:SUN SPARC 10 型工作站			

由表 A-2 可知,支路功率法配电状态估计的收敛速度非常快,一般只需迭代 3 次即可收敛,计算速度快,计算精度高,完全能满足实时应用的要求,进一步为全局状态估计的高效计算提供了必要条件。

参 考 文 献

[1] Baran M E, Kelley A W. A branch-current-based state estimation method for distribution systems[J]. IEEE Transactions on Power Systems, 1995, 10(1): 483-491.

[2] Dopazo J F, Klitin O A, Stagg G W, et al. State calculation of power systems from line flow measurements[J]. IEEE Transactions on Power Apparatus & Systems, 1972, 89(7): 1698-1708.

[3] Dopazo J F, Klitin O A, Vanslyck L S. State calculation of power systems from line flow measurements, Part II[J]. IEEE Transactions on Power Apparatus & Systems, 1972, 91(1): 145-151.

[4] Lu C N, Teng J H, Liu W H E. Distribution system state estimation[J]. IEEE Transactions on Power Systems, 1995, 10(1): 229-240.

[5] Schweppe F C, Wildes J. Power system static-state estimation, Part I-III[J]. IEEE Transactions on Power Apparatus & Systems, 1970, 89(1): 120-125.

[6] 于尔铿. 电力系统状态估计[M]. 北京: 水利电力出版社, 1985.

附录 B 含互补约束网络优化问题的精确松弛方法及在含储能经济调度问题中的应用

B.1 含互补可调设备的网络优化模型和可严格松弛条件证明

B.1.1 互补可调设备的广义调度模型

储能设备(包括入网接受调度的电动汽车)或者其他一些离散可控设备,本质上可视为一种控制变量需要满足互补约束的可调设备,即本书所定义的互补可调设备。这类设备的广义调度模型通常可以由一组线性化的运行约束、优化变量的互补约束、设备网络侧输出变量和优化变量的输出函数进行刻画。互补可调设备模型如下:

$$\underline{u}_{i,t} \leqslant u_{i,t} \leqslant \overline{u}_{i,t} \quad \forall t \in [1,T] \tag{B-1}$$

$$\underline{v}_{i,t} \leqslant v_{i,t} \leqslant \overline{v}_{i,t} \quad \forall t \in [1,T] \tag{B-2}$$

$$c_i \leqslant A_i u_i - B_i v_i \leqslant e_i \tag{B-3}$$

$$u_{i,t} v_{i,t} = 0 \quad \forall t \in [1,T] \tag{B-4}$$

$$p_{i,t} = r_i(v_{i,t} - u_{i,t}) \tag{B-5}$$

式中,$\underline{u}_{i,t}$ 和 $\underline{v}_{i,t}$ 表示第 i 个互补可调设备在 t 时刻两种控制状态对应的优化变量;符号 $\underline{\ }$ 和 $\overline{\ }$ 表示变量 $u_{i,t}$ 和 $v_{i,t}$ 的下界和上界;u_i 和 v_i 分别表示第 i 个设备各个时刻优化变量组成的列向量,即 $u_i=[u_{i,t}]_{t=1,2,\cdots,T}$,$v_i=[v_{i,t}]_{t=1,2,\cdots,T}$;$A_i$ 和 B_i 分别表示优化向量 u_i、v_i 在式(B-3)中的设备线性不等式约束的系数矩阵;c_i 和 e_i 表示式(B-3)中设备线性不等式约束的上、下界;$p_{i,t}$ 表示设备 i 在 t 时刻网络侧的输出变量;函数 $r_i(\cdot)$ 表示输出变量 $p_{i,t}$ 和优化变量 $u_{i,t}$、$v_{i,t}$ 的输出函数;T 表示调度时间窗宽。

以上各式意义为:式(B-1)和式(B-2)表示设备优化变量 $u_{i,t}$ 和 $v_{i,t}$ 的上下界;式(B-3)为设备正常运行所需满足的线性化不等式约束族;式(B-4)为关于优化变量的互补约束,表示设备在各时刻最多只能处于一个控制状态,即按照优化变量 $u_{i,t}$ 和 $v_{i,t}$ 其中之一进行操作;式(B-5)描述了设备输出变量由优化变量之差

$v_{i,t}-u_{i,t}$ 确定。结合互补约束可知,式(B-5)表明互补可调设备输出量 $p_{i,t}$ 由优化变量 $v_{i,t}$ 或 $u_{i,t}$ 确定,且有

$$\frac{\partial p_{i,t}}{\partial v_{i,t}} = -\frac{\partial p_{i,t}}{\partial u_{i,t}} \qquad \text{(B-6)}$$

式(B-6)在物理上表示不同控制状态优化变量对输出变量的控制效果大小相同,方向相反。显然,式(B-5)的表达式也蕴含了式(B-6)所体现的物理意义。储能、电动汽车以及其他一些离散可控设备均可视为由式(B-1)~式(B-5)所描述的互补可调设备的特例,因而式(B-1)~式(B-5)的互补可调设备是一种经过抽象的广义数学模型,而据此得出的结论也将有一定的普遍性。

B.1.2 含互补可调设备的广义网络优化模型

设在 $t=1$ 到 $t=T$ 时段内 N 节点网络中共有 N 个互补可调设备参与优化。为简化分析,不失一般性,可令第 i 个设备接入网络中的第 i 个节点。此外,对系统接入的其他类型可调设备,用优化向量 z_t 表示这些设备在第 t 时刻的优化变量。于是,含互补可调设备的广义网络优化模型可建立如下:

$$\min F(u_1, v_1, \cdots, u_N, v_N, z) \qquad \text{(B-7)}$$

s.t. 式(B-1)~式(B-5),对任一互补可调设备 i 均成立,并满足如下网络约束:

$$G(p_{1,t}, \cdots, p_{N,t}, z_t) \geqslant 0, \quad \forall t \in [1,T] \qquad \text{(B-8)}$$

$$H(p_{1,t}, \cdots, p_{N,t}, z_t) = 0, \quad \forall t \in [1,T] \qquad \text{(B-9)}$$

以及其他类型的可调设备约束:

$$J(z_t) \geqslant 0 \quad \forall t \in [1,T] \qquad \text{(B-10)}$$

式中,F 为网络调度的总费用;z 为各个时刻其他类型设备优化变量 z_t 组成的列向量;G、H 分别为网络在各个时刻需要满足的不等式约束和等式约束族;J 为其他类型可调设备约束的约束族。

将式(B-5)代入式(B-8)和式(B-9)中消去 $p_{1,t}$,可得和优化变量 u_i 和 v_i 之差相关的网络约束如下:

$$G(v_{1,t}-u_{1,t}, \cdots, v_{N,t}-u_{N,t}, z_t) \geqslant 0, \quad \forall t \in [1,T] \qquad \text{(B-11)}$$

$$H(v_{1,t}-u_{1,t}, \cdots, v_{N,t}-u_{N,t}, z_t) = 0, \quad \forall t \in [1,T] \qquad \text{(B-12)}$$

易知,由式(B-1)~式(B-4),以及式(B-7)、式(B-10)~式(B-12)构成的含互

补可调设备的网络优化模型(称为原模型)是一类经过抽象的广义网络优化模型，因而由此导出的结论适用于输配电网中含有储能或者其他类似离散可控设备的优化调度问题；甚至可应用到其他领域具有类似模型的问题中。

B.1.3 精确松弛方法

本节将证明对 B.1.2 节中建立的含互补可调设备的广义网络优化问题，若能满足某些充分条件，式(B-4)中的互补约束可以严格松弛；松弛后的模型(称为 R 模型)最优解满足原模型所有约束，并且也满足原问题的 KKT(Karush-Kuhn-Tucker)条件。

为便于表述上述性质，首先列写 R 模型的拉格朗日函数 L：

$$\begin{aligned} L = F & - \sum_i \sum_t \underline{\alpha}_{u,i,t}(u_{i,t} - \underline{u}_{i,t}) - \sum_i \sum_t \overline{\alpha}_{u,i,t}(\overline{u}_{i,t} - u_{i,t}) \\ & - \sum_i \sum_t \underline{\alpha}_{v,i,t}(v_{i,t} - \underline{v}_{i,t}) - \sum_i \sum_t \overline{\alpha}_{v,i,t}(\overline{v}_{i,t} - v_{i,t}) \\ & - \sum_i \beta_{c,i}^{\mathrm{T}}(A_i u_i - B_i v_i - c_i) - \sum_i \beta_{e,i}^{\mathrm{T}}(e_i - A_i u_i + B_i v_i) \\ & - \sum_t \pi_t^{\mathrm{T}} J(z_t) \\ & - \sum_t \mu_t^{\mathrm{T}} G(v_{1,t} - u_{1,t}, \cdots, v_{N,t} - u_{N,t}, z_t) \\ & - \sum_t \lambda_t^{\mathrm{T}} H(v_{1,t} - u_{1,t}, \cdots, v_{N,t} - u_{N,t}, z_t) \end{aligned} \quad (\text{B-13})$$

式中，$\underline{\alpha}_{u,i,t}$ 和 $\overline{\alpha}_{u,i,t}$ 为式(B-1)中左右不等式对应的非负乘子；$\underline{\alpha}_{v,i,t}$ 和 $\overline{\alpha}_{v,i,t}$ 为式(B-2)中左右不等式对应的非负乘子；$\beta_{c,i}$ 和 $\beta_{e,i}$ 为式(B-3)中左右不等式对应的非负乘子向量；π_t 为式(B-10)中不等式对应的非负乘子向量；μ_t、λ_t 分别为式(B-11)和式(B-12)中时刻 t 网络约束式对应的乘子向量，μ_t 为非负向量。

根据 KKT 条件，可得拉格朗日函数 L 关于第 i 个互补可调设备在任一时刻的优化变量的偏导满足如下方程：

$$\begin{aligned} \frac{\partial L}{\partial u_{i,t}} = & \frac{\partial F}{\partial u_{i,t}} - \underline{\alpha}_{u,i,t} + \overline{\alpha}_{u,i,t} \\ & - a_{i,t}^{\mathrm{T}}(\beta_{c,i} - \beta_{e,i}) + G_{i,t}'^{\mathrm{T}} \mu_t + H_{i,t}'^{\mathrm{T}} \lambda_t = 0 \end{aligned} \quad (\text{B-14})$$

$$\begin{aligned} \frac{\partial L}{\partial v_{i,t}} = & \frac{\partial F}{\partial v_{i,t}} - \underline{\alpha}_{v,i,t} + \overline{\alpha}_{v,i,t} \\ & + b_{i,t}^{\mathrm{T}}(\beta_{c,i} - \beta_{e,i}) - G_{i,t}'^{\mathrm{T}} \mu_t - H_{i,t}'^{\mathrm{T}} \lambda_t = 0 \end{aligned} \quad (\text{B-15})$$

式中，$a_{i,t}$、$b_{i,t}$ 为矩阵 A_i 和 B_i 中的第 t 列；$G'_{i,t}$、$H'_{i,t}$ 为第 t 时刻网络约束函数对第 i 个互补可调设备的偏导数，即

$$G'_{i,t} = \frac{\partial G(v_{1,t} - u_{1,t}, \cdots, v_{N,t} - u_{N,t}, z_t)}{\partial v_{i,t}}$$
$$= -\frac{\partial G(v_{1,t} - u_{1,t}, \cdots, v_{N,t} - u_{N,t}, z_t)}{\partial u_{i,t}} \tag{B-16}$$

$$H'_{i,t} = \frac{\partial H(v_{1,t} - u_{1,t}, \cdots, v_{N,t} - u_{N,t}, z_t)}{\partial v_{i,t}}$$
$$= -\frac{\partial H(v_{1,t} - u_{1,t}, \cdots, v_{N,t} - u_{N,t}, z_t)}{\partial u_{i,t}} \tag{B-17}$$

下面将证明：若满足如下 3 个充分条件，则 R 模型可以严格松弛。

条件 0：对于任一互补可调设备，其模型参数满足：

$$b_{i,t} = s_{i,t} a_{i,t}, s_{i,t} > 1, \quad \forall t \tag{B-18}$$

以及

$$\underline{u}_{i,t} = 0, \ \underline{v}_{i,t} = 0, \quad \forall t \tag{B-19}$$

条件 1：优化目标对于任一互补可调设备，满足

$$\frac{\partial F}{\partial u_{i,t}} + \frac{\partial F}{\partial v_{i,t}} \geqslant 0, \quad \forall t \tag{B-20}$$

条件 2：优化目标、网络约束乘子对于任一互补可调设备，满足

$$\frac{\partial F}{\partial u_{i,t}} + G'_{i,t} \mu_t + H'_{i,t} \lambda_t > 0, \quad \forall t \tag{B-21}$$

可采用反证法进行证明。过程如下。

证明：

假设在上述 3 个条件下，R 模型松弛不严格，即违反了式(B-4)中的互补约束，所以至少存在一个设备 i，在一个时刻 t，有 $u_{i,t} > 0$ 和 $v_{i,t} > 0$。由条件(B-1)和互补松弛条件可得 $\underline{\alpha}_{u,i,t} = 0$ 和 $\underline{\alpha}_{v,i,t} = 0$。由此关系并根据 $\bar{\alpha}_{u,i,t} \geqslant 0$ 和条件(B-3)，从式(B-14)可得

$$a_{i,t}^{\mathrm{T}}(\beta_{c,i} - \beta_{e,i}) > 0 \tag{B-22}$$

再将式(B-14)和式(B-15)求和，利用 $\underline{\alpha}_{u,i,t} = 0$ 和 $\underline{\alpha}_{v,i,t} = 0$，有

$$\frac{\partial F}{\partial u_{i,t}} + \frac{\partial F}{\partial v_{i,t}} + \bar{\alpha}_{u,i,t} + \bar{\alpha}_{v,i,t} + (b_{i,t} - a_{i,t})^\mathrm{T}(\beta_{c,i} - \beta_{e,i}) = 0 \quad \text{(B-23)}$$

由乘子非负性、条件 0 和条件 1 可从式(B-23)推出

$$(s-1)a_{i,t}^\mathrm{T}(\beta_{c,i} - \beta_{e,i}) \leqslant 0$$
$$\text{即} \quad a_{i,t}^\mathrm{T}(\beta_{c,i} - \beta_{e,i}) \leqslant 0 \quad \text{(B-24)}$$

比较式(B-22)和式(B-24)即可推出矛盾，所以假设不成立，即在上述条件下，R 模型松弛是严格的。由于松弛严格，即 R 模型最优解始终满足式(B-4)，而 R 模型和原模型区别仅在于是否包含式(B-4)，易知 R 模型最优解也满足原模型的 KKT 条件。

证毕

由上述证明可知，条件 0～条件 2 是含互补可调设备网络优化问题的通用严格松弛条件。对于一般问题而言，条件 0～条件 2 在实际中未必一定满足，而且条件 2 需在求解 R 模型后才能得到判断。但是对电力网络中的储能优化问题，条件 0～条件 2 几乎总是满足的，而且容易在求解 R 模型前进行判定，因此这些条件在这类问题中具有良好的应用性。这一性质将在后面加以论证。

B.2 含储能经济调度的应用

由前所述，对于如图 B-1 所示的含储能经济调度问题，B.1.3 节中的条件 0 自然满足，因而只需要满足 B.1.3 节中的条件 1 和条件 2 即可知该输电网调度问题的 R 模型是否可以严格松弛。

B.1.3 节中条件 1 变为了如下形式(称为条件 T1)：

条件 T1：对于任一储能，满足

$$\inf\ g'_i[P_i^\mathrm{dc}(t)] \geqslant \sup f'_i[P_i^\mathrm{ch}(t)], \quad \forall t \quad \text{(B-25)}$$

式中，f'_i 和 g'_i 为充电费用函数的导数；inf、sup 分别为下确界和上确界。

B.1.3 节中条件 2 变为了如下条件(称为条件 T2)：

条件 T2：对于任一储能(电动汽车集群)，满足

$$f'_i[P_i^\mathrm{ch}(t)] < \lambda(t) + \sum_j \mathrm{GSF}_{j-i}[\mu_{j,1}(t) - \mu_{j,2}(t)], \quad \forall t \quad \text{(B-26)}$$

式中，GSF_{j-i} 为线路 j 对节点 i 的分布因子；$\lambda(t)$ 为 t 时刻系统功率平衡等式约束对应的乘子；$\mu_{j,1}(t)$ 和 $\mu_{j,2}(t)$ 为 t 时刻线路传输功率不等式对应的非负乘子。

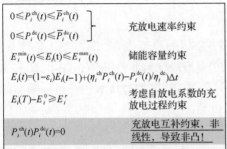

图 B-1　含储能的经济调度问题的数学模型

对于基于直流潮流的经济调度问题，第 i 个母线的节点电价 LMP_i 通常可以表示为

$$\text{LMP}_i = \lambda(t) + \sum_j \text{GSF}_{j-i}(\mu_{j,1}(t) - \mu_{j,2}(t)) \tag{B-27}$$

因而，式 (B-26) 可以改写为

$$f_i'(P_i^{\text{ch}}(t)) < \text{LMP}_i, \quad \forall t \tag{B-28}$$

式 (B-28) 表明条件 T2 要求各时刻储能（电动汽车集群）充电价格应该小于所接入母线的节点电价。

由 B.1.3 节的证明可知，只要条件 T1 和条件 T2 满足，输电网含储能的经济调度就可以严格松弛。

B.2.1　松弛条件可成立性分析

条件 T1 的物理意义为：在调度的任意时刻，电网对储能（电动汽车集群）放电支付价格不小于该时刻储能（电动汽车集群）支付的充电价格。下面将针对不同的应用场景分析条件 T1 在实际中是否满足。

首先，如果储能由电网公司所有，那么通常可认为储能的充放电费用为 0，即 $g_i = f_i = 0$，所以条件 T1 自然满足。即使考虑到储能放电时电池寿命会受到影响，从而在调度中采用 $g_i > 0$，由文献[1]可知，g_i 通常为不减函数，所以仍然有 $g_i' \geqslant 0 = f_i'$，即条件 T1 成立。

其次，如果储能（电动汽车）由第三方拥有，根据现有研究[1]，由于充放电循环带来能量损耗和储能寿命折损，为吸引储能拥有者参与双向充放电控制，电网公司常以高于充电价格的支付价格吸引储能拥有者参与放电控制，此时仍有 $\inf g_i'(P_i^{dc}(t)) \geqslant \sup f_i'(P_i^{ch}(t))$，$\forall t$，所以条件 T1 仍然满足。

综上，条件 T1 在实际中通常满足。

再分析条件 T2。首先，如果储能是电网公司所有，那么可认为储能的充放电费用为 0，而实际的节点电价一般非负，因而可知式(B-28)通常是成立的。其次，当储能（电动汽车）由第三方拥有时，若电网向拥有者支付一定的辅助服务补贴以鼓励其参与电网调度运行，从而使得储能（电动汽车集群）的充电价格低于该时刻所接入母线的节点电价，则式(B-28)仍然可以满足。综上，条件 T2 通常是满足的。

B.2.2 松弛条件实用化判定方法

在实际的调度问题中，需要在求解前判定 R 模型是否能严格松弛。因此需进一步研究条件 T1 和条件 T2 的实用化判定方法[3-5]。

对于条件 T1，如果电网和储能拥有者的充放电价格已经由合同、政策等方式规定或者可由历史数据预测，则可直接应用式(B-25)比较充放电价格，验证条件 T1 是否满足。

对于条件 T2，由于节点电价通常为正，所以若储能装置为电网拥有，即 $f_i=0$，那么可知条件满足。否则，需要通过节点电价历史数据，预测当前调度时段内的节点电价，再应用式(B-28)，将预测节点电价和充电电价进行比较，确定条件 T2 是否满足。

参 考 文 献

[1] Khodayar M E, Wu L, Shahidehpour M. Hourly coordination of electric vehicle operation and volatile wind power generation in SCUC[J]. IEEE Transactions on Smart Grid, 2012, 3(3): 1271-1279.

[2] 项顶, 宋永华, 胡泽春, 等. 电动汽车参与 V2G 的最优峰谷电价研究[J]. 中国电机工程学报, 2013, 33(31): 15-25.

[3] Li Z S, Guo Q L, Sun H B, et al. Storage-like devices in load leveling: Complementarity constraints and a new and exact relaxation method[J]. Applied Energy, 2015, 151:13-22.

[4] Li Z S, Guo Q L, Sun H B, et al. Sufficient conditions for exact relaxation of complementarity constraints for storage-concerned economic dispatch[J]. IEEE transactions on Power Systems, 2016, 31(2): 1653-1654.

[5] Li Z S, Guo Q L, Sun H B, et al. Extended sufficient conditions for exact relaxation of the complementarity constraints in storage-concerned economic dispatch[J]. CSEE Journal of Power and Energy Systems, 2018, 4(4): 504-512.